金属凝固理论及应用技术

马幼平　崔春娟　主编

北　京

冶 金 工 业 出 版 社

2021

内 容 提 要

本书为"材料加工工程"专业方向主干教材之一。全书以基本理论及应用技术为主，包括材料加工机械、冶金等多领域有关凝固原理及凝固技术的最新成果及进展，体现新世纪材料加工学科中多领域交叉特色。

本书内容共分为11章，主要介绍了液态金属的结构和性质、液态金属凝固热力学及动力学、凝固过程中的溶质再分配、单相合金凝固、多相合金凝固、金属熔体控制、铸件凝固组织控制与凝固方式、常见的凝固缺陷及控制、凝固新技术、连续铸造技术及焊接技术等内容。

本书可作为普通高等学校材料加工工程、材料成型及控制工程、金属材料工程等专业的本科生教材，也可供研究生及有关领域科研及工程技术人员参考。

图书在版编目（CIP）数据

金属凝固理论及应用技术/马幼平，崔春娟主编 . —北京：冶金工业出版社，2015.9（2021.11 重印）
ISBN 978-7-5024-7051-7

Ⅰ.①金…　Ⅱ.①马…　②崔…　Ⅲ.①熔融金属—凝固理论—研究
Ⅳ.①TG111.4

中国版本图书馆 CIP 数据核字（2015）第 221966 号

金属凝固理论及应用技术

出版发行	冶金工业出版社	电　话	（010）64027926
地　址	北京市东城区嵩祝院北巷 39 号	邮　编	100009
网　址	www.mip1953.com	电子信箱	service@mip1953.com

责任编辑　曾　媛　美术编辑　吕欣童　版式设计　孙跃红
责任校对　卿文春　李　娜　责任印制　李玉山
北京虎彩文化传播有限公司印刷
2015 年 9 月第 1 版，2021 年 11 月第 3 次印刷
710mm×1000mm　1/16；19.75 印张；387 千字；306 页
定价 55.00 元

投稿电话　（010）64027932　投稿信箱　tougao@cnmip.com.cn
营销中心电话　（010）64044283
冶金工业出版社天猫旗舰店　yjgycbs.tmall.com
（本书如有印装质量问题，本社营销中心负责退换）

前　言

　　凝固是冶金、机械制造、先进金属材料及无机功能晶体材料制备的关键环节。材料的性能取决于其组织特征，而凝固组织主要受材料成分、冷却速率和冷却方式等控制。金属的制备加工过程几乎都要经过凝固过程，包括金属锭和铸件，在这一过程中涉及析出相组成、形态、分布以及偏析、裂纹、缩孔、疏松、夹杂物的数量等，其对材料的性能具有重要的影响，控制凝固过程已成为提高传统材料性能和研制新材料的最关键的手段之一。熔化和凝固过程均是热力学原理和动力学条件决定的相变过程，涉及凝聚态物理学、界面与表面科学、传热传质学、流体力学、流变学、弹性力学、化学及数值计算方法等。众所周知，机械行业的铸、焊方向与凝固理论和相应的技术控制非常密切，尤其是铸造专业主要是以凝固理论和相应的技术控制为研究核心，因此，凝固课程体系在铸造、焊接的教学培养计划中显得非常重要。但是，随着近十多年来各高校学科的专业方向的不断调整，铸、焊专业培养方向越来越不明确，相应凝固方面的内容仅为材料加工教材体系中的一小部分。特别是近十多年来冶金工业及其相关技术的快速发展，冶金企业的连铸、连铸连轧和铸轧领域进行的技术开发及改造相当快，凝固控制已成为冶金行业连铸、连铸连轧和铸轧新技术开发的关键。

　　作为机械类和冶金类材料加工的学生，其今后从事的工作可能涉及冶金、机械或黑色、有色等多方向及相互交叉，为此，本书旨在把凝固基本原理、传统凝固控制技术、先进凝固技术、连铸连轧技术及铸轧技术融为一体，在理论部分突出凝固过程物理本质的论述，在应用技术部分兼顾黑色、有色金属，覆盖冶金、机械领域，体现材料加工学科中多领域交叉特色。

　　本书由西安建筑科技大学马幼平、崔春娟共同撰写、修改和定稿。具体分工为：引言及第6、7、9章由马幼平编写；第1、3～5、8、11章由崔春娟编写；第2、10章由杨蕾编写。袁占军、邹龙龙、张宝林、李伟、贾少波、赵磊、张平安、姚毅、吕国栋、冯洋子等参加了本书部分文字录入与校稿工作。本书获国家自然科学基金项目（51201121）和陕西省科技攻关项目（2014K08-16）资助，在编写过程中，还得到了西安建筑科技大学冶金学院的支持和帮助，在此一并表示感谢。

　　由于作者水平有限，书中不妥之处，敬请读者批评指正。

编　者
2015 年 3 月

目　录

第二篇　凝固控制技术

引　言

凝固是指从液态向固态转变的相变过程，广泛存在于自然界和工程技术领域。从水的结冰到火山熔岩的固化，从钢铁生产过程中铸锭的制造到机械工业领域各种铸件的铸造，以及非晶、微晶材料的快速凝固，半导体及各种功能晶体的液相生长，均属凝固过程。几乎一切金属制品在其生产流程中都要经历一次或一次以上的凝固过程。

凝固技术是以凝固理论为基础进行凝固过程控制的工程技术，是对各种凝固过程控制手段的综合应用。其目标是以尽可能简单、节约、高效的方法获得具有预期凝固组织的优质制品。

凝固过程与控制是根据热力学、物理冶金学、流体力学及传热传质原理，采用科学实验及计算机模拟技术等方法，研究金属材料制备、铸造成型、熔焊，以及新型金属、半导体与其他无机非金属材料液相法制备过程中的液—固相变原理与过程控制技术，实现材料组织性能控制与优化的技术科学领域。其主要研究对象涉及以下几个方面：

（1）金属材料制备，包括合金熔体的成分控制，熔体的变质及微合金化处理，熔体中夹杂、杂质与气体的去除，铸锭的凝固过程控制，金属液的雾化与粉体材料的制备。

（2）金属材料的成型加工，包括铸造过程的充型行为，凝固过程的形核，固相的生长形态与凝固组织控制，凝固缺陷的形成与控制，焊接过程中的熔化与凝固行为，喷射成型过程凝固特性，其他液相法材料成型过程的形状与组织控制。

（3）无机非金属材料的合成与晶体生长，包括化合物晶体材料的合成，熔体法晶体生长，溶液法晶体生长，区熔法及其他凝固方法晶体生长与材料提纯的技术。

（4）非平衡新材料的研制，包括快速凝固及其非晶、准晶、微晶、纳米晶材料的制备，高压等特殊条件下的凝固过程控制与非平衡材料制备，激光、等离子体、电子束等高能束在凝固控制中的应用。

（5）凝固过程的多尺度、多学科建模与仿真。

凝固研究的目标是揭示各种控制及非控制条件下的液—固相变原理及其相结构与组织结构的形成规律。以此为基础，探索控制材料相结构和微观组织结构，优化材料性能的新原理、新方法、新技术。

熔化是凝固的逆过程，即从固态到液态的相变过程。随着半固态加工、熔焊过程、化合物材料的合成及其熔体结构控制等材料技术的进展，熔化过程的研究应用日益重要。同时，对熔化过程深层次规律的研究，可以加深人们对凝固过程的认识，并有助于发展和丰富相变理论。

凝固成型属液态金属质量不变过程。它是将满足化学成分要求的液态合金在重力场或其他力作用下引入到预制好的型腔中，经冷却使其凝固成为具有型腔形状和相应尺寸的固体制品的方法。

一般将液态金属凝固成型获得的制品称为铸件，因此这种成型方法通常称为铸造。凝固成型方法最突出的特点是适应性极强。它能铸出小至几克、大至数百吨，壁厚从 0.2mm 至 1m，长度从几毫米至十几米，形状从简单到任意复杂的制品；金属种类从有色、黑色到难熔合金均可。也就是说，凝固成型不受制品尺寸大小、形状复杂程度和合金种类的限制。这是任何其他金属成型加工方法所不能比拟的。

凝固成型的基本过程是充填和凝固。充填或称浇注是一种机械过程，用以改变材料的几何形状；凝固则是液态金属转变为固体的冷却过程，即热过程，用以改变材料的性能。按工艺形态学观点，可以进行如下描述：液态材料在场的作用下产生的质量力，为其有效的运动提供了能量，作为传递介质的铸型，则为材料提供了形状信息，而材料的性能信息来自材料自身状态的转变特性和介质传热特性。

凝固过程中热量传递方式有传导、对流和辐射。材料所具有的热量通过这三种方式传递给铸型或环境，使得材料自身冷却。凝固过程中一方面使材料的几何形状固定下来，另一方面赋予材料所希望的性能信息。从微观来看，凝固就是金属原子由"近程有序"向"远程有序"或"远程无序"的过渡，使原子成为按规则排列的晶体或无序排列的非晶体；从宏观来看，凝固就是把液态金属所具有热量传给环境，使之形成一定形状和性能的固体（铸件）。

由于凝固在成型中的重要作用，因此了解和认识液态向固态的转变和控制凝固对获得内部组织合格的铸件是很关键的。在实际工程中，为了便于不同材料的成型，人们已发明和建立了许多凝固成型方法。从如何获得健全的、满足工程上各种不同要求的铸件来说，尽管凝固成型方法繁多，但在成型加工中都存在以下三个基本问题或关键问题应予考虑，即：

（1）凝固组织的形成与控制。凝固组织包括晶粒大小、形态等，它们对铸件的物理性能和力学性能有着重大的影响。控制铸件的凝固组织是凝固成型中的一个基本课题，能随心所欲地获得所希望的组织是长期以来人们所追求的目标之一。但由于铸件组织的表现形式受许多因素的影响和制约，欲控制凝固组织，就必须对其形成机制和过程有深层次的认识。关于凝固组织的形成机理和影响因素已有了广泛研究，且建立了许多控制组织的方法，如孕育、动态结晶、定向凝固等。

（2）凝固缺陷的防止与控制。凝固缺陷对产品质量是一个严重的威胁，是造成废品的主要原因。存在于铸件上的缺陷五花八门，有内在缺陷和外观缺陷之分。由于凝固成型时条件的差异，缺陷的种类、存在形态和表现部位不尽相同。液态结晶收缩可形成缩孔、缩松；结晶期间元素在固相和液相中的再分配会造成偏析缺陷；冷却过程中热应力的集中可能会造成铸件裂纹。这些缺陷的成因对所有铸造合金都相同，关键是在实际凝固成型中如何加以控制，而使铸件中的缺陷消除或降至最低程度。此外，还有许多缺陷如夹杂物、气孔、冷隔等，出现在充填过程中，它们不仅与合金种类有关，而且还与具体成型工艺有关。总之，在各种凝固成型方法中，如何与缺陷作斗争仍是一个重要的基本问题。

（3）铸件尺寸精度和表面粗糙度控制。在现代制造的许多领域，对铸件尺寸精度和外观质量的要求越来越高，也正是这种要求促使了近净成品铸造技术的迅猛发展，它改变着铸造只能提供毛坯的传统观念。然而，铸件尺寸精度和表面粗糙度要受到凝固成型方法和工艺中诸多因素的制约和影响，其控制难度很大，这阻碍着近净成品铸造技术的发展。这一基本问题涉及各种成型方法和许多工艺措施，而且随着成型方法、合金、铸型的不同而不同，在一种成型方法中很奏效的措施可能在另一种成型方法中毫无效果。

第一篇　凝固理论

1　液态金属的结构和性质

　　凝固是液态金属转变成固态金属的过程，因而液态金属的特性必然会影响凝固过程。研究和了解液态金属的结构和性质，是分析和控制金属凝固过程必要的基础。

　　近代用原子论方法研究液态金属，并采用经典液体统计力学的各种理论探讨它，对液态金属结构有了进一步的认识，在一定范围和程度上能定量地描述液态金属的结构和性质。

1.1　固体金属的加热、熔化

　　物质是由原子构成的，原子之间存在着相互作用力，即库仑引力 F_1 和库仑斥力 F_2，如图 1-1 所示。当原子间的距离为 R_0 时，原子受到的引力与斥力相等，故处于平衡状态。而向左和向右运动都会受到一个指向平衡位置的力的作用。于是原子在平衡位置附近做简谐振动，维持晶体的固定结构。当温度升高时，原子振动能量增加，振动频率和振幅增大。以双原子模型为例，假设左边的原子被固定不动而右边的原子是自由的，则随着温度的升高，原子间距将由 $R_0 \rightarrow R_1 \rightarrow R_2 \rightarrow R_3 \rightarrow R_4$，原子的能量也不断升高，由 $W_0 \rightarrow W_1 \rightarrow W_2 \rightarrow W_3 \rightarrow W_4$，即产生膨胀，如图 1-2 所示。显然，原子在平衡位置时，能量最低；而两边能量较高，这称为势垒。

　　势垒的最大值为 Q，称为激活能（也称为结合能或键能）。势垒之间称为势阱。原子受热时，若其获得的动能大于激活能 Q 时，原子就能越过原来的势垒，进入另一个势阱。这样，原子处于新的平衡位置，即从一个晶格常数变成另一个晶格常数。晶体比原先尺寸增大，即晶体受热而膨胀。

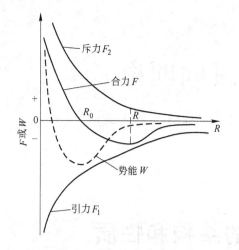

图 1-1　原子间的作用力

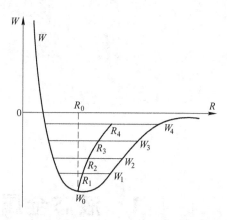

图 1-2　加热时原子间距和原子势垒的变化

若对晶体进一步加热，则达到激活能值的原子数量也进一步增加；当这些原子的数量达到某一数量值时，首先，在晶界处的原子跨越势垒而处于激活状态，以致能脱离晶粒的表面，而向邻近的晶粒跳跃，导致原有晶粒失去固定的形状与尺寸，晶粒间可出现相对流动，称为晶界黏性流动。此时，金属处于熔化状态。金属被进一步加热，其温度不会进一步升高，而是晶粒表面原子跳跃更频繁。晶粒进一步瓦解为小的原子集团和游离原子，形成时而集中、时而分散的原子集团、游离原子和空穴。此时，金属从固态转变为液态。金属由固态变成液态，体积膨胀约 3%~5%。而且，金属的其他性质，如电阻、黏性也会发生突变。在熔点温度的固态变为同温度的液态时，金属要吸收大量的热量，称为熔化潜热。

固态金属的加热熔化完全符合热力学条件。外界提供的热能，除因原子间距增大体积膨胀而做功外，还增加体系的内能。在恒压下存在如下关系式：

$$E_q = d(U + qV) = dU + pdV = dH \tag{1-1}$$

式中，E_q 为外界提供的热能；U 为内能；pdV 为膨胀功；dH 为热焓的变化，即熔化潜热。

在等温等压下由式（1-1）得熔化时熵值的变化为：

$$dS = \frac{E_q}{T} = \frac{1}{T}(dU + pdV) \tag{1-2}$$

式中，T 为热力学温度，K；dS 为熵的变化，dS 值的大小描述了金属由固态变成液态时，原子由规则排列变成非规则排列的紊乱程度。

1.2 液态金属的结构

从固态金属的熔化过程可看出，在熔点附近或过热度不大的液态金属中仍然存在许多的固态晶粒，其结构接近固态而远离气态，这已被大量的试验数据所证实。以下从几方面给予阐述，并在此基础上提出液态金属的结构模型。

1.2.1 液态金属的热物理性质

金属的汽化潜热远大于其熔化潜热，某些金属的物理性质见表 1-1。以铝为例，其汽化热是熔化热的 27 倍，铁约 22 倍。这意味着固态金属原子完全变成气态比完全熔化所需的能量大得多。即对气态金属而言，原子间结合键几乎全部被破坏，而液态金属原子间结合键只破坏了一部分。

表 1-1　某些金属的熔化潜热和汽化潜热

金属	晶体结构	熔点 /℃	熔化潜热 L_m /kJ·mol^{-1}	沸点 /℃	汽化潜热 L_b /kJ·mol^{-1}	L_b/L_m	熔化体积 变化/%
Al	f. c. c	660. 2	10. 676	2450	284. 534	26. 65	6. 6
Au	f. c. c	1063	12. 686	2966	342. 522	27. 0	5. 19
Cu	f. c. c	1083	13. 021	2595	305. 636	23. 47	4. 2
Fe	f. c. c/b. c. c	1535	16. 161	3070	354. 287	21. 9	0. 4 ~ 4. 4
Zn	h. c. p	419. 5	6. 698	906	116. 727	17. 4	6. 9
Mg	h. c. p	651	9. 043	1103	131. 758	14. 5	4. 2

熵值变化是系统结构紊乱性变化的量度。金属由固态变为液态熵值增加不大，说明原子在固态时的规则排列熔化后紊乱程度不大。表 1-2 为一些金属的熵值变化，可见金属由熔点温度的固态变为同温度的液态比其从室温加热至熔点的熵变要小。

表 1-2　某些金属的熵值变化

金属名称	从 25℃ 到熔点熵值的变化 $\Delta S/J·K^{-1}$	熔化时的熵值变化 $\Delta S_m/J·K^{-1}$	$\Delta S_m/\Delta S$
Zn	5. 45	2. 55	0. 47
Al	7. 51	2. 75	0. 37
Mg	7. 54	2. 32	0. 31
Cu	9. 79	2. 30	0. 24
Fe	15. 50	2. 00	0. 13

从表 1-1 和表 1-2 中几个热物理参数的变化情况，可间接地说明液态金属的结构接近固态金属而远离气态金属。

1.2.2　X 射线结构分析

将 X 射线衍射运用到液态金属的结构分析上，如同研究固态金属的结构一样，可以找出液态金属的原子间距和配位数，从而确定液态金属同固态金属在结构上的差异。

图 1-3 为根据衍射资料绘制的 $4\pi r^2 \rho dr$ 和 r 的关系图，表示某一个选定的原子周围的原子密度分布状态。r 为以选定原子为中心的一系列球体的半径，$4\pi r^2 \rho dr$ 表示围绕所选定原子的半径为 r，厚度为 dr 的一层球壳中原子数。$\rho(r)$ 为球面上的原子密度。直线和曲线分别表示固态铝和 700℃ 的液态铝中原子的分布规律。固态铝中的原子位置是固定的，在平衡位置做热振动，故球壳上的原子数显示出的是某一固定的数值，呈现一条条的直线。每一条直线都有明确的位置和峰值（原子数），如图中直线 3 所示。若 700℃ 液体铝是理想的均匀的非晶质液体，则其原子分布为抛物线，如曲线 2 所示。而图中曲线 1 为实际的

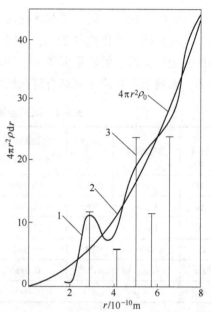

图 1-3　700℃ 时液态 Al 中原子分布曲线

700℃ 液体铝的原子分布情况。曲线 1 为一条由窄变宽的条带，是连续非间断的。但条带的第一个峰值和第二个峰值接近固态的峰值，此后就接近于理想液体的原子平均密度分布曲线 2 了。这说明原子已无固定的位置，是瞬息万变的。液态铝中的原子的排列在几个原子间距的小范围内，与其固态铝原子的排列方式基本一致，而远离原子后就完全不同于固态了。这种结构称为"微晶"。液态铝的这种结构称为"近程有序""远程无序"的结构。而固态的原子结构为远程有序的结构。

表 1-3 为一些固态和液态金属的原子结构参数。固态金属铝和液态铝的原子配位数分别为 12 和 10 ~ 11，而原子间距分别为 0.286nm 和 0.298nm。气态铝的配位数可认为是零，原子间距为无穷大。

X 射线衍射所得到的有关参数，有力地证明：在熔点和过热度不大时的液态金属的结构接近固态金属而远离气态金属。

表 1-3　X 射线衍射所得液态和固态金属的原子结构参数

金 属	液 态			固 态	
	温度/℃	原子间距/nm	配位数	原子间距/nm	配位数
Li	400	0.324	10[①]	0.303	8
Na	100	0.383	8	0.372	8
Al	700	0.298	10~11	0.286	2
K	70	0.464	8	0.450	8
Zn	460	0.294	11	0.265、0.294	6+6[②]
Cd	350	0.306	8	0.297、0.330	6+6[②]
Sn	280	0.320	11	0.302、0.315	4+2[②]
Au	1100	0.286	11	0.288	12
Bi	340	0.332	7~8[③]	0.309、0.346	3+3[②]

①其配位数虽增大，但密度仍减小；

②这些原子的第一、二层近邻原子非常相近，两层原子都算作配位数，但以"＋"号表示区别，在液态金属中两层合一；

③固态结构较松散，熔化后密度增大。

1.2.3　液态金属的结构

由以上的分析可见，纯金属的液态结构是由原子集团、游离原子、空穴或裂纹组成的。原子集团由数量不等的原子组成，其大小为 10^{-10} m 数量级，在此范围内仍具有一定的规律性，称为"近程有序"。原子集团间的空穴或裂纹内分布着排列无规则的游离的原子。这样的结构不是静止的，而是处于瞬息万变的状态，即原子集团、空穴或裂纹的大小、形态、分布及热运动的状态都处于无时无刻不在变化的状态。液态中存在着很大的能量起伏。

纯金属在工程中的应用极少，特别是作为结构材料，在材料成型过程中也很少使用纯金属。即使平常所说的化学纯元素，其中也包含着无数其他杂质元素。对于实际的液态金属，特别是材料成型过程中所使用的液态合金具有两个特点：一是化学元素的种类多；二是过热度不高，一般为 100~300℃。各种元素的加入，除影响原子间的结合力外，还会发生各种物理的或化学的反应，同时在材料成型过程中还会混入一些杂质。实际的液态金属（合金）的结构是极其复杂的，但纯金属的液态结构原则具有普遍的意义。综合起来，实际的液态金属（合金）是由各种成分的原子集团、游离原子、空穴、裂纹、杂质及气泡组成的"浑浊"的液体。所以，实用的液态合金除了存在能量起伏外，还存在浓度起伏和结构（或称相）起伏。三个起伏影响液态合金凝固过程，从而对产品的质量有着重要的影响。

1.2.4　液态金属理论结构模型——刚球模型与 PY 理论

用物理模型，特别是数学模型定量地描述系统一直是学者们梦寐以求的，同时也是学科成熟的标志，但对于液态金属这方面的工作着手得很晚，至今仍没有一个公认的、系统的、科学的理论模型。对于液态金属的结构理论归纳有以下几种理论：凝聚理论、点阵理论（它包括晶胞理论、孔穴或空洞理论和有效结构理论）、几何理论。在此只阐述几何理论中的一种理论——刚球模型与 PY 理论。

刚球模型首先是由 Bernal J. D. 和 King S. V. 提出来的。他们假设液态金属是均质的、密度集中的、排列紊乱的原子的堆积体。其中既无晶体区域，又无大到足以容纳另一原子的空穴。其具体操作为：将几千个刚球装进一球形袋中，并尽量摇动使其充分紧实；然后将油漆浇入使刚球黏合在一起；待油漆干燥后仔细将刚球分开，统计单个刚球接触点的数目。根据统计结果就可确定该结构的平均配位数，也就是液态结构的平均配位数。研究结果发现，在紊乱密集的球堆中存在着高度致密区，这种"类晶核"就相当于近程有序的原子集团，其他地区刚球排列是紊乱的，刚球之间有空隙，这样的结构同单原子液态金属的结构是非常类似的。因而刚球或硬球理论受到人们的重视。

1958 年 Percus J. K. 和 Yevick G. J. 建立了 PY 理论或 PY 方程。以求解配分函数，其表达式为：

$$C_{\mathrm{PY}} = g_0^{(2)}(R)\left\{1 + \exp\left[\frac{u(R)}{k_\mathrm{B}T}\right]\right\} = f(R) + Y(R) \tag{1-3}$$

式中，$f(R) = g_0^{(2)}(R)$；$Y(R) = g_0^{(2)}(R)\exp\left[\dfrac{u(R)}{k_\mathrm{B}T}\right]$；$R$ 为粒子间距；$g_0^{(2)}(R)$ 为偶相关函数；$u(R)$ 为势能函数。

由式（1-3）求得单原子金属液态的静态结构表达式，即刚球模型结构因子 $s(q)$ 为：

$$s(q) = [1 - n_\mathrm{c}(q)]^{-1} \tag{1-4}$$

式中，$n_\mathrm{c}(q)$ 为刚球模型的 PY 直接相关函数。其表达式为：

$$n_\mathrm{c}(q) = -\frac{24\xi}{(1-\xi)^4 q^6 d^6}\Big\{(1+2\xi)^2 q^3 d^3\big[\sin(qd) - qd\cos(qd)\big] - $$

$$6\xi\left(1+\frac{\xi}{2}\right)^2 q^2 d^2\big[2qd\sin(qd) - (q^2d^2 - 2)\cos(qd) - 2\big] + $$

$$\frac{1}{2}\xi(1+2\xi)^2(4q^3d^3 - 24qd)\sin(qd) - $$

$$(q^4d^4 - 12q^2d^2 + 24)\cos(qd) + 24\Big\} \tag{1-5}$$

式中，d 为刚球直径；ξ 为堆垛密度，表示刚球所占总体积分数；q 为 X 射线入射束和散射束的波矢量之差，$q = k' - k = \dfrac{4\pi}{\lambda}\sin\dfrac{\theta}{2}$（$\theta$ 为散射角，λ 为波长）。

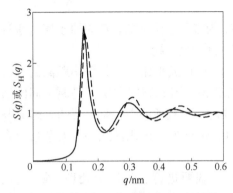

图 1-4　373K 时 Na 的结构因子理论值与试验值比较

（实线为试验值，虚线为 $\xi = 0.45$ 的 $S(q)$ 值）

Na 在 373K 时结构因子理论值和试验值的比较，如图 1-4 所示。计算时取 $\xi = 0.45$。由图可看出：对液态金属 Na 而言，由刚球模型与 PY 理论得到的理论值和试验值比较相符。因此刚球模型和 PY 理论具有较强的说服力。

刚球模型结构因子是液态金属结构理论中，迄今唯一能表达的解析式，但它忽略了许多因素的影响。因此对于实际的液态金属，特别是材料成型过程中使用的高熔点液态金属，用刚球模型和 PY 理论来解释，尚待进一步完善。

1.3　液态金属的性质

液态金属有各种性质，在此仅阐述与材料成型过程关系特别密切的两个性质，即液态金属的黏滞性（黏度）和表面张力以及它们在材料成型过程中的作用。

1.3.1　液态金属的黏滞性（黏度）

1.3.1.1　黏度的实质及影响因素

液态金属由于原子间作用力大为削弱，且其中存在空穴、裂纹等，其活动比固态金属要大得多。当外力 $F(x)$ 作用于液态表面时，其速度分布如图 1-5 所示，第一层的速度 v_1 最大，第二层 v_2、第三层 v_3，……依次减小，最后 v 等于零。这说明层与层之间存在内摩擦力。设 Y 方向的速度梯度为 $\dfrac{\mathrm{d}v_x}{\mathrm{d}y}$，根据牛顿液体黏滞定律 $F(x) = \eta A \mathrm{d}v_x / \mathrm{d}y$ 得：

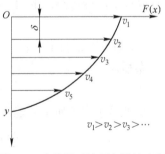

图 1-5　力作用于液面各层的速度

$$\eta = F(x)/A\,\dfrac{\mathrm{d}v_x}{\mathrm{d}y} \tag{1-6}$$

式中，η 为动力黏度；A 为液层接触面积。

富林克尔在关于液体结构的理论中，对黏度作了数学处理，表达式为：

$$\eta = \frac{2t_0 k_B T}{\delta^3} e^{\frac{U}{k_B T}} \tag{1-7}$$

式中，t_0 为原子在平衡位置的振动时间；k_B 为玻耳兹曼常数；U 为原子离位激活能；δ 为相邻原子平衡位置的平均距离；T 为热力学温度。

由式（1-7）可知，黏度与原子离位激活能 U 成正比，与其平均距离的三次方 δ^3 成反比，这二者都与原子间的结合力有关，因此黏度本质上是原子间的结合力。黏度与温度的关系为：在温度不太高时，指数项的影响是主要的，即 η 与 T 成反比。当温度很高时，指数项接近于1，η 与 T 成正比。此外，夹杂物及合金元素等对黏度也有影响。

材料成型过程中的液态金属（合金）一般要进行各种冶金处理，如孕育、变质、净化处理等对黏度也有显著影响。如铝硅合金进行变质处理后细化了初生硅或共晶硅，从而使黏度降低。

1.3.1.2　黏度在材料成型过程中的意义

（1）对液态金属净化的影响。液态金属中存在各种夹杂物及气泡等，必须尽量除去。否则会影响材料或成型件的性能，甚至发生灾难性的后果。杂质及气泡与金属液的密度不同，一般比金属液低，故总是力图离开液体，以上浮的方式分离。脱离的动力是二者密度之差，即：

$$P = gV(\rho_1 - \rho_2) \tag{1-8}$$

式中，P 为动力；V 为杂质体积；ρ_1 为液态金属密度；ρ_2 为杂质密度。

杂质在 P 的作用下产生运动，一运动就会有阻力。试验指出，在最初很短的时间内，它以加速度进行，往后便开始匀速运动。根据斯托克斯原理，半径 0.1cm 以下的球形杂质的阻力 P_C，可由下式确定：

$$P_C = 6\pi r v \eta \tag{1-9}$$

式中，r 为球形杂质半径；v 为运动速度。

杂质匀速运动时，$P_C = P$，故

$$6\pi r v \eta = gV(\rho_1 - \rho_2)$$

由此可求出杂质上浮速度：

$$v = \frac{4\pi r^3 g(\rho_1 - \rho_2)}{3 \times 6\pi r \eta} = \frac{2gr^2(\rho_1 - \rho_2)}{9\eta} \tag{1-10}$$

此即为著名的斯托克斯公式。

（2）对液态合金流动阻力的影响。流体的流动分层流和紊流，属何种流态由雷诺数 Re 的大小来决定。根据流体力学，$Re > 2300$ 为紊流，$Re < 2300$ 为层流。Re 的数学式为：

$$Re = \frac{Dv\rho}{\eta} \tag{1-11}$$

式中，D 为管道直径；v 为流体流速；ρ 为流体密度。

设 f 为流体流动时的阻力系数，则有：

$$f_{层} = \frac{32}{Re} = \frac{32}{Dv\rho} \cdot \eta \tag{1-12}$$

$$f_{紊} = \frac{0.092}{Re^{0.2}} = \frac{0.092}{(Dv\rho)^{0.2}} \cdot \eta^{0.2} \tag{1-13}$$

显然，当液体以层流方式流动时，阻力系数大，流动阻力大。因此，在材料成型过程中金属液体的流动，以紊流方式流动最好，由于流动阻力小，液态金属能顺利地充填型腔，故金属液在浇注系统和型腔中的流动一般为紊流。但在充型的后期或狭窄的枝晶间的补缩流和细薄铸件中，则呈现为层流。总之，液态合金的黏度大，其流动阻力也大。

（3）对凝固过程中液态合金对流的影响。液态金属在冷却和凝固过程中，由于存在温度差和浓度差而产生浮力，它是液态合金对流的驱动力。当浮力大于或等于黏滞力时则产生对流，其对流强度由无量纲的格拉晓夫准则度量，即：

$$G_{\mathrm{T}} = g\beta_{\mathrm{T}}l^3r^2\Delta T/\eta^2 \tag{1-14}$$

$$G_{\mathrm{C}} = g\beta_{\mathrm{C}}l^3r^2\Delta c/\eta^2 \tag{1-15}$$

式中，G_{T} 为温差引起的对流强度；G_{C} 为浓度差产生的对流强度；β_{T}、β_{C} 分别为温度和浓度引起的体膨胀系数；ΔT 为温差；Δc 为浓度差；l 为水平方向上热端到冷端距离的一半。可见黏度 η 越大，对流强度越小。液体对流对结晶组织、溶质分布、偏析、杂质的聚合等产生重要影响。

1.3.2 表面张力

1.3.2.1 表面张力的实质

液体或固体同空气或真空接触的面称为表面。表面具有特殊的性质，由此产生一些表面特有的现象——表面现象。如荷叶上晶莹的水珠呈球状，雨水总是以滴状的形式从天空落下。总之，一小部分的液体单独在大气中出现时，力图保持球状形态，说明总有一个力的作用使其趋向球状，这个力称为表面张力。

液体内部的分子或原子处于力的平衡状态，如图 1-6a 所示，而表面层上的分子或原子受力不均匀，结果产生指向液体内部的合力 F，如图 1-6b 所示，这就是表面张力产生的根源。

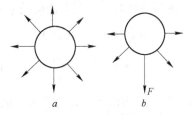

图 1-6　位置不同的分子
或原子作用力模型

a—位于液体内部；b—位于液体表面

可见表面张力是质点（分子、原子等）间作用力不平衡引起的。这就是液珠存在的原因。

从物理化学可知，当外界所做的功仅用来抵抗表面张力而使系统表面积增大时，该功的大小则等于系统自由能的增量，即：

$$\Delta W = \sigma \Delta A = \Delta F \tag{1-16}$$

$$\sigma = \frac{\Delta W}{\Delta A} = \frac{N \cdot m}{m^2} = \frac{N}{m}$$

因此，表面张力和表面能大小相等，只是单位不同，体现为从不同角度来描述同一现象。

以下以晶体为例进一步说明表面张力的本质。面心立方金属，内部原子配位数为12，如果表面为（100）界面，晶面上的原子配位数是8。设一个结合键能为 U_0，平均到每个原子上的结合键能为 $\frac{1}{2}U_0$（因一个结合键为两个原子所共有），则晶体内一个原子的结合键能为 $12 \times \left(\frac{1}{2}U_0\right) = 6U_0$；而表面上一个原子的键能为 $8 \times \frac{1}{2}U_0 = 4U_0$，表面原子比内部原子的能量高出 $2U_0$，这就是表面内能。既然表面是个高能区，一个系统会自动地尽量减小其区域。

从广义而言，任一两相（固—固、固—液、固—气、液—气、液—液）的交界面称为界面，就出现了界面张力、界面自由能之说。因此，表面能或表面张力是界面能或界面张力的一个特例。界面能或界面张力的表达式为：

$$\sigma_{AB} = \sigma_A + \sigma_B - W_{AB} \tag{1-17}$$

式中，σ_A、σ_B 分别为 A、B 两物体的表面张力；W_{AB} 为两个单位面积界面系向外作的功，或是将两个单位面积结合或拆开外界所作的功。因此，当两相间的作用力大时，W_{AB} 越大，则界面张力越小。

润湿角是衡量界面张力的标志，图1-7中的 θ 即为润湿角。界面张力达到平衡时，存在下面的关系：

$$\sigma_{SG} = \sigma_{LS} + \sigma_{LG}\cos\theta$$

$$\cos\theta = \frac{\sigma_{SG} - \sigma_{LS}}{\sigma_{LG}} \tag{1-18}$$

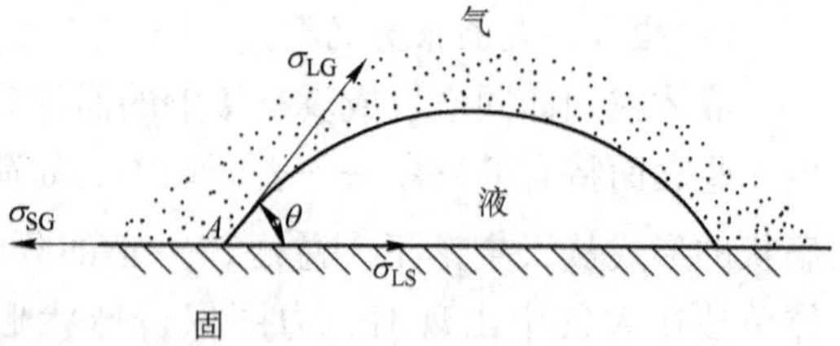

图 1-7　接触角与界面张力

式中，σ_{SG} 为固—气界面张力；σ_{LS} 为液—固界面张力；σ_{LG} 为液—气界面张力。

可见 θ 角是由界面张力 σ_{SG}、σ_{LS} 和 σ_{LG} 来决定的。当 $\sigma_{SG} > \sigma_{LS}$ 时，此时液体能润湿固体，$\theta = 0°$ 时称为绝对润湿；当 $\sigma_{SG} < \sigma_{LS}$ 时，$\theta > 90°$，此时液体不能润湿固体，$\theta = 180°$ 时称为绝对不润湿。润湿角是可测定的。

1.3.2.2　影响界面张力的因素

影响液态金属界面张力的因素主要有熔点、温度和溶质元素。

（1）熔点。界面张力的实质是质点间的作用力，故原子间结合力大的物质，其熔点、沸点高，则表面张力往往就大。材料成型过程中常用的几种金属的表面张力与熔点的关系见表 1-4。

表 1-4　几种金属的熔点和表面张力间的关系

金 属	熔点/℃	表面张力/N·m^{-1}	液态密度/g·cm^{-3}
Zn	420	782×10^{-7}	6.57
Mg	650	559×10^{-7}	1.59
Al	660	914×10^{-7}	2.38
Cu	1083	1360×10^{-7}	7.79
Ni	1453	18×10^{-7}	7.77
Fe	1537	1872×10^{-7}	7.01

（2）温度。大多数金属和合金，如 Al、Mg、Zn 等，其表面张力随着温度的升高而降低。因温度升高而使液体质点间的结合力减弱所致。但对于铸铁、碳钢、铜及其合金则相反，即温度升高表面张力反而增加。其原因尚不清楚。

（3）溶质元素。溶质元素对液态金属表面张力的影响分两大类。使表面张力降低的溶质元素称为表面活性元素，"活性"之意为表面浓度大于内部浓度，如钢液和铸铁液中的 S 即为表面活性元素，也称正吸附元素。提高表面张力的元素称为非表面活性元素，其表面的含量少于内部含量，称负吸附元素。图 1-8 ~ 图 1-10 为各种溶质元素对 Al、Mg 和铸铁液表面张力的影响。

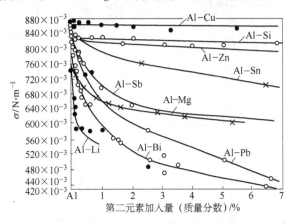

图 1-8　Al 中加入第二组元后表面张力的变化

弗伦克尔提出了金属表面张力的双层电子理论，认为是正负电子构成的双电层产生一个势垒，正负离子之间的作用力构成了对表面的压力，有缩小表面面积

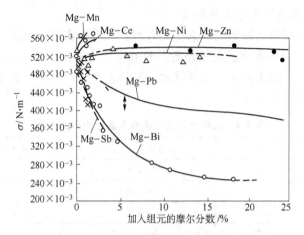

图 1-9 Mg 中加入第二组元后表面张力的变化

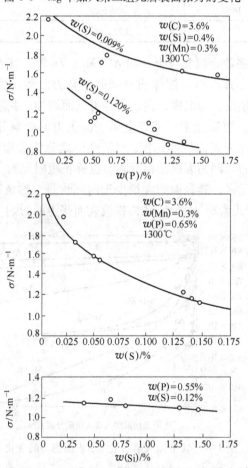

图 1-10 P、S、Si 对铸铁表面张力的影响

的倾向。表面张力数学表达式为:

$$\sigma = \frac{4\pi e^2}{R^3} \tag{1-19}$$

式中,e 为电子电荷;R 为原子间的距离。可见,表面张力与电荷的平方成正比,与原子间距离的立方成反比。

当溶质元素的原子体积大于溶剂的原子体积时,将使溶剂晶格严重歪曲,势能增加。而体系总是自发地维持低能态,因此溶质原子将被排挤到表面,造成表面溶质元素的富集。体积比溶剂原子小的溶质原子容易扩散到晶体的间隙中去,也会造成同样的结果。

1.3.2.3 表面或界面张力在材料成型过程中的意义

从物理化学可知,由于表面张力的作用,液体在细管中将产生如图1-11所示的现象。A 处液体的质点受到气体质点的作用力 f_1、液体内部质点的作用力 f_2 和管壁固体质点的作用力 f_3。显然 f_1 是比较小的。当 $f_3 > f_2$ 时,产生指向固体内部且垂直于 A 点液面的合力 F,此液体对固体的亲和力大,此时产生的表面张力有利于液体向固体表面展开,使 $\theta < 90°$,固、液是润湿的,如图 1-11a 所示。当

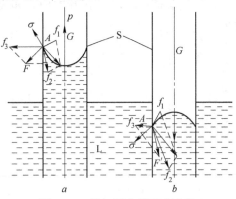

图 1-11 附加压力的形成过程
a—固、液润湿;b—固、液不润湿

$f_3 < f_2$ 时,产生指向液体内部且方向与液面垂直的合力 F′,表面张力的作用使液体脱离固体表面,固、液是不润湿的,如图 1-11b 所示。由于表面张力的作用产生了一个附加压力 p。当固—液互相润湿时,p 有利于液体的充填,否则反之。附加压力 p 的数学表达式为:

$$p = \sigma\left(\frac{1}{r_1} + \frac{1}{r_2}\right) \tag{1-20}$$

式中,r_1、r_2 分别为曲面的曲率半径。此式称为拉普拉斯公式。有表面张力产生的附加压力叫拉普拉斯压力。

因表面张力而产生的曲面为球面时,即 $r_1 = r_2 = r$,则附加压力 p 为:

$$p = \frac{2\sigma}{r} \tag{1-21}$$

显然附加压力与管道半径成反比。当 r 很小时将产生很大的附加压力,这对液态成型(铸造)过程液态合金的充型性能和铸件表面质量产生很大影响。因此,浇注薄小铸件时必须提高浇注温度和压力,以克服附加压力的阻碍。液态成

型过程中所用的铸型或涂料材料的选择是比较严格的。首先所选择的材料与液态合金应是不润湿的，如采用 SiO_2、Cr_2O_3 和石墨砂等材料，在这些细小砂粒之间的缝隙中，产生阻碍液态合金渗入的附加压力，从而使铸件表面得以光洁。

金属凝固后期，枝晶之间存在的液膜小至 $10\sim6mm$，表面张力对铸件的凝固过程的补缩状况将对是否出现热裂缺陷有重大的影响。

总之，界面现象影响到液态成型的整个过程。晶体成核及生长、缩松、热裂、夹杂及气泡等铸造缺陷都与界面张力关系密切。

在熔焊过程中，熔渣与合金液这两相的界面作用对焊接质量产生重要影响。熔渣与合金液如果是润湿的，就不易将其从合金液中去除，导致焊缝处可能产生夹杂缺陷。

在近代新材料的研究和开发中，如复合材料，界面现象更是担当着重要的角色。

2 液态金属凝固热力学及动力学

材料成型过程中的一个相当重要的步骤，就是凝固过程。铸造、焊接、高纯度硅制备和大规模集成电路的成型，与凝固过程有关；材料表面高能束处理，复合材料制备和微晶、非晶材料的获得，也与凝固过程有关。有人预测，未来材料科学的革命，可望从凝固过程的研究中，找到突破口。近年来，凝固技术及理论，已成为科学工作者讨论的热点。本章从材料成型过程这一工程角度，分别介绍凝固热力学、凝固动力学这些经典的凝固理论，并力图涉及一些现代凝固思想，以便为学生今后更深入的学习和研究打下一些基础。

2.1 纯金属的凝固

液态金属从高温冷却到低温时，会发生从液态向固态转变的凝固过程。纯金属的凝固为什么能够自发地进行呢？这与热力学条件紧密相关。根据 Gibbs 最小自由能原理：

$$(\Delta G)_{T,p} \leq 0 \tag{2-1}$$

即等温、定压下，体系物理化学过程自发进行的结果，使 Gibbs 自由能 G 降低。自发过程进行的限度，是体系的自由能降至最低值，此时体系达到了平衡。

根据物理化学，存在下列关系：

$$dG = Vdp - SdT \tag{2-2}$$

式中，S 为体系的熵（entropy），反映了所考察体系紊乱程度的大小；V、p、T 分别为体系的体积、压力和温度。

金属凝固过程一般在定压下进行，故上式可表示为：

$$\left(\frac{\partial G}{\partial T}\right)_p = -S \tag{2-3}$$

已知体系的熵恒为正值。对金属来说，温度升高时，其 Gibbs 自由能降低，降低速率取决于熵值大小。液态金属属短程有序排列结构，紊乱度自然大于固态金属，故有高的熵值，其 Gibbs 自由能随温度上升而降低的速率高于固态金属的。若对式（2-3）求二阶偏导数，则有：

$$\left(\frac{\partial^2 G}{\partial T^2}\right)_p = -\left(\frac{\partial S}{\partial T}\right)_p \tag{2-4}$$

并利用基本关系式：

$$dH = TdS + Vdp \tag{2-5}$$

式中，H 为体系的焓（entropy）。

定压条件下，上式第二项等于零。又知定压热容为：

$$C_p = \left(\frac{\partial H}{\partial T}\right)_p \tag{2-6}$$

于是式（2-4）可写成：

$$\left(\frac{\partial^2 G}{\partial T^2}\right)_p = -\frac{G_p}{T} < 0 \tag{2-7}$$

利用式（2-3）和式（2-7），可表示出纯金属液、固两相 Gibbs 自由能与温度的关系。由图 2-1 可见，液、固态金属的 Gibbs 自由能曲线，在温度为 T_m 时相交，液、固态金属达到平衡。T_m 即为纯金属的熔点。当温度 $T > T_m$ 时，液态金属比固态金属的 Gibbs 自由能低。据 Gibbs 最小自由能原理（式（2-1）），金属便自发地发生熔化过程。温度 T 时两相 Gibbs 自由能差 ΔG，即为熔化的驱动力。反之，当温度 $T < T_m$ 时，金属即发生凝固。

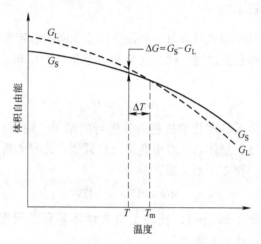

图 2-1　纯金属液、固两相 Gibbs 自由能与温度的关系

在熔点附近凝固时，焓与熵值随温度变化的数值可忽略不计，则有：

$$\Delta G_m = \Delta H_m - T\Delta S_m \tag{2-8}$$

式中，ΔG_m 为金属熔化时的 Gibbs 自由能变化；ΔH_m 为金属的熔化焓（凝固潜热，在后文中也用 L_f 表示）；ΔS_m 为金属的熔化熵。

当 $T = T_m$ 时，式（2-8）等于零，故

$$\Delta S_m = \frac{\Delta H_m}{T_m} \tag{2-9}$$

代入式（2-8）有：

$$\Delta G_{m} = \Delta H_{m}\left(1 - \frac{T}{T_{m}} \right) = \frac{\Delta H_{m}\Delta T}{T_{m}} \tag{2-10}$$

式中，ΔT 为过冷度，$\Delta T = \Delta T_{m} - T$。

可见，金属凝固的驱动力，主要取决于过冷度 ΔT。过冷度越大，凝固的驱动力越大。因此，金属不可能在 $T = T_{m}$ 时凝固。

2.2 二元合金的凝固平衡

对于二元合金，其组成是可以变化的。当合金组成的物质的量为 n_{A}、n_{B} 时，则 Gibbs 自由能：

$$G = f(T, p, n_{A}, n_{B}) \tag{2-11}$$

全微分为：

$$dG = \left(\frac{\partial G}{\partial T} \right)_{p, n_{A}, n_{B}} dT + \left(\frac{\partial G}{\partial p} \right)_{T, n_{A}, n_{B}} dp + \left(\frac{\partial G}{\partial n_{A}} \right)_{T, p, n_{B}} dn_{A} +$$

$$\left(\frac{\partial G}{\partial n_{B}} \right)_{T, p, n_{A}} dn_{B} \tag{2-12}$$

令

$$\mu_{A} = \left(\frac{\partial G}{\partial n_{A}} \right)_{T, p, n_{B}} \tag{2-13}$$

$$\mu_{B} = \left(\frac{\partial G}{\partial n_{B}} \right)_{T, p, n_{A}} \tag{2-14}$$

式中，μ_{A}、μ_{B} 分别为组元 A 和 B 的化学势。

对于 1mol 物质的二元合金，在等温、等压条件下，Gibbs 自由能为：

$$G = x_{A}\mu_{A} + x_{B}\mu_{B} \tag{2-15}$$

式中，x_{A}、x_{B} 分别为组元 A 和 B 的摩尔分数。

式（2-15）的全微分可写成：

$$dG = \mu_{A}dx_{A} + \mu_{B}dx_{B} \tag{2-16}$$

再利用 $x_{A} + x_{B} = 1$ 的关系，重新整理上式，有：

$$\mu_{B} = G + (1 - x_{B})\frac{dG}{dx_{B}} \tag{2-17}$$

$$\mu_{A} = G + (1 - x_{A})\frac{dG}{dx_{A}} \tag{2-18}$$

这就是求二元合金某组元化学势的切线规则。

图 2-2 为某二元合金的 $G - x$ 曲线。根据式（2-17）和式（2-18），很容易用

图解法求出某组元的化学势。欲求 x_B 组元化学势，可由 $G-x$ 曲线上 $x=x_B$ 点作切线，该切线与 $x_B=1$ 的 G 坐标截距（BD）便是 μ_B；同理，该切线与 $x_B=0$ 的 G 坐标截距（TA）便是 μ_A。

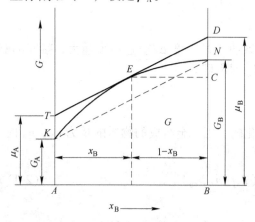

图 2-2　二元合金的切线规则

如果未知二元合金的 $G-x$ 曲线，而知道定压下某温度时纯组元的化学势 $\mu_A^0(T)$ 及 $\mu_B^0(T)$，也可以求出合金中组元的化学势。其求解方法如下：

假定二元合金为理想溶液，即混合前后不存在热作用，原子振动熵不改变，但组态熵改变了。体系组态熵与热力学几率 ω（即紊乱度）间符合 Boltzmann 方程：

$$S = k\ln\omega \tag{2-19}$$

$$k = \frac{R}{N_A} \tag{2-20}$$

式中，k 为 Boltzmann 常数，$k=1.381\times10^{-23}$ J/K；R 为摩尔气体常数，$R=8.315$ J/(mol·K)；N_A 为 Avogadro 常数，$N_A=6.022\times10^{23}$ mol^{-1}。

对于有 n_A 个 A 原子和 n_B 个 B 原子的二元合金，热力学几率可表示为：

$$\omega = \frac{(n_A+n_B)!}{n_A! \cdot n_B!} \tag{2-21}$$

由于混合前的热力学几率 $\omega=1$，$S=k\cdot\ln1=0$，所以：

$$\Delta S_{mix} = k\ln\omega = k\ln\frac{(n_A+n_B)!}{n_A! \cdot n_B!} \tag{2-22}$$

利用 Stirling 公式 $\ln N! \approx N\ln N$，并利用 $n_A=x_A\cdot N_A$，$n_B=x_B\cdot N_B$ 的关系，上式可改写成：

$$\Delta S_{mix} = -R(x_A\ln x_A + x_B\ln x_B) \tag{2-23}$$

由于已假定二元合金为理想溶液，故混合前后，体系 Gibbs 自由能的变化为：

$$\Delta G_{mix} = -T\Delta S_{mix} = -RT(x_A\ln x_A + x_B\ln x_B) \tag{2-24}$$

由式（2-15），若混合前体系的 Gibbs 自由能为：

$$G^{(1)} = x_A\mu_A^0(T) + x_B\mu_B^0(T) \tag{2-25}$$

则混合后的 Gibbs 自由能可写成：

$$G^{(2)} = G^{(1)} + \Delta G_{mix} = x_A[\mu_A^0(T) + RT\ln x_A] + x_B[\mu_B^0(T) + RT\ln x_B] \tag{2-26}$$

再与式（2-15）比较，混合后组元的实际化学势分别应该是：

$$\mu_A = \mu_A^0(T) + RT\ln x_A \tag{2-27}$$

$$\mu_B = \mu_B^0(T) + RT\ln x_B \tag{2-28}$$

相平衡时，共存的各相中每一组元的化学势应该相等。对于组元 A 和 B 的二元合金，平衡条件为：

$$\mu_A^\alpha = \mu_A^\beta \tag{2-29}$$

$$\mu_B^\alpha = \mu_B^\beta \tag{2-30}$$

式中，α、β 分别为二元合金的两个相。

据前面提到的二元合金化学势的切线规则，如已知 $G(\alpha)$、$G(\beta)$，即等温定压下 α 及 β 相的 G 随成分变化曲线，只有这两个曲线的公切线（$LNRM$）才能满足式（2-29）和式（2-30）的相平衡条件。图 2-3 表示出了求二元合金相平衡的公切线方法。图中对应于切点 N 及 R 的成分 C_α^* 及 C_β^*，即是平衡时 α 及 β 相成分。与纯金属的自发过程判断原理相似，图 2-3 中低于 C_α^* 成分的组元，α 相是稳定的；而组元成分高于 C_β^* 时，β 相是稳定的；当 $C_\alpha^* < x_B < C_\beta^*$ 时，α 和 β 两相共存。在两相区（CD）内，体系的 Gibbs 自由能沿公切线 NR 变化，成分 $x_B = S$ 的合金，Gibbs 自由能为 ST。根据杠杆定律，α 相及 β 相的量分别为 PQ/NQ 及 NP/NQ。

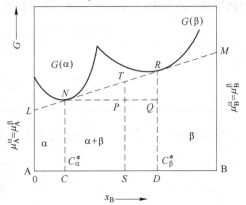

图 2-3 求二元合金相平衡的公切线法

图 2-3 中 C_α^* 和 C_β^* 相当于相图上温度 T 时的平衡成分，如 α 相当于固相，β 相当于液相，则上述两个成分分别为固相线和液相线上的组成。求出不同温度下自由能曲线上这些点的位置，就能画出平衡相图的固、液相线。

2.3 压力及界面曲率对凝固点的影响

前面主要讨论了定压条件下金属或合金的凝固情况，同时也忽略了凝固界面曲率对凝固的影响。目前，为了在太空进行微重力凝固实验，以及压力下结晶，以获得高密度、高强度合金的需要，讨论压力及界面曲率对凝固的影响，日益受到重视。以下就这两个问题开展讨论。

设多相多组分体系中，含有 1，2，3，…，φ 个共存相，每一相中含有 1，2，3，…，C 个组分。要描述其状态，需要 T、p 及 C 个组分的浓度，若用摩尔分数表示浓度时，C 个浓度间存在关系 $x_1 + x_2 + \cdots + x_C = 1$。因此要描述一个相需要有一个温度、一个压力和 $C-1$ 个浓度数据。要描述整体系（ϕ 个相），就需 $\phi[(C-1)+2]$ 个变量，但这些变量并不完全是独立的，因为在平衡时各相的温度、压力以及各相中每个组分的化学势必相等。因此在 $\phi[(C-1)+2]$ 个变量中应减去 $\phi-1$ 个温度条件、$\phi-1$ 个压力条件和 $C(\phi-1)$ 个化学势关系式，于是相平衡时的独立变量数（即自由度数）应为：

$$f = \phi[(C-1)+2] - [2(\phi-1) + C(\phi-1)] = C - \phi + 2 \qquad (2\text{-}31)$$

式（2-31）称为 Gibbs 相律。相律说明多相体系在平衡时的独立可变量为温度、压力及 $C-\phi$ 个浓度数据。对于纯金属，两相平衡时，其自由度数为：

$$f = 1 - 2 + 2 = 1 \qquad (2\text{-}32)$$

在一定温度及压力下，纯金属以液相 L 及固相 S 共存。当外界压力从 p 变到 $p + \mathrm{d}p$，根据相律 $f=1$，凝固平衡温度必须相应地改变为 $T_\mathrm{m} + \mathrm{d}T$，才能继续保持两相平衡。根据热力学基本公式（4-2）可得：

$$-S_\mathrm{m}^\mathrm{L}\mathrm{d}T_p + V_\mathrm{m}^\mathrm{L}\mathrm{d}p = -S_\mathrm{m}^\mathrm{S}\mathrm{d}T_p + V_\mathrm{m}^\mathrm{S}\mathrm{d}p \qquad (2\text{-}33)$$

或

$$\frac{\mathrm{d}T_p}{\mathrm{d}p} = \frac{V_\mathrm{m}^\mathrm{S} - V_\mathrm{m}^\mathrm{L}}{S_\mathrm{m}^\mathrm{S} - S_\mathrm{m}^\mathrm{L}} = \frac{\Delta V_\mathrm{m}}{\Delta S_\mathrm{m}} \qquad (2\text{-}34)$$

已知凝固时有 $\Delta S_\mathrm{m} = \dfrac{\Delta H_\mathrm{m}}{T_\mathrm{m}}$，代入上式得：

$$\frac{\mathrm{d}T_p}{\mathrm{d}p} = \frac{T_\mathrm{m}\Delta V_\mathrm{m}}{\Delta H_\mathrm{m}} \qquad (2\text{-}35)$$

这就是 Clausius-Clapeyron 方程式。根据这个关系，金属凝固时，放出凝固潜热，$\Delta H_\mathrm{m} < 0$，如凝固后固态金属的体积小于液态金属，压力增加将引起平衡温度升高；相反，凝固后体积增大，如水结成冰，则压力增加将引起平衡温度降低。

除压力外，凝固界面曲率亦对凝固温度产生影响。图 2-4 表示了一个半径为 r 的球形晶体，正从金属液中凝固出来。体系总 Gibbs 自由能可表示为体积自由能 G_V 与表面自由能 G_sf 之和，即：

$$G = G_\mathrm{V} + G_\mathrm{sf} = G_\mathrm{V} + \sigma A$$

式中，σ 为比表面 Gibbs 自由能，或称为表面张力，J/m^2 或 N/m；A 为表面积，m^2。

故体系 Gibbs 自由能的变化可表示为：

$$\mathrm{d}G = -S\mathrm{d}T + V_\mathrm{s}\mathrm{d}p_\mathrm{S} + V_\mathrm{L}\mathrm{d}p_\mathrm{L} + \sigma\mathrm{d}A \qquad (2\text{-}36)$$

又

$$G = F + pV \qquad (2\text{-}37)$$

即

$$G = F + p_S V_S + p_L V_L \qquad (2\text{-}38)$$

式中，F 为 Helmholtz 自由能，与 Gibbs 自由能类似，也是状态函数，可用来判定体系等温定容条件下过程变化的方向和限度。

将上式微分，并代入式（2-36）得：

$$dF = - SdT - p_S dV_S - p_L dV_L + \sigma dA$$

$$(2\text{-}39)$$

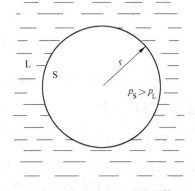

图 2-4 金属液中的球形晶体

当体系在等温、定容下进行，达到平衡时，$dV_L = - dV_S$，且 $dF = 0$，则式（2-39）为：

$$p_S - p_L = \sigma \frac{dA}{dV_S} \qquad (2\text{-}40)$$

又球形晶体的半径为 r，则 $dA = 8\pi r dr$，$dV_S = 4\pi r^2 dr$，代入式（2-40）得：

$$p_S - p_L = \frac{2\sigma}{r} \qquad (2\text{-}41)$$

式中，$p_S - p_L$ 为附加压力，可以 Δp 或 Δp_{ad} 表示：

$$\Delta p_{ad} = \Delta p = \frac{2\sigma}{r} \qquad (2\text{-}42)$$

此式称为 Laplace 方程。凝固界面凸起时，$r > 0$，$\Delta p > 0$，其方向指向晶体内部；凝固界面凹陷时，$r < 0$，$\Delta p < 0$，其方向指向晶体外部。如凝固界面不是球形曲面，而是曲率半径分别为 r_1 和 r_2 的曲面，可导出：

$$\Delta p = \sigma \left(\frac{1}{r_1} + \frac{1}{r_2} \right) \qquad (2\text{-}43)$$

根据式（2-2），同样可以写出附加压力对液、固两相 Gibbs 自由能影响的等式。在平衡条件下，有 $\Delta G_L = \Delta G_S$，故：

$$S_m^L dT_p = S_m^S dT_p + V_m^S dp \qquad (2\text{-}44)$$

为此，由凝固界面曲率引起的平衡温度的改变为：

$$\frac{dT}{dp} = \frac{- T_m \Delta V_m^S}{\Delta H_m} \qquad (2\text{-}45)$$

如为球形晶体，上式可写成：

$$\Delta T = \frac{-T_m \Delta V_m^S}{\Delta H_m} \cdot \frac{2\sigma}{r} \tag{2-46}$$

可见，晶体的曲率半径越小，凝固平衡温度的降低越多。

2.4　形核过程

根据经典的相变动力学理论，金属液相原子在凝固驱动力 ΔG_m 作用下，从高自由能 G_L 的液态结构转变为低自由能 G_S 的固态晶体结构过程中，必须越过一个势垒 ΔG_d，才能使凝固过程得以实现，如图 2-5 所示。而势垒的获得，是通过液态金属内部温度起伏，即能量起伏来实现的。势垒 ΔG_d 也叫激活自由能（activation energy）。整个液态金属的凝固过程，就是金属原子在相变驱动力 ΔG_m 的驱使下，不断借助能量起伏以克服势垒 ΔG_d，并通过形核和长大的方式来实现的转变过程。

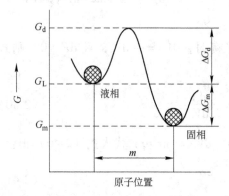

图 2-5　金属凝固的 Gibbs 自由能变化

形核过程的相变驱动力 ΔG_m，可分为两种情况：自发形核（homogeneous nucleation）与非自发形核（heterogeneous nucleation）。当液体中出现晶核时，系统的 Gibbs 自由能的变化由两部分组成，一部分是液相和固相体积自由能差 ΔG_V，它是相变的驱动力；另一部分是由于出现了液—固界面，使系统增加了界面能 G_{sf}，它是相变的阻力。这样，系统总自由能变化为：

$$\Delta G = G_V + G_{sf} = \Delta G_m + \sigma_{LS} A \tag{2-47}$$

式中，ΔG_m 为单位体积固、液自由能差；σ_{LS} 为固—液界面张力；A 为晶核表面积。

当体系温度低于凝固温度，即 $T < T_m$ 时，ΔG_m 将小于零，而界面能项 ΔG_{sf} 仍大于零。随着晶核体积的增大，晶核表面张力对形核的阻力则减小。因此，只有在晶核较小时，表面张力的作用才相当明显。对比 ΔG_V 和 ΔG_{sf} 消长的结果，ΔG 必存在某一极大值 ΔG^*。ΔG^* 被称为临界形核功。形核自由能变化达到临界形核功 ΔG^* 时的晶核，称为临界晶核。

假定自发形核时晶核为球形晶核，而非自发形核时晶核为球冠时（图 2-6），将具体几何条件代入式（2-47）并求极值，可得表 2-1。

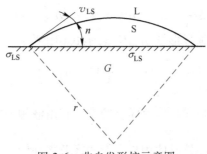

图 2-6 非自发形核示意图

表 2-1 纯金属形核时临界形核功、临界晶核原子数及临界晶核半径

形核过程	自发形核	非自发形核
临界晶核半径 r^*	$\dfrac{2\sigma_{LS}}{\Delta G_m}$	$\dfrac{2\sigma_{LS}}{\Delta G_m}$
临界晶核原子数 n^*	$\dfrac{32\pi}{3V_a}\cdot\left(\dfrac{\sigma_{LS}}{\Delta G_m}\right)^3$	$\dfrac{32\pi}{3V_a}\cdot\left(\dfrac{\sigma_{LS}}{\Delta G_m}\right)^3\cdot f(\theta)$
临界形核功 ΔG^*	$\dfrac{16\pi}{3}\cdot\dfrac{\sigma_{LS}^3}{\Delta G_m^2}$	$\dfrac{16\pi}{3}\cdot\dfrac{\sigma_{LS}^3}{\Delta G_m^2}\cdot f(\theta)$

注：1. V_a 为单个原子体积；

2. $f(\theta)=\dfrac{2-3\cos\theta+\cos^3\theta}{4}$。

　　由表 2-1 的计算结果可以看出，随晶核单位体积液、固自由能差 ΔG_m 增大，r^*、n^*、ΔG^* 都将减小。已知 $\Delta G_m=\Delta S_m\Delta T$，这意味着随凝固过冷度增加，有利于形核。如果 $\Delta T=0$，而 $f(\theta)$ 又大于零时，形核过程几乎不可能发生。可见，一般情况下，形核过程需要在一定过冷度下才能实现。

　　自发形核过程与非自发形核过程相比，在同样临界晶核半径 r^* 的条件下，非自发形核、临界晶核原子数 n^* 与临界形核功 ΔG^* 表示式中，均多乘了一个几何学因子 $f(\theta)$。该因子晶核随非自发形核基底间的润湿角 θ 而改变。很明显，随润湿角 θ 的增大，$f(\theta)$ 相应增大，而且 $f(\theta)$ 越小，形成临界晶核所包含的原子数就越少，标志着出现临界晶核的几率越大外，非自发形核的临界形核功也就越小，因而对所需的能量起伏要求也越低，越容易形核。

　　概括地说，非自发形核比自发形核容易得多。理论研究与实验的结果均表明，自发形核的有效过冷度为金属熔点的 0.18~0.20 倍。而非自发形核的临界过冷度通常只有几分之一摄氏度至一二十摄氏度。

　　在 $\theta=180°$，$f(\theta)=1$ 极端情况下，非自发形核实际就是自发形核。因而可以说，自发形核是非自发形核的一个特例。如将临界晶核半径 r^* 代入下式：

$$\Delta G_{sf}^* = A^* \cdot \sigma_{LS} = 4\pi r^{*2}\sigma_{LS} \cdot f(\theta) \tag{2-48}$$

并与非自发形核的临界形核功 ΔG^* 表示式相比得：

$$\Delta G^* = \frac{1}{3}A^* \cdot \sigma_{LS} \tag{2-49}$$

可见，形核功等于临界晶核界面能的 $\frac{1}{3}$，它由液相中能量起伏来提供；界面能的其余 $\frac{2}{3}$，则由形成晶核时体积自由能的降低来补偿。

2.5　形核率

形核率是单位体积液态金属中单位时间内形成的晶核数目。它取决于由 n 个原子组成的临界尺寸晶胚数 N_n^* 与液相原子向晶胚表面吸附速率 $\dfrac{dn}{dt}$。形核率 I 与这两个参数成正比，即

$$I = kN_n^* \cdot \frac{dn}{dt} \tag{2-50}$$

式中，k 为比例系数。

处于临界尺寸的晶胚数为：

$$N_n^* = N_1\exp\left(-\frac{\Delta G_n^*}{kT}\right) \tag{2-51}$$

式中，N_1 为单个液态原子的数目；ΔG_n^* 为形成一个临界晶核时 Gibbs 自由能的变化。

液相原子向晶胚表面的吸附速率可表示为：

$$\frac{dn}{dt} = \nu n_S^* \tag{2-52}$$

式中，ν 为原子的吸附频率；n_S^* 为临界晶胚表面可吸附液相原子的位置数。

晶胚表面液相原子的吸附频率 ν 可表示为：

$$\nu = \nu_0\exp\left(-\frac{\Delta G_d}{kT}\right) \tag{2-53}$$

式中　ν_0 为原子的振动频率。

为更符合实际情况，即液相原子的吸附，必须取一定方位才是有效的，故还应乘上一个几率因子 p，它与液相原子碰撞方位有关。所以

$$\nu = \nu_0\exp\left(-\frac{\Delta G_d}{kT}\right) \tag{2-54}$$

将式（2-51）、式（2-52）和式（2-54）代入式（2-50），即得形核率的表

达式：

$$I = I_0 \exp\left(- \frac{\Delta C_n^* + \Delta G_{\mathrm{d}}}{kT} \right) \qquad (2\text{-}55)$$

其中

$$I_0 = N_1 \nu_0 p k n_{\mathrm{S}}^* \qquad (2\text{-}56)$$

从式（2-55）中可以看出，形核率 I 包含两个指数项。一项与临界尺寸的晶胚数有关，即与 $\dfrac{\Delta G_n^*}{T}$ 有关；另一项与液相原子扩散有关，即与 $\dfrac{\Delta G_{\mathrm{d}}}{T}$ 有关。如把式（2-55）整理成形核率与温度的关系，即 $\lg I$ 与 T 的关系，如图 2-7 所示，可以看出，当金属液的温度下降到凝固点 T_{m} 以下时，在过冷度较小的情况下，需要的形核功较高，故形核率很小；随着过冷度增加，形核功急剧减小，形核率则急剧增大；但当过冷度大于一定程度时，液相原子通过扩散，向临界晶核迁移愈加困难，使形核率再度减小。于是形核率在某一临界温度 T_{cr} 可达到某一极大值 $I_{\max}$。此外，由图中可见，扩散项仅仅提高了形核率和温度曲线的位置。尤其对金属而言，扩散项的影响相对较小。

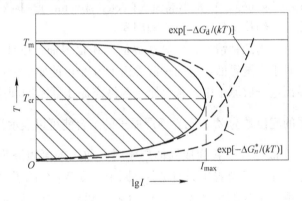

图 2-7 形核率与温度的关系

对于单位体积的金属液，形核率的倒数就是形成一个晶核所需的时间 t，从而很容易将图 2-7 转换成类似奥氏体连续冷却转变曲线的液—固转变 TTT 曲线（时间、温度、相变曲线），即图 2-8。对比图 2-7 可以看出，与最大形核率 $I_{\max}$ 对应，存在着形核的最短时间 t_{m}。若减小形核功，则增大 $I_{\max}$ 而缩小 t_{m}，并且使形核温度向凝固温度 T_{m} 靠近，如图 2-8 中点划线向左上方偏移。当用一般的冷却速度（见图 2-8 中曲线①）冷却时，将与 $T\text{-}\lg t$ 曲线相交，金属液最终凝固成晶体，但当以很大的冷却速度（见图 2-8 中曲线②）冷却时，冷却曲线将永远不能与 $T\text{-}\lg t$ 曲线相交。随温度持续降低，液态金属的黏度不断增大，最终得到玻璃态的非晶体（见图 2-8 中下部阴影区）。这就是制取非晶态玻璃的基本原理。

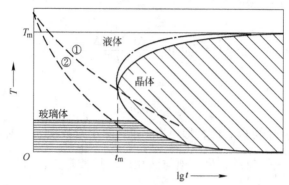

图 2-8　形核时间与温度的关系

2.6　固—液界面的结构

晶核形成后，紧接着就是长大过程。长大是通过液相原子向晶核表面堆砌来实现的，而晶体长大方式及速率，与晶体表面结构有关。

从微观尺度考虑，人们自然将固—液界面划分为粗糙界面与光滑界面，或非小晶面（non-faceted structure）及小晶面（faceted structure）。Jackson 运用热力学方法分析了晶体表面结构选择的主要影响因素。

将固—液界面分为两种情况，即光滑界面与粗糙界面，以计算两者间 Gibbs 自由能的差值。对于光滑界面，设固—液界面上 N 个可能原子位置中都沉积了液态原子后，如界面这一层原子中，每个原子与液态原子联系的配位数为 η，与下层固体原子联系的配位数为 Z_0，则界面层原子的结合能可以表示为 $\dfrac{\Delta H_0}{v}(\eta + Z_0)$，式中 ΔH_0 为一个液态原子转变成固体原子时释放出的凝固潜热。而对于粗糙界面，设界面上 N 个原子位置中只有 N_A 个原子，则 N_A 个原子中，每个原子与下层固体原子联系的平均配位数不变，仍为 Z_0。虽然，与液态原子联系的配位数 η 与界面原子排列情况无关，但对光滑界面来说，N 个原子中每个原子接受液态原子的概率都是 1；而对界面只排有 N_A 个原子的粗糙界面来说，每个原子接受液态原子的概率，就成为 $x = \dfrac{N_A}{N}$ 了，实际相当于改变了与液态原子联系的配位数，则界面单个原子的有效平均结合能为 $\dfrac{\Delta H_0}{v}(\eta x + Z_0)$。因此，光滑界面与粗糙界面间的结合能差为：

$$\frac{\Delta H_0}{v}(\eta x + Z_0) - \frac{\Delta H_0}{v}(\eta x + Z_0) = \frac{\Delta H_0}{v}\eta(1 - x)$$

当界面沉积的液态原子总数为 $N \cdot x$ 时，系统的 Gibbs 自由能的变化值便可写成：

$$\Delta G_{\mathrm{S}} = \frac{\Delta H_0}{v} \eta (1 - x) x N - T \Delta S \tag{2-57}$$

式中，ΔS 为凝固时原子空位与排列紊乱所引起的组态熵的变化。

与式（2-23）类似，有：

$$\Delta S = - Nk \big[x \ln x + (1 - x) \ln(1 - x) \big]$$

代入式（2-57），并令 $T = T_{\mathrm{m}}$，整理得：

$$\frac{\Delta G_{\mathrm{S}}}{NkT_{\mathrm{m}}} = \alpha x(1 - x) + x \ln x + (1 - x) \ln(1 - x) \tag{2-58}$$

式中

$$\alpha = \frac{\Delta H_0}{kT_{\mathrm{m}}} \cdot \frac{\eta}{v} = \frac{\Delta S_{\mathrm{m}}}{R} \cdot \frac{\eta}{v} \tag{2-59}$$

此即固—液界面相对 Gibbs 自由能变化与界面原子沉积几率的关系。图 2-9 表示了 α 值变化所引起的界面相对自由能变化值与原子所占位置分数之间的关系。曲线的最小值就是界面排列最稳定的状态。$\alpha > 2$ 时，界面相对自由能的最小值在 x 接近零和接近 1 的两端处。这意味着界面上有很多空位未被原子占据，或几乎所有空位均被原子占有。这两种情况下，自由能都最小。因此，从原子尺度观察这两种情况，都属于光滑界面（见图2-10），但界面上有台阶。α 值越大，

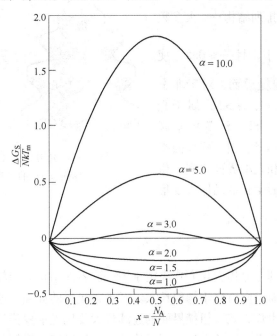

图 2-9　不同 α 值时 $\dfrac{\Delta G_{\mathrm{S}}}{NkT_{\mathrm{m}}}$ 与 x 的关系

界面越光滑。当 $\alpha \leqslant 2$ 时，相对自由能的最小值在 $x = 0.5$ 处，即界面有 50% 的阵点被原子占有。从原子尺度上看，界面是粗糙的（见图 2-10）。但宏观上看却是光滑的。α 值越小，界面越粗糙。

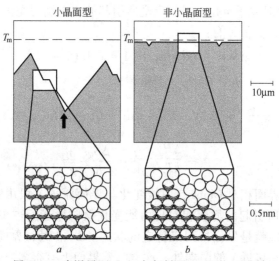

图 2-10 光滑界面（a）与粗糙界面（b）的区别

由式（2-59）知，α 值决定于熔化熵 ΔS_m 与原子排列结构 $\frac{\eta}{v}$。大多数金属的熔化熵较小，且 $\frac{\eta}{v} \leqslant 0.5$，使得 $\alpha \leqslant 2$，属于粗糙界面；对于非金属及一部分有机物，$\alpha > 5$，属于光滑界面；对于 Bi、Sb、Si 等类金属材料，一般 $2 < \alpha < 5$，固—液界面类型介于粗糙界面和光滑界面之间。粗糙界面和光滑界面生长的晶体宏观形态如图 2-11 所示。

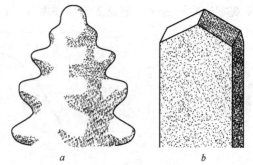

图 2-11 光滑界面（a）与粗糙界面（b）的宏观形态

2.7 晶体生长

前面已经提到，晶体生长方式决定于固—液界面结构。粗糙界面，对应于连续长大；光滑界面，则对应于侧面长大。对于较光滑的界面，原子主要依靠台阶长大。对比两种生长方式，粗糙界面的连续长大要比光滑界面的侧面长大容易得多。连续长大的含义是，长大过程可以连续不断地进行；而侧面长大时台阶一旦消失，长大必须依靠在界面形成新的台阶后才能持续进行。

根据台阶来源不同，侧面长大又可分为二维晶核台阶和缺陷形成的台阶长大。对于二维晶核台阶长大，首先要求在光滑界面上产生二维晶核，然后，原子再向二维晶核提供的台阶沉积，一旦台阶消耗殆尽，必须再形成新的二维晶核，而这需要较大的过冷度，因此依靠这种长大机制长大的可能性不大。对于依靠缺陷形成的台阶长大，如图 2-12 所示，可分为螺型位错台阶、反射孪晶沟槽台阶、旋转晶界台阶等。螺型位错的台阶是最易沉积原子的地方，原子不断沉积于台阶边缘，使台阶不断扩展而扫过晶面。当台阶横扫晶面时，因台阶任一点捕获原子的机会是一样的，故位错中心处台阶扫过晶面的角速度比离开中心处远的地方要大，结果便产生一种螺旋塔尖状的晶体表面，图 2-12a 和 b 就是这种长大机制的示意图。反射孪晶的沟槽与旋转孪晶的凹角，也是捕获原子的台阶源，原子可直接向沟槽或凹角根部堆砌。图 2-12c 为 Al-Si 合金中 Si 晶体长大的示意图；图 2-12d 则是灰铸铁中片状石墨长大的示意图。已知石墨晶体具有以六角形晶格为基面的层状结构，基面之间结合较弱。结晶过程中原子排列层错使上下层之间旋转产生一定角度 φ，于是使石墨晶体沿着侧面 $[10\bar{1}0]$ 方向很快长成片状。

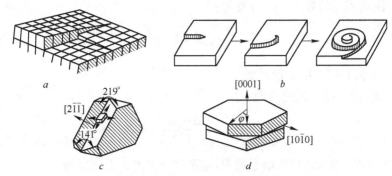

图 2-12　不同晶体缺陷提供的长大台阶示意图
a—螺型位错台阶；b—螺型位错长大的过程；
c—反射孪晶台阶；d—旋转孪晶台阶

连续生长在金属及合金中占主导地位。现用古典速率理论导出连续生长的速率表示式。根据能量分布规律，越过势垒 ΔG_d 的原子频率为式（2-53），即：

$$\nu_{LS} = \nu_0 \exp\left(-\frac{\Delta G_d}{kT}\right)$$

相反，原子由固态转变为液态时的频率，根据同一原理可表示为：

$$\nu_{SL} = \nu_0 \exp\left(-\frac{\Delta G_d + \Delta G_m}{kT}\right) \tag{2-60}$$

为此，原子由液相穿过界面向固相跳跃的净频率为：

$$\nu_{net} = \nu_{LS} - \nu_{SL} = \nu_{LS}\left[1 - \exp\left(-\frac{\Delta G_m}{kT}\right)\right] \tag{2-61}$$

与式（2-10）相似，有：

$$\Delta G_m = \frac{\Delta H_0}{T_m} \Delta T_k \tag{2-62}$$

式中，ΔH_0 为一个原子的凝固潜热；ΔT_k 为晶体长大的动力学过冷度。

将该式代入式（2-61）。因 ΔT_k 往往很小，故指数项可利用 $e^{-x} \approx 1 - x$ 的关系化简，结果得到：

$$\nu_{net} = \nu_{LS} \frac{\Delta H_0 \Delta T_k}{kT_m^2} \tag{2-63}$$

晶体的长大速率 R 可写成：

$$R = \alpha \nu_{net} = \alpha \nu_{LS} \frac{\Delta H_0 \Delta T_k}{kT_m^2} \tag{2-64}$$

式中，α 为界面上沉积一层原子时，界面的推进距离。

根据无规行走理论（random walk theory），原子通过扩散越过固—液界面势垒 ΔG_d，跳向固相的频率，还可写为：

$$\nu_{LS} = \frac{D_L}{\alpha^2} \tag{2-65}$$

式中，D_L 为液相原子的扩散系数。

代入式（2-64），最终得到：

$$R = \frac{D_L \Delta H_m \Delta T_k}{\alpha k T_m^2 N_A} \tag{2-66}$$

对于一定的金属，且扩散系数 D_L 与温度无关时，上式变为：

$$R = \mu_1 \Delta T_k \tag{2-67}$$

式中，μ_1 为常数，$cm/(s \cdot K)$。

此时长大速率与动力学过冷度成直线关系。据估计，μ_1 为 $1 \sim 100 cm/(s \cdot K)$ 数量级，因此在很小的过冷度下就可达到很大的生长速率。通常铸锭凝固或定向凝固的生长速率为 $10^{-2} cm/s$，界面前沿的动力学过冷度 $\Delta T_k \approx 10^{-2} \sim 10^{-4} K$，很难准确测量。

类似的研究表明，二维晶核生长速率 R 与动力学过冷度 ΔT_k 间存在的关系为：

$$R = \mu_2 \exp\left(-\frac{b}{\Delta T_k}\right) \tag{2-68}$$

式中，μ_2、b 为常数。

由此式规律可知，当 ΔT_k 低于某临界值时，R 几乎为零；一旦超过该值，R 急剧增大，一般此临界值为 $1 \sim 2K$，比连续长大所需的过冷度约大两个数量级。

而螺型位错生长速率 R 与动力学过冷度间存在的关系则为：

$$R = \mu_3 \Delta T_k^2 \qquad (2\text{-}69)$$

式中，$\mu_3 \approx 10^{-2} \sim 10^{-4}$ cm/(s·K)。

将三种生长速率 R 与动力学过冷度 ΔT_k 的关系曲线绘于同一图中，如图 2-13 所示。光滑界面的晶体，在小过冷度下，按螺型位错长大的方式进行；在大过冷度下，则按粗糙界面的连续长大方式进行。因此，二维晶核的长大方式，对光滑界面晶体几乎是不可能的。

根据缺陷种类，具有光滑界面的晶体可以有不同的宏观形态，如是线缺陷（螺型位错），晶体形态表现为针状；如

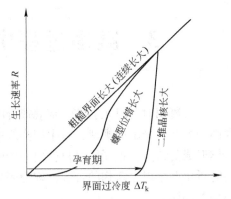

图 2-13　不同长大方式生长速率与过冷度的关系

是面缺陷（孪晶），晶体形态将表现为片状。所以晶体的生长机制对理解不规则共晶体形貌是很重要的。

实际研究结果证实，判断物质是按粗糙界面长大还是按光滑界面长大，单靠熔化熵值的大小是不够的，它还和结晶动力学，即物质在溶液中的浓度及凝固过冷度有关。如 Al-Sn 合金中，随 Al 浓度减少，初晶 Al$_\alpha$ 的形貌可由粗糙界面转变为光滑界面。又如白磷在低的长大速度时为光滑界面，当长大速度增加时却转变为粗糙界面。因此 D. E. Temkin 等人提出了固—液界面的多原子层模型（图 2-14）。在这个多原子层界面中，既存在着原子排列较为规则的原子簇，又存在排列非常紊乱的原子，在排列规则的原子簇中的晶体位置被部分填满，并与一定的晶面相对应，随着向固相一边靠近，原子簇中原子排列的有序化程度增加。因此在过冷度较小时（即熵值比较低的金属），界面原子层数较少，生长可按原子团中每层台阶的侧面扩展方式进行，其生长固—液界面为光滑界面。对过冷度较大的情况（熵值也较大），固—液界面原子层变厚，界面上排列混乱的原子数增多，粗糙度增加，因此，即使原来属于光滑界面生长的物质，也可以转变为粗糙界面生长。

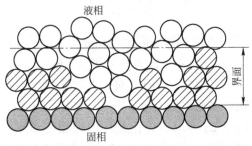

图 2-14　固—液界面的多原子层模型

3 凝固过程中的溶质再分配

金属凝固时各组元会按一定规律分配，这是造成凝固偏析的原因。掌握金属凝固中溶质再分配的规律，是生产实践中控制各种凝固偏析的基础。根据凝固时晶体形成的特点，把凝固时只析出一个固相的合金，称为单相合金；而把凝固时同时析出两个以上新相的合金，称为多相合金。本章只讨论单相合金的凝固溶质再分配问题。

3.1 溶质再分配与平衡分配系数

除纯金属外，单相合金的凝固过程一般是在一个固、液两相共存的温度区间内完成的。在平衡凝固过程中，这一温度区间是从平衡相图中液相线温度开始，至固相线温度结束。随温度的下降，固相成分沿固相线变化，液相成分沿液相线变化。可见，凝固过程中必有传质过程发生，固—液界面两侧都将不断地发生溶质再分配的现象，其原因在于各组元在不同相中化学势不同。

为了分析的方便，均假设固—液界面局部处于平衡状态，即凝固界面温度已知时，可由平衡相图直接确定界面两侧非常小的有限体积内的液相成分与固相成分。生产中常规的凝固速率 $R < 10\text{mm/s}$，使得界面推进速率小于溶质原子析出速率，故界面局部平衡的假设是完全允许的。但对整个体系，因存在着温度梯度和浓度梯度，则不能看成是平衡体系，即采用金属学中的杠杆定律来描述凝固过程，会带来很大的偏差。

图 3-1 的平衡相图中，设界面的温度为 T^*，则固相侧薄层中的溶质含量为 C_S^*，液相侧薄层中的溶质含量为 C_L^*，现把两者之比定义为平衡溶质分配系数：

$$k_0 = \frac{C_S^*}{C_L^*} \tag{3-1}$$

为突出凝固时的主要特征，假定固相线和液相线都是直线，意味着平衡分配系数 k_0 和液相线斜率 m_L 对一定的合金系统都是常数。在图 3-1a 中，$C_S^* < C_L^*$，$k_0 < 1$；在图 3-1b 中，$C_S^* > C_L^*$，$k_0 > 1$。对大多数单相合金来说，$k_0 < 1$。因此以后只讨论 $k_0 < 1$ 的情况，其结论对 $k_0 > 1$ 的情况也是适用的。

在平衡凝固条件下，C_S^* 和 C_L^* 是由相图的固相线和液相线确定的。实际上这也是建立相图的物理基础。由相图仅能确定平衡凝固条件下溶质分配系数。然而，平衡凝固的情况是极少见的。对应于平衡凝固、近平衡凝固和非平衡凝固，

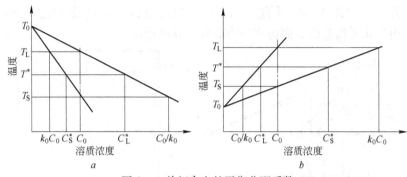

图 3-1 单相合金的平衡分配系数

$a—k_0 < 1$; $b—k_0 > 1$

对溶质分配系数 k 的研究包含着三个层次,下面将会进一步讨论。

3.2 非平衡凝固时的溶质再分配

生产中通常的冷却条件下,铸件的热扩散率约为 $10^{-6} m^2/s$ 数量级,但溶质原子在液态合金中的扩散系数只有 $10^{-9} m^2/s$,特别在固态合金中的扩散系数只有 $10^{-12} m^2/s$ 数量级,可见溶质扩散进程远落后于凝固进程。因此,实现平衡凝固是十分困难的。实际上,合金的凝固过程除界面可假定为局部平衡状态外,均为非平衡凝固的过程。为了便于分析,采用质量为 1 单位、等截面的微元体进行研究。凝固过程中,微元体由一个方向向另一个方向逐渐发生凝固,固相质量分数 f_S 与液相质量分数 f_L,在任何时刻都满足以下关系:

$$f_S + f_L = 1 \qquad\qquad (3-2)$$

此外,不计溶质在固相中的扩散。根据不同的传质条件,可将单相合金的溶质再分配规律归纳为以下三种情况。

3.2.1 液相均匀混合时的溶质再分配

当凝固过程较为缓慢,且液相受到充分的对流搅拌时,液相在任何温度,或任何时刻都能保证溶质浓度完全均匀。在这种传质条件下溶质分布规律可用图 3-2 来说明。

合金的原始成分为 C_0,其平衡相图如图 3-2a 所示,当微元体左端冷却到温度 T_L 时,凝固便从左端开始,这时的固相成分为 $k_0 C_0$,而液相成分接近于 C_0,见图 3-2b。当界面温度冷却到 T^* 时,界面已推进到某一距离,此时界面液相一侧的溶质浓度为 C_L^*,固相一侧浓度为 C_S^*,见图 3-2c。如取平均值 $\overline{C}_S$,则固相平均成分将沿着虚线 1~2 变化,而与原来的平衡固相线偏离,见图 3-2a。从图 3-2a 可以看到,当温度下降到共晶转变温度时,剩余液体最后将凝固成共晶体,

其成分为 C_E，见图 3-2d。由此可知，合金液的原始成分 C_0 虽然远离共晶成分 C_E，但由于非平衡凝固，而仍有一小部分共晶体析出。

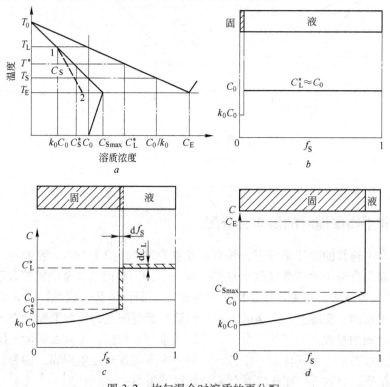

图 3-2　均匀混合时溶质的再分配

a—平衡相图；b—T_L 时开始凝固；c—T^* 时凝固；d—接近 T_E 时凝固

设凝固过程某时刻，界面上固、液相成分各为 C_S^* 和 C_L^*，相应的质量分数为 f_S 和 f_L；当固相增量为 df_S 时，有 $(C_L^* - C_S^*)df_S$ 的溶质排出而使剩余液相 $(1 - f_S - df_S)$ 的浓度升高 dC_L^*，则有以下的质量平衡关系：

$$(C_L^* - C_S^*)df_S = (1 - f_S - df_S)dC_L^* \tag{3-3}$$

由于 $k_0 = \dfrac{C_S^*}{C_L^*}$，且 $f_S = 0$ 时 $C_S^* = k_0C_0$，并略去高阶无穷小量，解此微分方程得：

$$C_S^* = k_0C_0(1 - f_S)^{k_0-1} \tag{3-4}$$

此即著名的 Scheil 方程，或非平衡杠杆定理。

3.2.2　液相中只考虑扩散时的溶质再分配

界面前沿液相中只有扩散而无对流是另一种极端情况。如图 3-3 所示，当 C_0

合金从左端开始凝固时（温度为 T_L），界面上析出成分为 $k_0 C_0$ 的固体，见图 3-3b，而把多余的溶质排入界面前沿的液相中，开始形成溶质富集层，但层外液体仍保持 C_0 成分。随凝固过程的继续，界面自左向右推移，界面前沿溶质不断富集，C_L^* 与 C_S^* 都相应升高，如图 3-3c 所示。当 C_L^* 达到 C_0/k_0 时，$C_S^* = C_0$，初期过渡阶段结束，而进入稳定生长阶段，如图 3-3d 所示，即界面上固、液两相成分保持不变。把出现稳定生长前的固相区称为初期过渡区。在初始阶段，界面上排入界面前沿的溶质多于被液相扩散带走的溶质，使界面前沿的浓度梯度不断增大，因而使溶质向液相内部扩散的通量增大。当固相成分由 $k_0 C_0$ 增大到 C_0（液相成分为 C_0/k_0）时，界面上排出的溶质等于扩散带走的溶质，于是界面上的固相成分和液相成分便保持不变，从而凝固过程进入稳态生长阶段。当这一过程一直进行到生长临近结束时，溶质富集层被推到右端的小体积残余液相中而无法向外扩散，于是界面前沿溶质富集又继续加剧，形成了凝固的最后过渡阶段，如图 3-3e 所示。

当成分为 C_0 的合金（$k_0 < 1$）凝固进入稳定阶段后，取如图 3-3d 所示坐标参考点，即坐标原点位于界面上，坐标系自左至右推移，其推移速率即为凝固速率 R。设离界面 x 处的液相浓度为 C_x，则当界面以速率 R 向右推移时，相当于有 RC_x 的溶质，由右至左输入界面；同时，由于扩散，有 $D_L \dfrac{\partial C_x}{\partial x}$ 的溶质由界面自左向右输出，故界面溶质的总通量为：

$$J = -RC_x - D_L \frac{\partial C_x}{\partial x} \tag{3-5}$$

由 Fick 第二扩散定律：

$$\frac{\partial J}{\partial x} = \frac{\partial C}{\partial t} \tag{3-6}$$

代入式（3-5）可得：

$$R\frac{\partial C_x}{\partial x} + D_L \frac{\partial^2 C_x}{\partial x^2} = \frac{\partial C_x}{\partial t} \tag{3-7}$$

稳态生长时，边界层内各处浓度不随时间变化，即 $\dfrac{\partial C_x}{\partial t} = 0$，故有：

$$R\frac{\partial C_x}{\partial x} + D_L \frac{\partial^2 C_x}{\partial x^2} = 0 \tag{3-8}$$

将边界条件

（1）$x = 0$ 时，$C_x = \dfrac{C_0}{k_0}$；

（2）$x = \infty$ 时，$C_x = C_0$。

代入式（3-8），以确定常数，得：

$$C_x = C_0 \left(1 + \frac{1 - k_0}{k_0} e^{-\frac{R}{D_L}x} \right) \tag{3-9}$$

由上式可见，在相同的原始成分 C_0 下，C_x 曲线形状与凝固速率 R、溶质在液相中的扩散系数 D_L 以及平衡分配系数 k_0 有关。R 越大，D_L 或 k_0 越小，界面前溶质原子富集越严重，曲线 C_x 越陡。

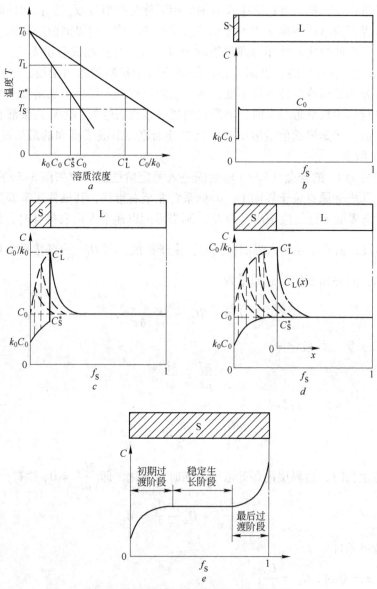

图 3-3　液相中只有扩散时溶质的再分配

a—平衡相图；b—开始凝固；c—初期过渡阶段；

d—稳定生长阶段；e—完全凝固

3.2.3　液相部分混合时的溶质再分配

以上讨论的是两种极端情况，实际的传质过程既有扩散又有对流搅拌。故实际的溶质再分配条件介于上述两种极端情况之间（如图3-4所示）。在紧靠界面的前方，存在着一薄层对流作用不到的液体，溶质原子只能通过扩散作用向前方扩散，而在边界层外，液相则可借助流动达到均匀混合，溶质分布曲线如图3-4b所示。当对流非常强烈时，界层厚度$\delta \rightarrow 0$，其溶质再分配规律与液相完全混合时相同，见图3-4c；反之，当对流极弱时，$\delta \rightarrow \infty$，其溶质再分配又接近于液相只有扩散的情况，见图3-4a；一般情况下，实际的凝固过程即介于两者之间。

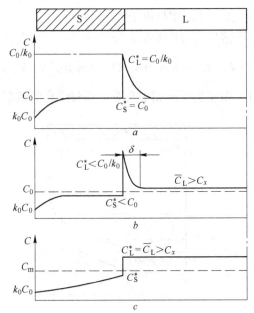

图3-4　液相传质条件对溶质再分配规律的影响

a——$\delta \rightarrow \infty$；$b$——一般情况；$c$——$\delta \rightarrow 0$

对于一般情况，当扩散边界层达到稳定态时，式（3-8）仍然有效。如将$x = 0$时，$C_x = C_L^*$及$x = \delta$时，$C_x = C_0$（当液相容积足够大时）代入式（3-8），可解得：

$$\frac{C_x - C_0}{C_L^* - C_0} = 1 - \frac{1 - e^{-\frac{R}{D_L}x}}{1 - e^{-\frac{R}{D_L}\delta}} \tag{3-10}$$

如液相中只有扩散时，$\delta \rightarrow \infty$，$C_L^* = \dfrac{C_0}{k_0}$，上式即成为式（3-9）。

另外，在稳定态时，有下列关系存在：

$$D_L \frac{\partial C_x}{\partial x}\bigg|_{x=0} = -R(C_x - C_S^*) \tag{3-11}$$

对式 (3-10) 中的 C_x 求导可得:

$$D_{L}\frac{\partial C_x}{\partial x}\bigg|_{x=0} = -R\frac{C_{L}^{*} - C_0}{1 - e^{-\frac{R}{D_{L}}\delta}} \tag{3-12}$$

由于式 (3-11) 与式 (3-12) 相等, 并运用 $C_{S}^{*} = k_0 C_{L}^{*}$ 的关系整理可得:

$$k_{e} = \frac{C_{S}^{*}}{C_0} = \frac{k_0}{k_0 + (1 - k_0)e^{-\frac{R}{D_{L}}\delta}} \tag{3-13}$$

此即有效分配系数 k_e 的表达式。可以看出, 对流越强时, 即 δ 较小时, C_{S}^{*} 越小; 凝固速率 R 越大时, C_{S}^{*} 越趋近于 C_0。

把三种传质条件下溶质再分配情况总结于图 3-5。在慢速凝固和很强的对流条件下, $\frac{R\delta}{D_{L}} \ll 1$, $k_{e} = k_0$; 在高速凝固及液相中只有扩散的条件下, $\frac{R\delta}{D_{L}} \gg 1$, $k_{e} = 1$; 而 $k_0 < k_{e} < 1$ 时, 则相当于液相中有对流部分混合的情况。

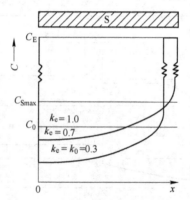

图 3-5　不同 k_e 值的溶质分布情况

4 单相合金凝固

4.1 单相合金平衡凝固

固溶体凝固的特征为平衡的液相和固相之间有成分差别，在凝固时要发生溶质的重新分布，先介绍溶质的平衡分配系数：在一定温度下，固—液平衡相中溶质浓度的比值 k_0 称为溶质的平衡分配系数，即

$$k_0 = C_S/C_L \tag{4-1}$$

式中，C_S、C_L 分别为固、液相的平衡浓度。如果假定液相线和固相线均为直线，则 k_0 为常数。如果随溶质浓度增加，液相线和固相线下降，如图 4-1a 所示，则 $k_0 < 1$；反之如图 4-1b 所示，则 $k_0 > 1$。以下以 $k_0 < 1$ 的相图为例进行讨论。

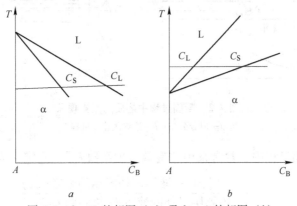

图 4-1 $k_0 < 1$ 的相图 (a) 及 $k_0 > 1$ 的相图 (b)

为了便于研究，假定水平圆棒自左端向右端逐渐凝固，并假定固—液界面保持平面。冷却极为缓慢，达到了平衡凝固状态，即在凝固过程中，在每个温度下，液体和固体中的溶质原子都能充分混合均匀，虽然先后凝固出来的固体成分不同，但凝固完毕后，固体中各处的成分均变为原合金成分 C_0，不存在溶质的偏析。

4.2 稳态凝固

实际上要达到平衡凝固是极困难的，特别是在固相中，成分的均匀靠原子扩散来完成，所以溶质在大范围内是不可能达到均匀的，在讨论实际凝固问题时，

把凝固过程中析出的固相成分看作不再变化，仅讨论液相中溶质原子混合均匀程度的问题，液相中溶质原子均匀有两种机制：扩散和液体的流动（自然对流或搅拌）。二者相比，对流产生的作用比扩散大得多。但不管流速多大，在与固相接触处总存在着一薄层无流动的边界层，扩散传输不能将凝固所排出的溶质同时都输送到对流液体中去，在边界层中产生了溶质的聚集，如图 4-2 所示。在边界层以外的液体，由于有对流混合而获得均匀的液体成分 $(C_L)_B$。由于固—液界面上总是达到或接近局部平衡，故 $(C_S)_i = k_0(C_L)_B$。边界区的开始建立过程如图 4-2b 所示。溶质开始从凝固界面连续不断地排入边界层液体中，从而使溶质在界面上富集越来越多，边界层的浓度梯度也越来越大，原子扩散也越快，当从固体界面输出溶质速度等于溶质从边界层扩散出去的速度时，达到稳定状态。这种达到稳定状态后的凝固过程，称为稳态凝固过程，于是 $(C_S)_i = k_0(C_L)_B$ 比值变为常数。

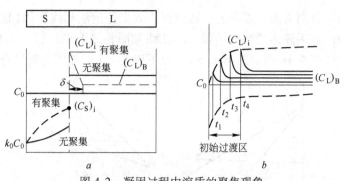

图 4-2　凝固过程中溶质的聚集现象

a—成分分布；b—边界区建立过程

在稳态凝固过程中，常常采用"有效分配系数 k_e"，它定义为：

$$k_e = \frac{凝固时固—液界面处固相的浓度(C_S)_i}{边界层以外的液体平均浓度(C_L)_B} \tag{4-2}$$

进入稳态凝固后，k_e 为常数，利用扩散方程可推导出：

$$k_e = \frac{k_0}{k_0 + (1 - k_0)e^{-R\delta/D}} \tag{4-3}$$

式中，R 为凝固速度；δ 为边界层厚度；D 为扩散系数。

通常把稳态凝固称为正常凝固，先对凝固后的溶质分别讨论：

（1）凝固速度非常缓慢。$R\delta/D \to 0$，$k_e \to k_0$，即视液体中溶质完全混合均匀。这样液体中溶质的浓度 $C_L(x)$ 随凝固过程 x 不断变化而改变，这时凝固的固体成分为 $C_L(x) = C_S(x)/k_0$，最后溶质的分配关系将如图 4-3b 线所示，可推出其分布方程为：

$$C_L(x) = k_0 C_0 \Big(1 - \frac{x}{L} \Big)^{k_0 - 1} \tag{4-4}$$

（2）如果凝固速度很大。$-R\delta/D \rightarrow \infty$，$k_e \rightarrow 1$，则液体中溶质仅可通过扩散来混合。如果无对流和搅拌作用，达到稳定凝固过程时，固—液界面处液相成分保持 C_0/k_0，由于扩散进行较慢，边界层以外的液体仍保持 C_0。

在边界层液体中溶质分布方程由扩散方程推出：

$$C_L(x) = C_0 \Big[1 + \frac{1 - k_0}{k_0} \exp\Big(- \frac{Rx}{D} \Big) \Big] \tag{4-5}$$

式中，$C_L(x)$ 为距固—液界面 x 处液体中溶质的浓度。

凝固后溶质分布为：在起始处固相有一从 $C_0 k_0$ 到 C_0 的过渡区，中段均为 C_0，直到凝固临近终了时最后剩余少量液体，造成末端又出现一个溶质浓度升高的区域，结果如图 4-3c 线所示。当凝固速度快，溶质的扩散系数小时，两端溶质分布曲线就变得陡而短。

（3）一般条件下，凝固速度介于上面二者之间，即 k_e 在 $k_0 \sim 1$ 之间。这时依靠扩散和对流作用只能达到部分均匀，界面层厚度 δ 随混合作用的加强而减小。凝固完

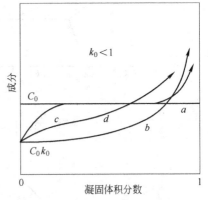

图 4-3 合金凝固后的溶质分布曲线

毕后溶质分布曲线示于图 4-3d 线，可用类似于完全混合的方式推出浓度分布方程为：

$$C_S(x) = k_e C_0 \Big(1 - \frac{x}{L} \Big)^{k_e - 1} \tag{4-6}$$

与式（4-3）相比，将其中平衡分配系数 k_0 改为有效分配系数 k_e。

4.3 液态合金凝固过程中的"成分过冷"

4.3.1 "成分过冷"产生的条件

金属凝固时所需的过冷度，若完全由热扩散控制，这样的过冷称为热过冷。其过冷度称为热过冷度。纯金属凝固时就是热过冷。热过冷度 ΔT_h 为理论凝固温度 T_m 与实际温度 T_2 之差，即

$$\Delta T_h = T_m - T_2 \tag{4-7}$$

合金在近平衡凝固过程中，溶质发生再分配，在固—液界面的液相侧中形成一个溶质富集区。由于液相成分的不同，导致理论凝固温度的变化。当固相无扩

散而液相只有扩散的单相合金凝固时，界面处溶质含量最高，离界面越远溶质含量越低（图4-4b）。平衡液相温度 $T_L(x')$ 则与此相反，界面处最低；离界面越远，液相温度越高；最后接近原始成分合金的凝固温度 T_0（图4-4c）。假设液相线为直线，其斜率为 m_L，纯金属的熔点为 T_m，凝固达到稳态时则固液界面前沿液相温度为：

$$T_L(x') = T_m - m_L C_L(x') \tag{4-8}$$

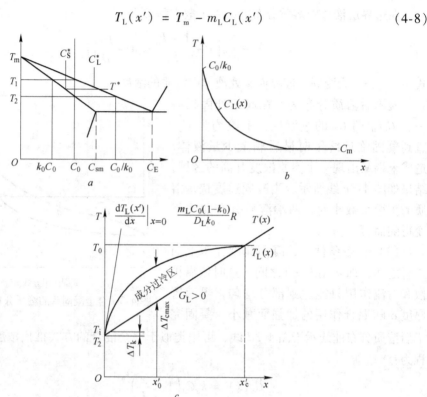

图 4-4　固—液界面前沿液相中形成"成分过冷"模型

界面处温度 T_i 为：

$$T_i = T_m - m_L C_0 / k_0 \tag{4-9}$$

界面处的过冷度 ΔT_k（也称为动力学过冷度）为：

$$\Delta T_k = T_i - T_2 = T_m - m_L C_0 / k_0 - T_2 \tag{4-10}$$

式中，T_2 为界面处的实际温度。

此时，固—液界面前沿液体的过冷度 ΔT_c 为平衡液相温度（即理论凝固温度）$T_L(x')$ 与实际温度 $T(x')$ 之差，即

$$\Delta T_c = T_L(x') - T(x') \tag{4-11}$$

显然，ΔT_c 是由固—液界面前沿溶质的再分配引起的，将这样的过冷命名为

"成分过冷"，其过冷度称为"成分过冷度"。$T_L(x')$ 曲线和 $T(x')$ 直线构成的如图 4-4c 所示的区称为"成分过冷区"，固—液界面前过冷范围 x_c' 称为"成分过冷范围"。因此，产生"成分过冷"必须具备两个条件：第一是固—液界面前沿溶质的富集而引起成分再分配；第二是固—液界面前沿液相的实际温度分布，或温度分布梯度 G_L 必须达到一定的值。

由图 4-4c 可看出，"成分过冷"的条件为：

$$G_L \leqslant \left. \frac{\mathrm{d}T_L(x')}{\mathrm{d}x'} \right|_{x'=0} \tag{4-12}$$

而

$$\frac{\mathrm{d}T_L(x')}{\mathrm{d}x'} = -m_L \frac{\mathrm{d}C_L(x')}{\mathrm{d}x'} \tag{4-13}$$

故

$$G_L \leqslant \left. -m_L \frac{\mathrm{d}C_L(x')}{\mathrm{d}x'} \right|_{x'=0} \tag{4-14}$$

从式 $\left. D_L \dfrac{\mathrm{d}C_L(x')}{\mathrm{d}x'} \right|_{x'=0} = -R \dfrac{C_L^* - C_0}{1 - \exp\left(-\dfrac{R}{D_L}\delta \right)}$ 求出：

$$\left. \frac{\mathrm{d}C_L(x')}{\mathrm{d}x'} \right|_{x'=0} = -\frac{R}{D_L}\left(\frac{C_L^* - C_0}{1 - \mathrm{e}^{-R\delta/D_L}} \right)$$

将上式和式 $C_L^* = \dfrac{C_0}{k_0 + (1 - k_0)\exp\left(-\dfrac{R}{D_L}\delta \right)}$ 代入式（4-14）并整理得：

$$\frac{G_L}{R} \leqslant \frac{m_L}{D_L}C_0 \frac{1}{\dfrac{k_0}{1 - k_0} + \mathrm{e}^{-\frac{R}{D_L}\delta}} \tag{4-15}$$

式（4-15）称为"成分过冷"判别式或判据的通式。当液相中只有扩散而无对流时，$\delta \rightarrow \infty$，式（4-15）变为：

$$\frac{G_L}{R} \leqslant \frac{m_L C_0(1 - k_0)}{D_L k_0} \tag{4-16}$$

式（4-16）为只有扩散而无对流时的"成分过冷"判据。

4.3.2　"成分过冷"的过冷度

"成分过冷度"表示为：

$$\Delta T_c = T_L(x') - T(x') \tag{4-17}$$

式中实际温度分布为：

$$T(x') = T_i + G_L x' \tag{4-18}$$

单相合金凝固，固—液界面为平界面，液相中只有扩散而无对流达到稳态凝固时：

$$T_i = T_m - m_L C_0 / k_0$$

或

$$T_m = T_i + m_L C_0 / k_0 \tag{4-19}$$

又

$$T_L(x') = T_m - m_L C_L(x') \tag{4-20}$$

将式 $C_L(x') = C_0\left[1 + \dfrac{1 - k_0}{k_0}\exp\left(-\dfrac{R}{D_L}x'\right)\right]$ 和式（4-19）代入式（4-20）得：

$$T_L(x') = T_i + \frac{m_L C_0(1 - k_0)}{k_0}\left[1 - \exp\left(-\frac{R}{D_L}x'\right)\right] \tag{4-21}$$

将式（4-18）和式（4-21）代入式（4-17）得：

$$\Delta T_c = \frac{m_L C_0(1 - k_0)}{k_0}\left[1 - \exp\left(-\frac{R}{D_L}x'\right)\right] - G_L x' \tag{4-22}$$

求 ΔT_c 最大值，令 $\dfrac{\mathrm{d}\Delta T_c}{\mathrm{d}x'} = 0$，则得最大"成分过冷度"处的 x'_0 为：

$$x'_0 = \frac{D_L}{R}\ln\frac{R m_L C_0(1 - k_0)}{C_L D_L k_0} \tag{4-23}$$

将式（4-23）代入式（4-22）得最大"成分过冷度"：

$$\Delta T_{cmax} = \frac{m_L C_0(1 - k_0)}{k_0} - \frac{G_L D_L}{R}\left[1 + \ln\frac{R m_L C_0(1 - k_0)}{G_L D_L k_0}\right] \tag{4-24}$$

令 $\Delta T_c = 0$，由式（4-22）得：

$$G_L x'_C = \frac{m C_0(1 - k_0)}{k_0}\left[1 - \exp\left(-\frac{R}{D_L}\right)x'_C\right] \tag{4-25}$$

由函数 $\exp\left(-\dfrac{R}{D_L}x'_C\right)$ 的幂级数展开式可近似求得：

$$\exp\left(-\frac{R}{D_L}x'_C\right) = 1 - \frac{R}{D_L}x'_C + \frac{1}{2}\left(-\frac{R}{D_L}x'_C\right)^2$$

将此式代入式（4-25）得：

$$x'_C = \frac{2D_L}{R} - \frac{2k_0 G_L D_L^2}{m_L C_0(1 - k_0)R^2} \tag{4-26}$$

x'_C 是由于成分过冷所引起的，固—液共存区（或称糊状区）的宽度，和没有成分过冷的 $x = \dfrac{T_L - T_m}{G}$ 相比，其影响因素更多些，并随凝固速度 R 的增加而减少；随液体中溶质的扩散系数 D_L 的增加而增大。由于糊状区的大小和状况影响到缩松、热裂等缺陷的形成，因而对糊状区的有效控制，对获得优质的铸件、焊件有重要的影响。

4.4 "成分过冷"对单相合金凝固过程的影响

对于纯金属的凝固过程，在正温度梯度下，固—液界面前方的液体几乎没有过冷，固—液界面以平面方式向前推进，即晶体以平面方式生长。在负温度梯度下，界面前沿的液体强烈过冷，晶体以树枝晶方式生长。纯金属凝固所需要的过冷度 ΔT 仅与传热过程有关，称这样的过冷度为热过冷度。

合金凝固与纯金属不同，除"热过冷"的影响外，更主要的受到"成分过冷"的影响。成分过冷对一般单相合金凝固过程的影响与热过冷对纯金属凝固过程的影响本质上是相同的。但同时存在传质过程的制约，因此情况更为复杂。在无成分过冷或负温度梯度 $\left[\dfrac{\mathrm{d}T(x')}{\mathrm{d}x'} < 0\right]$ 时，合金同纯金属一样，界面为平界面和树枝状形态。在正的温度梯度 $\left[\dfrac{\mathrm{d}T(x')}{\mathrm{d}x'} > 0\right]$ 时，晶体的长大方式产生多样性：当稍有成分过冷时为胞状生长，随着成分过冷的增大（即温度梯度的减小），晶体由胞状晶变为柱状晶、柱状枝晶和自由树枝晶（等轴枝晶）。下面对此逐一分析。

4.4.1 无"成分过冷"的平面生长

当单相合金晶体生长条件符合：

$$\frac{G_{\mathrm{L}}}{R} \geqslant \frac{m_{\mathrm{L}} C_0 (1 - k_0)}{D_{\mathrm{L}} k_0} \tag{4-27}$$

时，界面前沿就不产生成分过冷，如图 4-5a 中温度分布 G_1 所示。此时，界面将以平面生长方式生长（图 4-5b）。达到稳定生长阶段时，宏观平坦的界面将是等温的，并以恒定的平衡成分向前推进。最后会在稳定生长区内获得成分完全均匀的单相固溶体柱状晶甚至单晶体。由式（4-27）及图 4-5b 可知，平面生长的速度小，界面前沿的温度梯度大。纯金属和一般单相合金稳定生长阶段界面的生长速度 R 可由界面处的热量关系导出。由于界面液态金属温度下降和析出潜热的总热量等于固相导出的热量，故：

$$G_{\mathrm{S}} \lambda_{\mathrm{S}} = G_{\mathrm{L}} \lambda_{\mathrm{L}} + R\rho L \tag{4-28}$$

式中，G_{S}、G_{L} 分别为固、液相在界面处的温度梯度；λ_{S}、λ_{L} 分别为固、液两相的热导率；ρ 为合金的密度；L 为结晶潜热。

由此可得

$$R = \frac{G_{\mathrm{S}} \lambda_{\mathrm{S}} - G_{\mathrm{L}} \lambda_{\mathrm{L}}}{\rho L} \tag{4-29}$$

对于纯金属而言，式（4-29）中 G_L 只受热过冷的影响，但对于合金 G_L 必须受式（4-27）约束。

一般单相合金晶体生长中同时受到传质过程的影响，要保持平界面生长方式，温度梯度应更高，而生长速度应更低，因此，工艺因素的控制是很严格的；且合金的性质也有影响，C_0 和 $|m_L|$ 越大，k_0 偏离 1 越远，D_L 越大，界面越趋向于平面生长。

4.4.2 窄成分过冷区的胞状生长

当一般单相合金晶体生长符合条件：

$$\frac{G_L}{R} \text{ 稍微小于} \frac{m_L C_0(1-k_0)}{D_L k_0} \text{ 或} \frac{T_0-T_L}{D_L}$$

$$(4\text{-}30)$$

时，界面前方产生一个窄成分过冷区，如图 4-5a 中温度分布梯度 G_2 所示。成分过冷区的存在，破坏了平界面的稳定性，这时，由于偶然的扰动，对宏观平坦的界面，产生的任何凸起，都必将面临较大的过冷，而以更快的速度向前长大。同时不断向周围的熔体中排出多余的溶质，相邻凸起部分之间的凹陷区域溶质浓度增加得更快，而凹陷区域的溶质向熔体扩散比凸起部分更困难。因此凸起部分快速生长的结果，导致凹陷部分溶质进一步富集（见图 4-5c）。溶质富集降低了凹陷区域熔体的液相温度和过

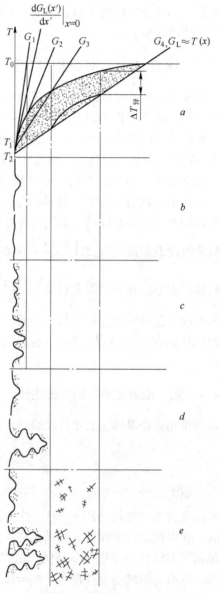

图 4-5　成分过冷对晶体生长方式的影响模型
a—成分过冷；b—平界面生长；c—胞状生长；
d—柱状晶生长；e—等轴晶生长

冷度，从而抑制凸起晶体的横向生长，并形成一些由低熔点溶质汇集区所构成的网络状沟槽。凸起晶体前端的生长受成分过冷区宽度的限制，不能自由向前伸展。当由于溶质的富集，而使界面各处的液相成分达到相应温度下的平衡温度时，界面形态趋于稳定。这样在窄成分过冷区的作用下，不稳定的宏观平坦界面

就转变成一种稳定的、有许多近似于旋转抛物面的凸出圆胞和网络状凹陷的沟槽所构成的新的界面形态，这种形态称为胞状晶。以胞状向前推进的生长方式，称为胞状晶生长方式。对于一般合金而言，圆胞显示不出特定的晶面，Fe-C-Ni-Cr合金定向凝固时，界面出现许多的胞状晶，如图4-6所示，而对于小平面生长的晶体，胞晶上将显示出晶体特性的鲜明棱角。

图4-6　Fe-C-Ni-Cr合金定向凝固
胞状晶扫描电镜照片

4.4.3　较宽成分过冷区的柱状树枝晶生长

胞状晶的生长方向垂直于固—液界面，而且与晶体学取向无关。随着 G_L/R 比值的减小和溶质浓度的增加，界面前方成分过冷区加宽如图4-5a 中温度梯度 G_3 所示。此时，凸起晶胞将向熔体伸展更远，面临着新的成分过冷；原来胞晶抛物状界面逐渐变得不稳定。晶胞生长方向开始转向优先的结晶生长方向，胞晶的横向也将受晶体学因素的影响而出现凸元结构（见图4-7b），当成分过冷加强时，凸缘上又会出现锯齿结构（见图4-7d），即二次枝晶。将出现二次枝晶的胞晶称为胞状树枝晶，或柱状树枝晶。由胞状晶转变成柱状树枝晶结构如图4-8所示。如果成分过冷区足够宽，二次枝晶在随后的生长中又会在其前端分裂出三次枝晶。这样不断分枝的结果，在成分过冷区迅速形成树枝晶骨架。在构成骨架枝晶的固液两相区，随着枝晶的长大和分枝，剩余液体中的溶质不断富集，熔点不断降低，致使分枝周围熔体的过冷很快消失，分枝便停止分裂和生长。由于无成分过冷，分枝侧面往往以平面生长方式完成其凝固过程。

同纯金属在 $G_L<0$ 下的柱状枝晶生长不同，单相合金枝晶的生长是在 $G_L>0$ 的情况下进行的；和平面生长与胞状生长一样，是一种热量通过固相散失的约束生长，生长过程中，主干彼此平行地向着热流相反的方向延伸，相邻主干的高次分枝往往互相连接起来，而排列成方格网状，构成了柱状枝晶特有的板状阵列，如图4-9所示。从而使材料的性能表现出强烈的各向异性。

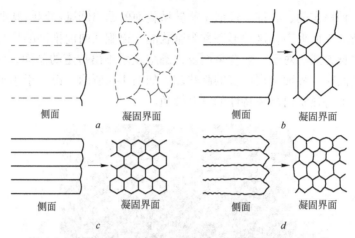

图 4-7　溶质浓度或冷却速度增大引起晶体生长形状的变化

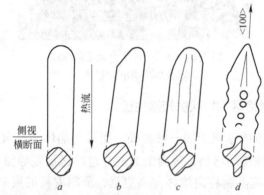

图 4-8　胞状生长向枝晶生长的转变模型

4.4.4　宽成分过冷区的自由树枝晶生长

当固—液界面前沿液体中出现大范围的成分过冷时，成分过冷的最大值 ΔT_{cmax} 将大于液体中非均质形核所需要的过冷度 $\Delta T_异$，如图 4-5a 中 G_4 所示。于是在柱状枝晶生长的同时，界面前沿这部分液体将发生新的形核过程，导致晶体在过冷的液体中自由成核生长，并长成树枝晶，这称为自由树枝晶，也称等轴晶，如图 4-5e 所示。等轴晶的生长，阻碍了柱状树枝晶的单向延伸，此后的凝固过程便是等轴晶不断向液体内部推进的过程。

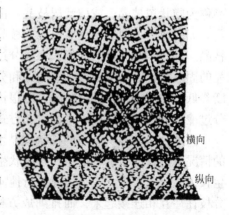

图 4-9　柱状树枝晶板状结构模型

在液体内部自由形核生长，从自由能的角度看应该是球体。因为同体积以球的表面积最小。但为什么又成为树枝晶的形态呢？在稳定状态下，平衡的结晶形态并不是球形，而是近于球形的多面体，见图4-10a。晶体的界面总是由界面能较小的晶面所组成，所以一个多面体的晶体，那些宽而平的面是界面能小的晶面，而棱与角的狭面，是界面能大的晶面。非金属晶体界面具有强烈的晶体学特性，其平衡态的晶体形貌具有清晰的多面体结构，而金属晶体的方向性较弱，其平衡态的初生晶体近于球形。但是在近平衡态下，多面体的棱角前沿液相中的溶质浓度梯度较大，其扩散速度较快；而大平面前沿液相中溶质梯度较小，其扩散速度较慢；这样棱角处晶体长大速度大，平面处较小，近于球形的多面体逐渐长成星形，见图4-10c，从星形再生出分枝而成树枝状，见图4-10d。

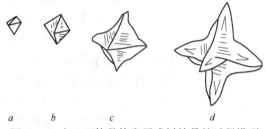

a　　　b　　　c　　　　　　　d

图4-10　由八面体晶体发展成树枝晶的过程模型

就合金的宏观结晶状态而言，平面生长、胞状生长和柱状树枝晶生长都属于一种晶体自型壁生核，然后由外向内单向延伸的生长方式，称为外生生长。而等轴晶是在液体内部自由生长的，称为内生生长。可见，成分过冷加强了晶体生长方式由外生生长向内生生长转变。这个转变取决于成分过冷的大小和外来质点异质形核的能力这两个因素。宽范围的成分过冷及具有强形核能力的生核剂，都有利于内生生长和等轴晶的形成。等轴晶具有无方向性的特性。因此等轴晶材质或成型产品的性能是各向同性的，且等轴晶越细性能越好。

4.4.5　树枝晶的生长方向和枝晶间距

4.4.5.1　枝晶的生长方向

从上述的分析可知，枝晶的生长具有鲜明的晶体学特征，其主干和分枝的生长均与特定的晶向平行。图4-11为立方系枝晶生长方向示意图。对于小平面生长的枝晶结构，其生长表面均为慢速生长的密排面（111）所包围，四个（111）面相交，并构成锥体尖顶，其所指的方向〈100〉向是枝晶生长的方向，见图4-11a；对于非小平面生长的粗糙界面的非晶体学性质与其枝晶生长中的鲜明的晶体学特征尚无完善的理论解释。枝晶的生长方向依赖于晶体结构特性，立方晶系为〈100〉晶向，密排六方晶系为〈$10\bar{1}0$〉晶向，体心正方为〈110〉晶向。

4.4.5.2　枝晶间距

枝晶间距指的是相邻同次枝晶之间的垂直距离。主轴间距为d_1，二次分枝间

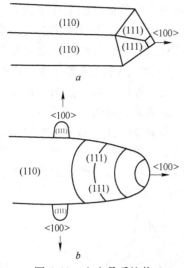

图 4-11　立方晶系柱状
树枝晶的长大方向

a—小平面长大；b—非小平面长大

距为 d_2，三次分枝间距为 d_3，枝晶间距最好是小一些。在树枝晶的分枝之间，充填着溶质含量高的晶体，产生溶质偏析，导致材质或形成产品的性能降低。为消除这种微观的成分偏析，往往对材质和成型件进行较长时间的均匀化热处理。树枝晶间距越小，溶质越容易扩散，加热时间就越短，同时显微缩松、枝晶间夹杂物等越细，这些都有利于提高材质和产品性能。因此枝晶间距问题越来越受到人们的重视，出现了许多缩小枝晶间距的凝固方法和处理措施。

纯金属的枝晶间距决定于界面处结晶潜热的散失条件，而一般单相合金与潜热的扩散和溶质元素在枝晶间的行为有关，必须将温度场和溶质扩散场耦合起来进行研究。国内外研究者所得到的定性结论一致，但定量结论有多种模型。

定向凝固组织，如胞状晶、柱状树枝晶中一次枝晶间距的经典理论模型是 Jackson-Hunt（J-H）模型。一次枝晶间距的表达式：

$$d_1 = A_1 G_L^{-\frac{1}{2}} R^{-\frac{1}{2}} \tag{4-31}$$

式中，A_1 为表示合金性能的常数：

$$A_1 = 4.3 \left(\frac{\Delta T_S D_L \sigma_{LS}}{k_0 \Delta S_m} \right)^{1/4} \tag{4-32}$$

式中，ΔT_S 为合金凝固温度范围；ΔS_m 为熔化熵。

二次枝晶间距模型是建立在枝晶熟化理论基础上的。最先产生的二次枝晶间距较小，在后续结晶过程中，一部分变得不稳定而被相邻枝晶吞灭，只有一部分枝晶生长并保持至最后的凝固组织中。其数学模型为：

$$d_2 = A_2 (t_S)^{1/3} \tag{4-33}$$

式中，t_S 为局部凝固时间；A_2 为常数：

$$A_2 = 5.5 \left[\frac{\sigma_{LS} D_L \ln \left(\dfrac{w_L^m}{w_{C_0}} \right)}{m_L (1 - k_0)(w_{C_0} - w_L^m)} \right]^{1/3} \tag{4-34}$$

式中，w_L^m 为最终凝固液相的溶质质量分数；w_{C_0} 为原始合金成分。

对于单相定向凝固合金：

$$t_S = \Delta T_S'/G_L R \tag{4-35}$$

式中，$\Delta T'_S$ 为实际凝固温度间隔。因而式（4-33）又可写为：

$$d_2 = A_2 \Delta T_S'^{\frac{1}{3}} G_L^{-\frac{1}{3}} R^{-\frac{1}{3}} \tag{4-36}$$

式（4-36）适合于等轴枝晶间距的描述。快速凝固技术中的冷却速度就是根据此原理确定凝固时间，再由局部凝固时间推算冷却速度的。

4.4.6　晶体形貌间的关系

各种晶体形貌间的关系如图 4-12 所示。平面晶是溶质浓度 $C_0 = 0$ 的特殊情况。溶质浓度一定时，随着 G_L 的减小和 R 的增大；或 G_L 和 R 一定时，随着 C_0 的增大，晶体形貌由平面晶依次转变成胞状晶、胞状树枝晶、柱状树枝晶和等轴树枝晶。

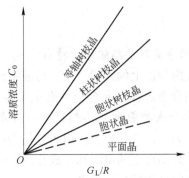

图 4-12　G_L/R 和溶质浓度 C_0 对单相
合金晶体形貌影响

5　多相合金凝固

多相合金的凝固主要包括共晶合金、偏晶合金和包晶合金的凝固。其中偏晶和包晶合金的凝固相对较简单，而共晶合金的凝固具有复杂性和多样性的特点，且其工业应用较普遍。

5.1　共晶合金的凝固

5.1.1　概述

5.1.1.1　共晶合金的分类及共晶组织的特点

一般而言，取两种或两种以上的元素，就有可能组成共晶系，而形成二元共晶、三元共晶、四元共晶合金。仅二元合金就有上千种，加上三元、四元共晶，其数量是巨大的。然而迄今人类熟悉的共晶只有一百多种，常用的仅几十种而已。工业用的大多数合金为二元共晶合金。由于它们凝固条件、化学组成、冷却速度、冶金处理的不同，共晶合金的组织和组成相的特性呈现多样性。因此，共晶合金的凝固比单相合金的凝固要复杂得多。

根据组成相的晶体学生长方式，可将共晶合金分为规则共晶和非规则共晶两大类。

规则共晶由金属—金属相或金属—金属间化合物相，即非小平面—非小平面相组成，组成相的形态为规则的棒状或层片状，如图5-1所示。规则共晶以棒状还是层片状生长，得由两个组成相的界面能及其符合界面能最小值原理原则决定，同时受各相体积分数、热流方向和两组元在液相中的扩散等因素显著影响。如果共晶组织中两个组成相

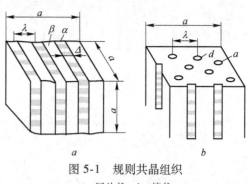

图 5-1　规则共晶组织

a—层片状；b—棒状

的界面能是各向同性的，则当某一相体积分数小于 $1/\pi$ 时，容易出现棒状结构。因为在相间距一定的情况下，棒状的相间面积最小，其界面能最低。但当固—液界面的界面能呈现强烈的各向异性时，则形成层片状结构。其长大的因素决定于热流方向和两组元在液相中的扩散。溶质在横向的扩散，使两相的长大互相依

存。当共晶结晶时，两相并排地长大，且其生长方向与固—液界面保持宏观上的平界面。

非规则共晶一般由金属—非金属（非小平面—小平面）相和非金属—非金属（小平面—小平面）组成。其组织形态根据凝固条件（化学成分、冷却速度、冶金处理）的不同而变化。小平面相的各向异性，导致其晶体长大具有强烈的方向性。固—液界面为特定的晶面，在共晶长大过程中，虽然共晶相也依靠液相中原子扩散而协同长大，但固—液界面不是平整的，而是极不规则的。小平面的长大属二维生长，它对凝固条件的反应极其敏感，因此非规则共晶组织的形态是多种多样的。

5.1.1.2 近平衡状态下的共晶共生区

根据相图，在平衡条件下，只有具有共晶成分这一固定成分的合金才能获得100%的共晶组织。但在近平衡凝固条件下，即使非共晶成分的合金，从热力学考虑，当其较快地冷却到两条液相线的延长线所包围的影线区域时，液相内两相组元达到过饱和，两相具备了同时析出的条件，但一般总是某一相先析出，然后再在其表面上析出另一个相，于是便开始两相的竞争析出的共晶凝固过程，最后获得100%的共晶组织，称这样的非共晶成分而获得的共晶组织为伪共晶组织，影线区域称为共晶共生区，如图5-2a所示。共生区规定了共晶凝固特定的温度和成分范围。

如果仅仅从热力学观点考虑，共晶共生区如图5-2a所示。然而共晶凝固不仅与热力学因素有关，而且在很大程度上取决于两相在动力学上的差异。因此，实际共晶共生区必须将热力学和动力学因素综合考虑，实际的共晶共生区可分为对称型（见图5-2b）和非对称型（见图5-2c）。

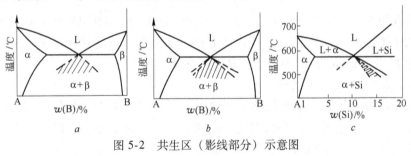

图 5-2 共生区（影线部分）示意图
a—热力学型；b—实际对称型；c—实际非对称型

A 对称型共晶共生区

当组成共晶的两个组元熔点相近，两条液相线形状彼此对称，共晶两相性质相近，两相在共晶成分附近析出能力相当，因而易于形成彼此依附的双相核心；同时两相在共晶成分附近的扩散能力也接近，因而也易于保持两相等速的协同生长。因此其共生区以共晶成分 C_E 为对称轴，而成为对称型共晶共生区（见图5-

2b)。非小平面—非小平面共晶合金的共生区属此类型。

　　B　非对称型共晶共生区

　　当组成共晶的两个组元熔点相差很大，两条液相线不对称，共晶点通常靠近低熔点组元一侧，共晶两相的性质相差很大，高熔点相往往易于析出，且其生长速度也较快，这样凝固时容易出现低熔点组元一侧的初生相。为了满足共生生长所需要的基本条件，就需要合金液在含有更多高熔点组元成分的条件下进行共晶转变。因此其共晶区失去了对称性，而往往偏向于高熔点组元一侧；两相性质差别越大，则偏离越严重。这种类型称为非对称共晶共生区（见图 5-2c）。大多数非小平面—小平面共晶合金的共晶共生区属此类型，如 Al-Si、Fe-C 合金等。

　　实际上共晶共生区的形状并非像图 5-2 那样简单，它的多样性取决于液相温度梯度、初生相和共晶的长大速度与温度的关系。如图 5-3 所示，阴影部分为温度梯度 $G_L > 0$，呈铁砧式的对称型金属—金属共晶共生区。可以看出，当晶体长大速度较小时（阴影区的上部），此时为单向凝固的情况，可以获得平直界面的共晶组织。随着长大速度或过冷度的增加，共晶组织将变为胞状、树枝状，最后成为粒状（等轴晶）。

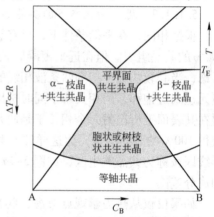

图 5-3　非小平面—非小平面共晶共生区

5.1.2　规则共晶凝固

　　共晶组织两相均为非小平面相时，才有可能形成规则共晶组织，如果两相中一相为小平面相时则将形成非规则共晶组织。金属—金属（非小平面—非小平面）两相共晶凝固时，常为规则共晶凝固方式。

5.1.2.1　层片状共晶的生长

　　层片状共晶组织是最常见的一类规则共晶组织，组织中共晶两相呈层片状交迭生长。一般情况下，其长大速度在四周各个方向上是均一的，因它具有球形长大的固—液界面前沿。层片状共晶合金的凝固过程如图 5-4 所示。根据形核理论在液相中析出呈球状的 α 领先相（图 5-4a），即 α 相为共晶核心。由于两相性质的相近，β 相以 α 相为衬底依附其侧面析出长大。β 相的析出又促进 α 相依附 β 相侧面长大（图 5-4b），如此交替搭桥式地长成如散射状球形共晶（图 5-4c）。

　　层片状共晶组织的重要参数是共晶间距，或 α 相和 β 相的层片间距。为研究共晶间距需要建立共晶生长模型。共晶生长的经典模型是 Jackson-Hunt 模型。认

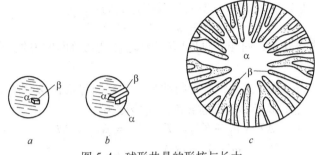

图 5-4　球形共晶的形核与长大

为层片间距 λ 很小时，在长大过程中横向扩散是主要的。如图 5-5b 所示，α 相生长排出的组元 B 为 β 相生长创造条件，而 β 相生长所排出的组元 A 又为 α 相生长创造了条件。这样 α 相前沿富集 B 元素，β 相前沿富集 A 元素，凝固界面液相侧横向的成分分布如图 5-5c 所示。α 相中央前距离 β 相较远，排出的 B 原子不可能像两相的交界处的前沿那样快速的扩散，因此这里 B 原子富集较多，而越靠近 α 相边缘，B 原子富集的较少，在两相的交界处几乎没有富集，为共晶成分 w_E。同理，β 相中央前沿液相富集者较多的 A 原子，相对 B 原子的含量较低，越靠近 β 相边缘，富集的 A 原子越少，而 B 原子就越多。这样，α 相和 β 相边缘的生长速度大于中央的生长速度，形成如图 5-5e 所示的界面，边缘的曲率半径 r_1 小，中央的曲率半径 r 大。界面前溶质的再分配将产生过冷，其过冷度与浓度差

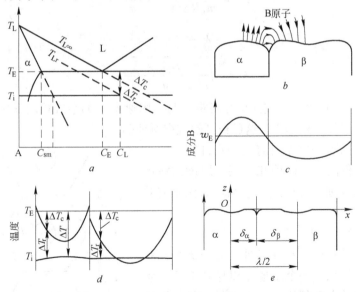

图 5-5　片状共晶生长的 J-H 模型

a—相图；b—α 和 β 耦合生长；c—界面前液相中 B 组元分布；

d—界面前液相过冷度分布；e—两相的曲率半径

$C_E - C_L^*$ 和液相线 $T_{L\infty}$ 的斜率 m_L 有关。其表达式为：

$$\Delta T_c = m_L(C_E - C_L^*) \tag{5-1}$$

ΔT_c 呈抛物线分布，两相中央界面的液体过冷度大而两相的交界处几乎不产生过冷。

这样，Jackson-Hunt 模型将凝固归结为，对凝固界面前液相扩散场的求解和过冷度的分析。经求解后得到凝固界面的过冷度为：

$$\Delta T = T_E - T^* = T_E - T_i = \Delta T_c + \Delta T_r$$

$$= \frac{m_L(\omega_\alpha - \omega_\beta)}{\pi^2 D_L}R\lambda + \frac{\sigma}{\Delta S\lambda} \tag{5-2}$$

式中，ΔT_r 为因曲率半径作用而引起的过冷；σ 为固液相界面张力；ΔS 为熔化比熵；λ 为层片间距。

从式 (5-2) 可看出 ΔT、R、λ 三者间的关系。当共晶相层片间距 λ 很小时，则 ΔT_r 很大，故曲率半径所引起的过冷的影响是主要的；反之，当共晶相层片间距 λ 较大时，ΔT_c 的影响大于 ΔT_r 的影响，即成分差产生的过冷是主要的。

式 (5-2) 给出了共晶生长温度和共晶相层片间距的关系。但过冷度是不确定的，为此引入最小过冷度原理，即当生长速率给定后，共晶相生长的实际间距应使生长过冷度获得最小值。这样令 $\frac{\partial \Delta T}{\partial \lambda} = 0$，则可求出共晶相层片间距为：

$$\lambda^2 = \frac{D_L \sigma \pi^2}{m_L R \Delta S(\varphi_\alpha - \varphi_\beta)} \tag{5-3}$$

即

$$\lambda = AR^{-\frac{1}{2}} \tag{5-4}$$

式中

$$A = \sqrt{\frac{D_L \sigma \pi^2}{m_L \Delta S(\varphi_\alpha - \varphi_\beta)}}$$

由式 (5-4) 可见，共晶层片间距 λ 与凝固速率 R 的平方根成反比，即凝固速率越大，层片间距越小，这已被试验数据所证明。

上述共晶固—液界面前成分及过冷度的不均匀分布，仅限于界面前几个层片厚度的液体内，超过此范围，液相成分急剧均匀化而成共晶成分 C_E。

5.1.2.2　棒状共晶

规则共晶除层片状共晶外，另一类是棒状共晶。在该组织中一个组成相以棒状或纤维状形态沿着生长方向规则地分布在另一相的连续基体中，如图 5-6 所示。

设棒状相为 α 相，则 β 相的晶界为正六边

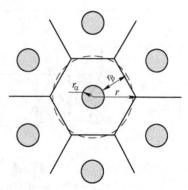

图 5-6　棒状共晶生长横截面示意图

形。究竟出现棒状还是层片结构，取决于共晶中 α 相与 β 相的体积分数和第三相组元的影响。

A　共晶中两相体积分数的影响

在 α、β 两固相间界面张力相同的情况下，当某一相的体积分数远小于另一相时，则该相以棒状方式生长。当体积含量两相相近时，则倾向于层片状生长。更确切地说，如果一相的体积分数小于 $1/\pi$ 时，该相将以棒状结构出现；如果体积分数在 $1/\pi \sim 1/2$ 之间时，两相则以层片状结构出现。

但必须指出，层片状共晶中两相间的位向关系比棒状共晶中两相间位向关系更强。因此，在层片状共晶中，相间界面更可能是低界面能的晶面。在这种情况下，虽然一相的体积分数小于 $1/\pi$，也会出现层片状共晶而不是棒状共晶。

B　第三组元对共晶结构的影响

当第三组元在共晶两相中的分配数相差较大时，其在某一相的固—液界面前沿的富集，将阻碍该相的继续长大；而另一相的固—液界面前沿由于第三相组元的富集较少，其长大速率较快。于是，由于搭桥作用，落后的一相将被长大快的一相隔成筛网状组织，继续发展则成棒状组织，如图 5-7 所示。通常在层片状共晶的交界处看到棒状共晶组织就是这样形成的。

图 5-7　层片状共晶转变为棒状共晶示意图

棒状共晶可用与六边形等面积的半径 r 取代层片状共晶中的间距 λ，作为共晶组织的 Jackson-Hunt 生长模型，求解后最终获得过冷度 ΔT，凝固速率 R 及 r 之间的关系：

令　　　　　　　$A_\mathrm{b} = \dfrac{m_\mathrm{L}(\varphi_\alpha - \varphi_\beta)}{\pi^2 D_\mathrm{L}}, \quad B_\mathrm{b} = \dfrac{\sigma}{\Delta S}$

则式（5-2）可改写成：

$$\Delta T = A_\mathrm{b} R r + \frac{B_\mathrm{b}}{r} \tag{5-5}$$

当 $\dfrac{\partial \Delta T}{\partial r} = 0$ 时，可得 r 的极值为：

$$r^2 = kR^{-1}$$

$$r = \sqrt{k} \cdot R^{-\frac{1}{2}} \tag{5-6}$$

式中，k 为由组成相的物理性质决定的常数，$k = B_b / A_b$。式（5-6）和层片状共晶间距表达式（5-4）相似，r 和 λ 均与凝固速率的平方根成反比，即生长速率越快，r 和 λ 越小，共晶组织越细，材质的性能就越好。

5.1.3　非规则共晶凝固

金属—非金属共晶凝固时，其热力学和动力学原理与规则共晶的凝固一样，其差别在于非金属的生长机制与金属不同。金属—金属凝固时，固—液界面从原子尺度来看是粗糙的，界面无方向性地连续不断地向前推进。而非金属的固—液界面从原子尺度看是小平面生长方式，具有强烈的各向异性，晶体生长方向受热力学条件的控制作用不明显，而晶体学各向异性是决定晶体生长方向的关键因素。因此其长大是有方向性的，即在某一方向上生长速度很快，而在另外的方向上生长速度缓慢。因而非规则共晶的固—液界面不是平直的，而呈参差不齐、多角形的形貌。

非规则共晶由于两相性质差别很大，共生区往往偏向于高熔点的非金属组元一侧，呈非对称型共晶生长区（见图5-2c）。这类共晶对凝固条件表现出高度的敏感性。因此其组织形态更为复杂多变。

非规则共晶凝固模型只有为数不多的几种合金得到了比较深入的研究，且由于其复杂性，仍有许多问题没有彻底弄清楚。对 Fe-C 和 Al-Si 这两种合金的共晶凝固研究得比较详细，下面以此为例讨论分析非规则共晶的凝固。

5.1.3.1　渗碳体的非规则生长

非规则共晶的形核与规则共晶相似，即在共晶温度下，领先相在液相中独立地形核长大，之后第二相依附其上形核长大，一旦两固相同时存在时，共晶两相即按共同"合作"的方式同时长大，称为共生生长。但不同的是，规则共晶凝固过程中，共生生长两相的固—液界面是等温的，两相同时齐头并进。而在非规则共晶生长中，共生生长的两相固—液界面是非等温的，呈各向异性生长；两相虽以合作的方式一起生长，但小平面相的快速长大总是优先伸入液体中，然后第二相依靠领先相生长时排出的溶质的横向扩散获得生长组元，而跟随着领先相长大，有明确的先后次序。领先相的形态决定着共生两相的结构形态。

Fe-C 合金按照冷却速度的不同，而分别遵循 Fe-Fe$_3$C 和 Fe-C（石墨）的介稳定系和稳定系结晶。激冷时，共晶凝固成为莱氏体组织，即奥氏体和渗碳体相的两相结构。凝固开始时，首先呈复杂正交晶格的 Fe$_3$C 以板状结构深入合金液中，并在生长过程中发生分枝，然后奥氏体在 Fe₃C 板块上以树枝状方式生长（见图5-8），Fe₃C 由于奥氏体相的生长而变得不稳定，于是形成两种共晶结构，在 Fe₃C 板块生长方向上，形成层片状结构共晶体，而在垂直于 Fe₃C 板块方向上形成杆状结构共晶体。垂直于板状的奥氏体和渗碳体协调生长速度，远大于共晶在该板块方向上的速度。

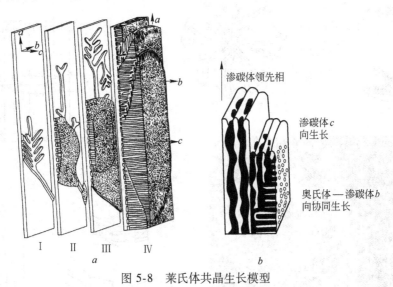

图 5-8　莱氏体共晶生长模型

上述为普通白口铸铁中渗碳体的形态，在高铬（$w_{Cr} > 13\%$）铸铁中，碳化物为 M_7C_3 型，具有六方、斜方和菱形三种晶型，在扫描电镜下呈相互连接的空心杆状和板条状。当 $w_{Cr} > 20\%$ 时，领先相为奥氏体。当加入稀土等变质剂时，碳化物明显细化。加入特殊的变质剂，还可使碳化物球团化，即以提高白口铸铁的韧性。显然其凝固机理有待于深入探讨。

5.1.3.2　片状石墨的非规则生长

同样成分的 Fe-C 合金，当冷却速度比较缓慢时，共晶转变时形成石墨和奥氏体共晶团组织。如图5-9c 所示，片状石墨是互相连接的，奥氏体相充填其间。同时还可以看到，奥氏体相没有封闭片墨，片墨的尖端总是与液体相接触的，其生长速度快，奥氏体相尾随其后协同生长。石墨尖端表面是不平整的，呈现魏氏体组织形貌（见图5-9d）。

灰铸铁中石墨长成片状，是与石墨的晶体结构有关的。如图5-10a 所示，石墨呈六方晶格，基面（0001）与基面之间距离远远大于基面内原子间的距离，即基面之间原子间的作用力较弱。因此容易产生孪晶旋转台阶（见图5-10b），碳原子源源不断地向台阶处堆积，石墨在 $[10\bar{1}0]$ 方向上以旋转台阶生长方式快速生长；而（0001）面是原子的密排面，是光滑的小平面，原子极难稳定地堆积其上，只有产生螺旋位错时才能生长（图5-10c）。另外当石墨形成时，（0001）面被奥氏体包围，致使石墨（0001）面长大的动力学条件较差。因此石墨最后长成片状。片状石墨在成长过程中又产生分枝（见图5-11），结果共生生长成如图5-9c所示的共晶团。

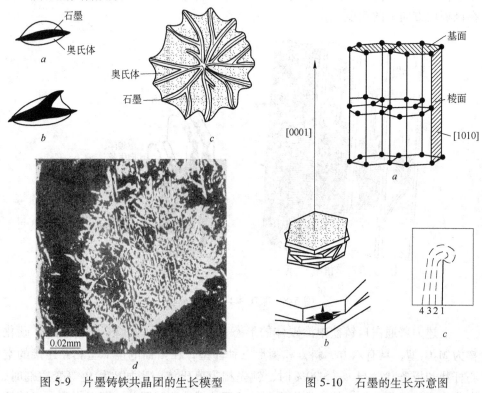

图 5-9　片墨铸铁共晶团的生长模型　　　　图 5-10　石墨的生长示意图

a—石墨晶体结构；

b—石墨在［1010］方向上以旋转孪晶台阶

生长；c—［0001］方向以螺旋位错生长

　　在不同的凝固条件下，片状石墨有各种不同的形态，有片状（A 型）、菊花状（B 型）、厚片状（C 型）及过冷石墨（D 型、E 型），如图5-12所示。不同的石墨形态，其组织和性能有明显的差别。因此在进行材料设计时，可控制凝固条件（化学成分、冷却速度、冶金处理）获得不同的共晶组织以满足不同的要求。

5.1.3.3　第三组元的影响

　　金属—非金属共晶凝固时，第三组元对非金属的长大机制影响极大。一般的Fe-C-Si 合金共晶凝固时，如前述石墨长成片状。因S、O 等活性元素吸附在旋转孪晶台阶处，显著降低了石墨棱面（$10\bar{1}0$）与合金液间的界面张力，使得［$10\bar{1}0$］方向的生长速度大于［0001］方向，石墨最终长成片状。

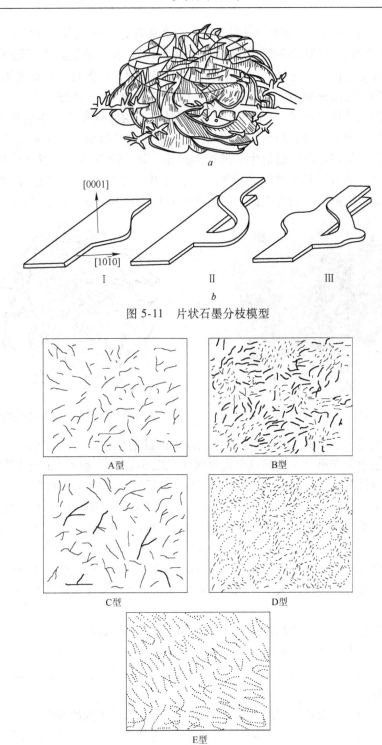

a

[0001]

[10$\bar{1}$0]

I   II   III

b

图 5-11　片状石墨分枝模型

A型

B型

C型

D型

E型

图 5-12　片状石墨类型

当对 Fe-C-Si 合金液进行球化处理时，合金液含有大量的第三组元 Mg（w_{Mg} = 0.03% ~ 0.05%），石墨最终生长为球状（见图5-13）。在低倍显微镜下观察，球状石墨接近球形，但在高倍观察时，则呈多边形的轮廓，特别是在扫描电镜下可以看出，石墨球表面一般为不光滑的球面，且有许多胞状物。从球状石墨中心截面的透射电镜照片可以看出，石墨球内部结构具有像树的横断面的年轮状的特征，而且在球墨的中心还可看到球墨的结晶核心。根据这些特点，可断定球状石墨具有多晶结构，从核心向外辐射生长的许多晶体，每个放射角均垂直于球的径向，由呈互相平行的石墨基面堆积而成的。一个石墨大约由 20 ~ 30 个这样的锥体状的石墨单晶体组成，球的外表面都是由（0001）面覆盖，如图5-14所示。

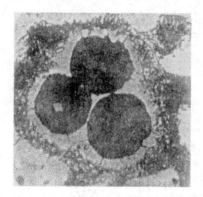

图5-13　球状石墨（100×）

图5-14　球状石墨长大机制模型

第三组元同样影响 Al-Si 合金共晶凝固中的硅的生长方式及形态。未加入金属钠等第三组元变质时，共晶硅呈板片状（见图5-15a），加入 Na 变质后共晶硅变成高度分枝的水草状（见图5-15b）。变质前后共晶硅的生长机制，有不同的理论。其中一种理论认为，变质前共晶硅上存在台阶，硅原子沿着台阶堆积而长成片状，这类似于片状石墨的生长，如图5-16所示。变质后，第三组元 Na 或 Si 吸附在共晶硅固有的台阶上，当达到一定的浓度时，台阶生长受阻，系统将过冷到足以克服这一障碍的温度，直至产生硅晶体的另一种有利机制，如反射孪晶凹角机制而高度分枝生长。关于共晶硅由板片状变成水草或纤维状的机理还有其他观点。

综上所述，非规则共晶在以下几方面不同于规则共晶：

（1）凝固界面在生长过程中是各向同性的。

（2）定量的实验表明非规则共晶具有大的生长过冷度，并且共晶间距远大于规则共晶。

（3）非规则共晶间距除与生长速率相关外，还依赖于温度梯度。

（4）由于大的生长过冷度，在生长界面前的液相中，可能形成新的共晶晶核。

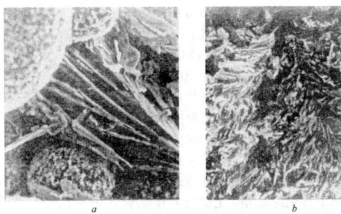

图 5-15　共晶 Al-Si 合金中共晶硅电镜扫描照片

a—变质前深蚀（400×）；b—变质后深蚀（400×）

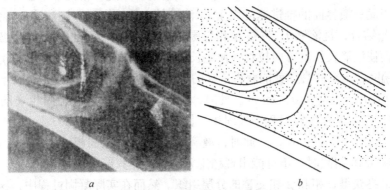

图 5-16　变质前共晶硅以台阶方式生长

a—扫描照片深蚀（400×）；b—示意图

（5）添加少量第三组元可能对共晶组织产生非常大的影响。

（6）随生长速率的增大，小平面生长特性将减弱。

关于非规则共晶生长理论模型虽有许多模型，但这些模型有待进一步完善。

5.2　偏晶合金和包晶合金的凝固

5.2.1　偏晶合金的凝固

偏晶合金系的相图如图 5-17 所示，具有偏晶成分的合金 C_m，冷却到偏晶反应温度 T_m 以下时，即发生偏晶反应 $L_1 \rightarrow \alpha + L_2$。反应的结果是从液相 L_1 中分解出固相 α 和新的液相 L_2。L_2 在 α 四周形成并包围着。其凝固特点与棒状共晶非常相似。

根据偏晶合金中固相 α 与液相 L_1 的界面能 σ_{SL_1}、固相 α 与液相 L_2 的界面能

σ_{SL_2} 及液相 L_1、L_2 的界面能 $\sigma_{L_1L_2}$ 间的相互关系，将偏晶合金的凝固分三种情况讨论：

（1）$\sigma_{SL_2} > \sigma_{SL_1} + \sigma_{L_1L_2}$。此时，液相 L_2 不能润湿固相 α（见图 5-18a），新析出的液相将不依赖于固相进行异质形核，而是在固—液界面的前沿液相中形核；并因两种液体密度的不同而出现上浮或下沉现象。在由下而上的定向凝固时，若 L_2 液滴上浮的速度大于固—液界面推进速度 R，L_2 将上升到液相 L_1 的顶部，结果下部全为 α 相，上部全为 β

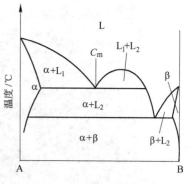

图 5-17　偏晶平衡图

相。利用这种方法可以制取无偏析和成分过冷的 α 单晶。如半导体化合物 HgTe 单晶，就是利用这一原理由偏晶系 Hg-Te 制取的。在这种情况下不会形成棒状结构。但当固—液界面的推进速度大于 L_2 液滴的上浮速度时，则液滴 L_2 将紧紧地与 α 相相结合，且液滴 L_2 将被 α 相包围，而排出的 B 组元原子继续供给 L_2 长大，从而使液滴在长度方向拉长，使生长进入稳定态，结果形成棒状结构。例如 Cu-Pb 偏晶合金定向凝固就能获得这样的组织结构。

（2）$\sigma_{SL_2} = \sigma_{SL_1} + \sigma_{L_1L_2}\cos\theta$。此时，液滴 L_2 可部分地润湿固相（图 5-18b，$0 < \theta < 180°$），并在生长过程中被固相拉长，形成棒状凝固组织。

（3）$\sigma_{SL_2} < \sigma_{SL_1} - \sigma_{L_1L_2}$。此时，液滴 L_2 可完全润湿固相（图 5-18c，$\theta = 0$）。固相被液相 L_2 封闭时，不可能出现稳定状态，α 相只能继续地在 L_1—L_2 界面上形成，最终获得 α 相和 β 相交替的分层组织。然而在实际凝固过程中，这种情况是少见的。

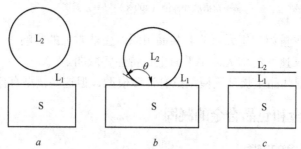

图 5-18　偏晶凝固方式

$a—\sigma_{SL_2} > \sigma_{SL_1} + \sigma_{L_1L_2}$；$b—\sigma_{SL_2} = \sigma_{SL_1} + \sigma_{L_1L_2}\cos\theta$；$c—\sigma_{SL_2} < \sigma_{SL_1} - \sigma_{L_1L_2}$

5.2.2　包晶合金的凝固

具有包晶反应的合金在工程材料中是屡见不鲜的，例如 Fe-C 合金含 $w(C)$ 在 0.1%~0.5% 的钢，Cu-Zn 合金，Sn-Sb 合金等。

典型的包晶相图如图 5-19 所示。这是选择具有典型包晶凝固特征的 $w(C_0)$ 成分的合金作为研究对象。该合金首先析出 α 枝晶，在 α 枝晶的长大过程，组元 B 在液相中富集，导致液相成分沿相图中的液相线变化。当温度降至 T_P 时，则发生包晶反应 $L_P + α = β$。β 相在 α 相表面发生异质形核，并很快沿表面生长，将 α 相包裹在中间。进一步的包晶反应通过 β 相内的扩散进行。组元 B 自 β 与 L 界面向 α 与 β 界面扩散，导致 α 与 β 界面向 α 相一侧扩展，而组

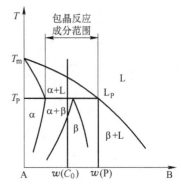

图 5-19 包晶反应相图

元 A 则自 α 与 β 界面向 β 与 L 界面扩散并导致该界面向液相扩展，最后完成包晶凝固反应。

由于固相扩散速度比较缓慢，利于 α 相的大量形核。通常人们正是利用这一特点，进行细化晶粒的。例如 Al 合金液中加入少量 Ti，可以形成 $TiAl_3$，当 Ti 的质量分数超过 0.15% 时，将发生包晶反应：$TiAl_3 + L \rightarrow α$，包晶反应产物 α 为 Al 合金的主体相，它作为一个包层，包围着非均质核心。由于包层对溶质元素扩散的屏障作用，使得包晶反应不易继续进行下去，也就是包晶反应产物 α 相不易继续长大，因而获得细小的晶粒组织。

在近平衡凝固条件下，凝固结束后的 β 相中心往往存在近平衡的 α 相。但固相扩散系数较大的溶质组元，如钢中的碳元素，在包晶凝固时可以充分扩散。具有包晶反应的碳钢，初生 δ 相在冷却到奥氏体区后完全消失。

当包晶定向凝固时，β 相依附 α 相形核并生长，在 β 相的尖端发生组元 B 向 α 相扩散，导致 α 相被"蚕食"（见图 5-20）的包晶反应过程。

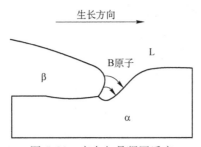

图 5-20 定向包晶凝固反应

第二篇　凝固控制技术

6　金属熔体控制

6.1　合金熔体的净化

合金在熔化过程中极易吸气和发生化学反应形成夹杂，这将大大降低合金的力学性能。因此，必须对合金熔体进行净化处理，以去除熔体中的气体、非金属夹杂物和其他有害元素，净化合金熔体，提高冶金质量。

除气方法可以分为三大类，即非化学反应除气、化学反应除气和混合除气。

6.1.1　非化学反应除气热力学

熔炼过程合金熔体中含有间隙元素是不可避免的，但合金熔体中间隙元素溶解度与熔化室内的温度、平衡分压有直接的关系。气氛中的间隙元素（N_2、O_2、H_2）以及水蒸气（H_2O）首先吸附在合金熔体表面上并分解为原子，然后间隙元素再以原子的形式扩散到合金熔体中。西华特定律给出了气体在熔体中的浓度$[O]_{合金}$与表面上的分压关系式为：

$$K_p = \frac{[O]_{合金}}{\sqrt{p_{O_2}}} \tag{6-1}$$

式中，K_p为平衡常数；$[O]_{合金}$为间隙元素在合金熔体中的平衡溶解度；p_{O_2}为气体分压。

如果以氢为例，可写为：

$$[H] = K_{H_2} p_{H_2}^{1/2}$$

$$K = A/T + B$$

式中，A、B分别为常数，与合金的成分有关。

根据该定律可以分析除气的可能性和极限。氢在熔体中的析出反应可写为：

$$H_2 \Longrightarrow 2[H] \tag{6-2}$$

那么，在一定温度和压力下达到平衡时有：

$$\Delta G^{\ominus} = - RT\ln\left(\frac{[H]^2}{p_{H_2}}\right) \tag{6-3}$$

式中，$\Delta G^{\ominus}$ 为标准吉布斯自由能，J/mol；R 为摩尔气体常数；T 为气体热力学温度，K。

若熔体中氢含量一定，而氢气的实际分压为 $p_{H_2}^1$，这时平衡就要遭到破坏，自由能变化为：

$$\Delta G = \Delta G^{\ominus} + RT\ln\left(\frac{[H]^2}{p_{H_2}^1}\right)$$

$$= - RT\ln\left(\frac{[H]^2}{p_{H_2}}\right) + RT\ln\left(\frac{[H]^2}{p_{H_2}^1}\right)$$

$$= RT\ln\left(\frac{p_{H_2}}{p_{H_2}^1}\right) \tag{6-4}$$

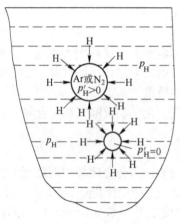

图 6-1　非化学反应除气原理图

当 $p_{H_2} > p_{H_2}^1$ 时，$\Delta G > 0$，反应式（6-2）将向左进行，即溶解在熔体中的氢将自动排除进入气体空间；当 $p_{H_2} < p_{H_2}^1$ 时，$\Delta G < 0$，反应式（6-2）将向右进行，即气体空间中的氢将自动向熔体中溶解。因此，将合金熔体置于氢分压很小的真空中或通入惰性气体，就有除气的驱动力，氢分压越小，驱动力越大。

在工业生产中，通常将 N_2 和 Ar 等惰性气体吹入熔体中，如图 6-1 所示，一开始由于气泡内部完全没有氢气，即 $p_{H_2}^1 = 0$，因此，气泡周围的熔体中溶解的氢原子向气泡内扩散，然后随气泡一起上浮逸出熔体进入气体空间。

6.1.2　非化学反应除气动力学

非化学反应除气分为两种情况：一种是能形成氢气泡的除氢过程；另一种是不能形成氢气泡的除氢过程。

6.1.2.1　能形成氢气泡的除氢动力学

能形成气泡的除氢过程包括三个阶段：首先是气泡的形核；然后是气泡的生长和上浮；最后是气泡的逸出。

　　A　气泡的形核

在熔体中，气泡的形核必须满足以下条件：

（1）合金熔体中溶解的气体处于过饱和状态而具有析出压力 p_g；

（2）气泡内气体压力大于作用于气泡的外压力。即

$$p_{H_2} \geq p_{at} + p_m + \frac{2\sigma}{r} \tag{6-5}$$

式中，p_{H_2} 为气泡中氢的压力，kPa；p_{at} 为合金熔体上方气相中的压力，kPa；σ 为合金熔体的表面张力，N/cm；r 为气泡半径，cm；p_m 为气泡上方合金熔体液柱静压力，kPa，$p_m = 0.1\rho g H$；ρ 为合金熔体密度，kg/cm^3；g 为重力加速度；H 为气泡上方合金熔体液柱高度，cm。

随着熔体中氢含量的降低，p_{H_2} 变小，在熔池深度 h 处，t 时刻如果有：

$$p_{H_2} = p_{at} + p_m + \frac{2\sigma}{r}$$

则在熔池深度 h 以下的合金熔体中气泡将无法形核。此时氢的极限含量可用下式表示：

$$C_m \geq k\left(p_{at} + p_m + \frac{2\sigma}{r}\right)^{\frac{1}{2}} \tag{6-6}$$

式中，C_m 为氢的极限含量；k 为常数。

在熔池深度 h 以下的合金熔体中，除氢只能依靠扩散进行。

由于合金熔体中总是含有非金属夹杂，可成为氢气泡的形核基底，这时 $2\sigma/r$ 可忽略不计，式（6-6）简化为：

$$C_m = k(p_{at} + p_m)^{\frac{1}{2}} \tag{6-7}$$

利用式（6-7），通过系列试验，测得 C_m 值，求出 k 值，即可作出图6-2。图中阴影区域内，铝熔体中含氢量高于平衡状态含氢量，又高于 C_m 值，因此，在此区域内将析出氢气泡。在阴影区下面，熔池深度加大，C_m 值相应增大，铝熔体中含氢量将低于 C_m 值，已不能产生气泡，但仍高于平衡状态含氢量，将通过扩散除氢。

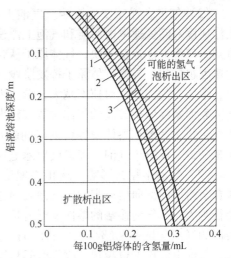

图 6-2　700℃时铝熔体中气泡存在的极限深度
1—$p_{at} = 13.33$ Pa；2—$p_{at} = 133.32$ Pa；
3—$p_{at} = 1333.2$ Pa

B　气泡的上浮与长大

气泡一旦形成，在密度差的作用下将上浮。上浮的速度可由 Stokes 公式计算：

$$v = 2r^2 \frac{\rho_M - \rho_B}{9\eta} \tag{6-8}$$

式中，v 为气泡上浮的速度，cm/s；r 为气泡半径，cm；ρ_M 为合金熔体的密度，

g/cm^3；ρ_B 为气泡的密度，g/cm^3；η 为合金熔体的动力黏度系数，$N \cdot s/cm^2$。

这里需要指出的是气泡与夹杂等不同，它的体积可以变化。在上浮过程中，一方面外压不断减小，另一方面，还有氢不断地向气泡内扩散，使气泡内氢的原子数增加，两方面原因都将导致气泡体积的增大，即气泡半径的增大。

C　气泡的逸出

熔体中气泡通过表面逸出是除气的最后阶段。表面通常都有氧化膜，因此，气泡逸出的速度取决于表面上存在的氧化膜种类和厚度等。

6.1.2.2　不能形成氢气泡的除氢动力学

不能形成氢气泡的除氢主要指通过形成其他种类气泡而除氢，例如吹氮气和氩气等。其动力学过程主要包括三个阶段，即

（1）气体原子从合金熔体内部向熔体表面或气泡表面迁移；

（2）气体原子从溶解状态转变为吸附状态，并在吸附层中发生反应，生成气体分子从表面脱附；

（3）气体分子扩散进入气体空间或气泡内。

通常情况下，第三阶段进行得很快，不会成为控制环节。

6.1.2.3　影响气泡除氢的因素

（1）温度的影响。温度的影响体现在两个方面：一是改变气体原子从合金熔体内部向熔体表面或气泡表面迁移阶段的扩散系数；二是改变界面气体原子挥发阶段的速度。随着熔体温度的升高，两个阶段的速度都增加，因此，总的除气速度也增加。

（2）气泡上浮速度的影响。气泡上浮速度的影响也包括两个方面，即气泡上浮速度对除氢速率的影响和气泡上浮速度对除氢时间的影响。从气泡上浮理论可知，气泡上浮速度越快，气体原子从合金熔体内部向熔体表面或气泡表面迁移的速度也越快，界面气体原子挥发阶段的速度也越快。这是因为气泡上浮速度越快，熔体与气泡的相对速度越大，熔体界面层更新的速度越快，使与气体接触的熔体表面始终保持较高的气体含量或较大的浓度梯度。但是另一方面，气泡上浮速度越快，气泡在熔体中停留的时间越短，除气量将减少。总的除气量是增加，还是减少，取决于气泡上浮速度对除氢速率和除氢时间的综合影响。

（3）气泡半径的影响。从相关理论可以得知，气泡的半径增大，气体原子从合金熔体内部向熔体表面或气泡表面迁移阶段的速度将下降。这是因为气泡的半径越大，与气泡接触的熔体从气泡顶点流到底部的时间越长。在此过程中熔体表面的气体含量越来越小，表面区的浓度梯度也越来越小。同时气泡的半径越大，气泡上浮速度也越快，除气时间将缩短。

（4）气泡的总表面积与其分布的影响。很显然，气泡的总表面积越大，除气的效果越好。但是气泡的分布也起很重要的作用。如果气泡的总表面积很大，但是集中在熔体中某一局部区域，其他区域熔体中的气体原子只能依靠扩散向气泡迁移。因为气体原子在熔体中扩散速度与气泡上浮速度相比较慢，导致不与气

泡接触且与气泡有一定距离的熔体无法除气。

（5）时间的影响。一般情况下，处理时间越长，除气量越多。从前面所述可知，除气速度随时间增加变得越来越小。

（6）影响气泡除氢的因素还有气体本身和合金熔体的性质等。

6.1.3　有化学反应的除气热力学与动力学

6.1.3.1　有化学反应的除气热力学

加入元素与气体原子之间的反应式可写为：

$$aM + b[H] = M_a H_b \tag{6-9}$$

该反应能否进行取决于自由能（ΔG）的变化。即

$\Delta G < 0$ 反应自发进行

$\Delta G = 0$ 平衡状态

$\Delta G > 0$ 进行逆反应

也就是说，自由能的变化负值越大，反应的推动力越大。

6.1.3.2　有化学反应的除气动力学

有化学反应时，除气动力学过程应该包括三个阶段：

（1）除气剂的溶解和与气体原子相互扩散接触阶段；

（2）除气剂与气体原子发生反应形成含气体原子的化合物；

（3）含气体原子的化合物（气态或固态）长大和排除阶段（上浮或下沉）。

含气体原子的化合物如果是气态可以用前面的公式进行分析，含气体原子的化合物如果是固态可以用 Stokes 公式来描述。

6.1.3.3　混合除气动力学

混合除气是指除气过程既包括化学除气，又包括非化学除气，如 $ZnCl_2$ 和 C_2Cl_6 的除气过程等。它的动力学过程包括：

（1）除气剂的溶解和与气体原子相互扩散接触阶段；

（2）除气剂与气体原子发生反应形成含气体原子的气态化合物；

（3）气态化合物长大和上浮阶段；

（4）气态化合物的逸出阶段。

其中气态化合物长大和上浮阶段可以用前面的公式进行分析。

6.1.4　合金熔体的净化方法

这里以铝合金为例进行介绍。铝合金熔体的净化方法已有几十种，概括起来分为三大类，即非化学反应除气、化学反应除气和混合除气。非化学反应除气包括吹惰性气体、真空处理、过滤、气体的电迁移和超声处理等；化学反应除气主要指稀土除氢；混合除气主要包括气化熔剂，吹活性气体和吹活性熔剂等。其分类见表6-1。

表 6-1　铝合金熔体处理法的种类、效果和特点

处理方式			公司	方法名称	处理条件	效果及特点					备 注
						脱气	除渣	脱钠	对环境污染	更换熔体	
炉内处理	常压	静态		熔体静置	长时间保温静置	较差	较差	无	良好	良好	时间长
				熔体静置+熔剂处理	保温与熔剂并用，有多种熔剂，最后要除去熔剂	一般	一般	可以	良好	较好	
		动态		Cl₂处理	向静置炉内吹入氯气	良好	可以	良好	较差	较好	从处理到铸造时间长，将再度吸气
				C₂Cl₆处理	往熔体中压入 C_2Cl_6	较好	可以	较好	较差	较好	
				Cl₂+N₂	向熔体中同时导入 $Cl_2 + N_2$	较好	可以	可以	可以	较好	
			雷诺公司	三气法	导入 N_2，Cl_2 和 CO 混合气体	较好	可以	可以	可以	较好	
	真空	静态	Horst	真空置法	转注入真空炉内，在 1333.22～3999.66Pa（10～30Torr）真空度下静置	较好	可以	较差	良好	较好	时间长
		动态	WSW	真空静置+电磁搅拌法	熔体转注入真空炉内后，用电磁搅拌进行处理	良好	可以	较差	良好	较好	
			ASV	动态真空处理法	熔体喷入 1333.22～3999.66Pa（10～30Torr）真空炉内，由炉底导入精炼气体搅拌	良好	可以	较差	良好	可以	

续表6-1

处理方式		方法名称	处理条件	效果及特点					备 注
				脱气	除渣	脱钠	对环境污染	更换熔体	
脱气	AirLiquid	N₂处理	N₂从底部多孔塞中导入熔体内	较好	可以	较差	可以	较好	
	Foseco	熔剂净化法	熔体在熔融熔剂层下导入	较好	可以	可以	可以	可以	
	BACO	熔剂覆盖+搅拌	熔剂处理与搅拌同时并举	较好	可以	可以	可以	可以	
过滤	Alcoa	Alcoo94	氧化铝薄片过滤	较差	较好	较差	较好	较好	
	Foseco	氟化物覆盖过滤	KF, MgF₂过滤床	较差	较好	较差	较好	较好	
	Alcan	L.G.C.F玻璃布过滤	多层玻璃布重叠过滤	较好	较好	较差	较好	较好	每次需更换过滤器
	Kaiser	陶瓷过滤	陶瓷粒多孔管状过滤	较差	良好	较差	较好	较差	
	Conalo	C.F.F陶瓷海绵过滤器	陶瓷海绵状平板过滤	较差	较好	较差	较好	较好	每次更换过滤器
炉外连续处理 联合在线	Pecbine	Alper System	旋转喷嘴喷出氩气	良好	较好	较好	较好	较好	炉体能倾动
	Alcoa	Alcoa469双槽处理	氧化铝球, Ar+Cl₂	较好	较好	较好	较好	较差	
	BACO	FILD法	氧化铝球过滤; 熔剂覆盖, 通入N₂	较好	较好	可以	较好	较差	
	Union Carbide	SNIF法	通过旋转喷嘴喷入Ar+N₂, 悬浮熔剂层	良好	较好	较好	较好	可以	炉体倾动
	Alcoa	MINT法	通气脱气和陶瓷泡沫过滤	较好	良好	较好	较好	可以	

6.1.4.1　吹惰性气体净化法

A　单管吹气法

图 6-3 是单管吹气法原理图。它是由高压 N_2（或 Ar）气瓶、减压阀、耐熔体吹气喷头和干燥剂等组成。它的工艺过程是先将吹气喷头预热，去除其表面吸附的水分等，再根据插入熔体的深度调整好减压阀，打开气瓶开关，将气路内的空气排除干净，插入吹气喷头到达熔体的下部，惰性气体在管内压力的作用下，以气泡的形式进入熔体内。

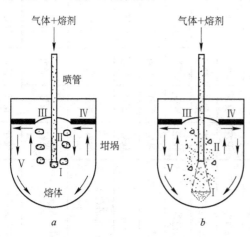

图 6-3　单管吹气法原理图
a—鼓泡方式；b—射流方式

气泡进入熔体有两种方式，即鼓泡方式和射流方式。鼓泡方式形成的原因是吹头内惰性气体压力过低，使惰性气体压力小于吹头处熔体静压力、大气压力及表面张力之和，惰性气体无法吹出。这时气瓶中惰性气体仍然不断地向气管内排出，使气管内惰性气体压力不断上升，当其压力大于吹头处熔体静压力、大气压力及表面张力之和时，少量惰性气体气泡就会形成，并进入熔体中；射流方式形成的原因是吹头内惰性气体压力高，使惰性气体压力远远大于吹头处熔体静压力、大气压力及表面张力之和，惰性气体以相当高的速度喷射进入熔体中。射流区的形成过程见图 6-4，具体可描述为：

（1）在喷枪口首先形成气体的射流，如图 6-4a 所示。

（2）由于射流与熔体间相互作用导致射流侧面出现扰动，形成波状面，如图 6-4b 所示。

（3）当扰动发展到一定程度，波状面撕裂，在气体射流的吸动作用下，熔体被吸入，形成气体和熔体两相射流，如图 6-4c 所示。

（4）随着熔体被吸入，在射流下部，气体被熔体分割并在表面张力作用下形成气泡，如图 6-4d 所示。

（5）气泡上浮，并带动周围的熔体进入卷流区，同时又不断产生气泡，形成稳定的射流区，如图 6-4e 所示。

射流区各断面的结构如图 6-5 所示。断面Ⅰ—Ⅰ处为气体流；在断面Ⅱ—Ⅱ中心部位仍然为气体流，但边缘附近出现了气体与熔体的两相流；到断面Ⅲ—Ⅲ，已完全转变为气体与熔体的两相流；在断面Ⅳ—Ⅳ中，气体被熔体分割并在表面张力作用下形成气泡；到断面Ⅴ—Ⅴ，所有气泡均上浮，熔体速度为零。

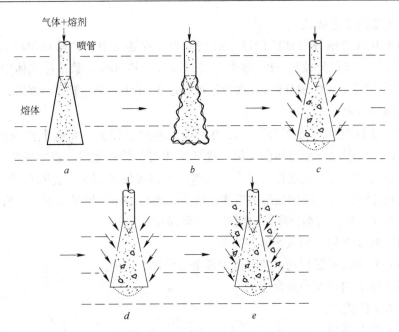

图 6-4　射流区的形成过程示意图

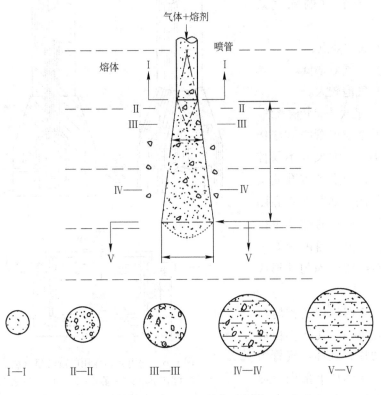

图 6-5　射流区的结构示意图

该方法的工艺要点：

（1）应注意惰性气体的纯度。研究证明，若氮气中氧含量0.5%（体积分数）和1%（体积分数），除气效果分别下降40%和90%。故惰性气体中氧含量不得超过0.03%（体积分数），水分不得超过3.0g/L，对一般合金来讲，可达到满意的除气效果。

（2）惰性气体压力要合适。压力大则气泡的直径大，它的上浮速度过快，逸出表面时会引起合金熔体的飞溅，破坏熔体表面的氧化膜。若气流速度过快，易形成链式气泡流。在这种条件下，气泡与熔体接触面积小，会降低除气效果。而小直径非链式气泡能加强熔体搅拌，增大气泡与熔体的接触面积。且直径小的气泡上浮速度慢，与熔体作用时间长，因而净化效果好。

（3）吹头要尽量插入熔体的下部。

（4）吹头要不断移动，使熔体中每个部位都有气泡。

（5）吹头内径大小要合适。

该方法的优点：

（1）设备简单。

（2）有较好的除气效果。

该方法的缺点：

（1）去气效率低。

（2）气泡较大。

B　多孔吹头旋转吹气法

为了克服单管喷吹法作用面积小、气泡尺寸不易控制等缺点，开发了多孔吹头旋转吹气法，如图6-6和图6-7所示。吹头的结构可以多种多样，但是目的只有一个，即在熔体中均匀地形成大量细小的气泡。

利用剪切作用的旋转喷吹法见图6-6，其结构由静片2和动片3及环形气管组成。惰性气体从上部向下流动，在静片2和动片3之间

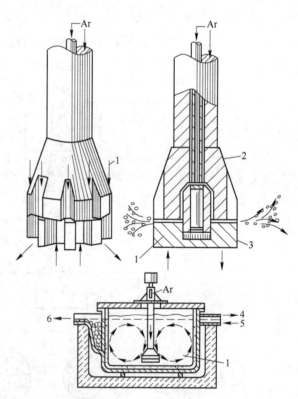

图6-6　利用剪切作用的旋转喷吹法

1—铝液循环流动；2—静片；3—动片；4—排气；

5—铝液流入；6—铝液流出

改变方向向径向流动，由于它的吸动作用，熔体从吹头的上部和下部沿齿槽向下和向上流动，两者在静片 2 和动片 3 之间相遇，在剪切力的作用下形成较均匀气液流，当气液流离开吹头时形成大量均匀细小的气泡。这些气泡向径向运动，然后向上运动逸出，同时，熔体也做环流运动。

利用离心力作用的旋转喷吹法喷头典型结构见图 6-7。喷头沿径向分布许多小孔，而且还有许多与径向小孔相连，并成一定角度的斜向小孔。惰性气体从上部向下流动，然后改变方向向径向流动。由于离心力作用，熔体从吹头的下部沿斜向小孔向斜上方流动，两者在交汇处相遇，形成较均匀气液流。当气液流离开小孔时，会遇到吹头的凸台将其打碎，形成大量均

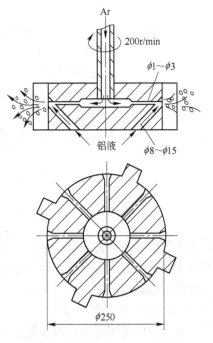

图 6-7 利用离心力作用的旋转喷吹法

匀细小的气泡。这些气泡向径向运动，然后向上运动逸出，同时，熔体也做环流运动。该方法除气效果好，无污染，在工业中已得到广泛应用。

6.1.4.2 真空除气法

真空除气法可分为两大类，即静态真空除气和动态真空除气。

（1）静态真空除气。1957 年出现了铝液的真空除气净化工艺。该工艺是将盛有铝液的坩埚置于密闭的真空室内，在一定温度下镇静一定时间，使溶入铝液中的气体上浮逸出。根据西华特定律，温度一定，空间内氢气分压越低，则铝液中相应的氢溶解度就越少。由于除气反应只限于界面，液面上的氧化膜阻碍氢的扩散，导致除气效率不高。钢液的真空除气效果好的原因是由于钢液内产生了大量 CO 气泡，起到了精炼和搅拌作用。该法在铸铝业中应用不多。

（2）动态真空除气。铝加工业开发了动态真空除气工艺，其原理如图 6-8 所示。在该工艺中由于铝液受到强烈搅拌，熔体表面相对增加，传质系数也增加，因而，有良好的除气效率。一般情况下，动态真空除气 5min 比静态真空除气 20min 的效果还好。

6.1.4.3 预凝固除气法

在大多数情况下，气体在合金熔体中的溶解度随着熔体温度的下降而降低。如果将高温熔体缓慢冷却到固相点附近，让气体按平衡溶解度曲线变化，使气体

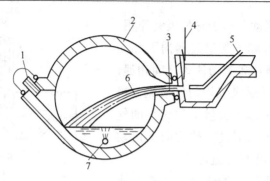

图 6-8　动态真空除气示意图

1—出液口；2—炉体；3—喷嘴；4—塞板；
5—喷射管；6—铝液；7—气体注入口

自动扩散析出而除去大部分气体。再将冷凝后的熔体快速升温重熔，此时气体来不及大量重新溶于熔体便开始浇注，此法要额外消耗能量和时间，仅在重熔含气量较多的废料时使用。

6.1.4.4　振荡除气法

合金熔体受到高速定向往复振动时，导入合金熔体中的弹性波会在熔体内部引起空化现象，产生无数显微空穴，于是溶于熔体中的气体原子就以空穴为气泡核心，进入空穴并复合为气体分子，长大成气泡而逸出熔体，达到除气的目的。该法的实质就是瞬时局域性真空气泡除气法。振动方法有机械振动和超声波振动。在功率足够大时，超声波振动的空化作用范围可达到全部熔体，不仅能消除宏观气孔，也可以消除显微气孔，来提高致密度。

6.1.4.5　气体的电迁移

铝熔体在直流电流的作用下，在正极产生正离子，即 $[H]-e \rightarrow H^+$，H^+ 向负极移动。在负极上 $H^+ + e \rightarrow H, 2H \rightarrow H_2 \uparrow$，生成的氢分子逸出液面，从而达到除气的目的。实践表明，将石墨坩埚中容量为 100kg 的 ZL102 合金熔体，通入直流电流 250～300A，以及容量为 150kgZL105 合金熔体，通入的电流密度为 0.5～0.7A/cm^2，通电时间 20～40min，则氢含量减少 28%～30%（质量分数），其原理见图 6-9。若将电极改为海绵钛，能进一步提高除气率，并使铝熔体内残留有钛，兼有细化作用。

6.1.4.6　稀土净化

稀土与氢有很大的亲和力，在铝熔体中它与氢能生成稳定的弥散稀土氢化物，从而减少铝熔

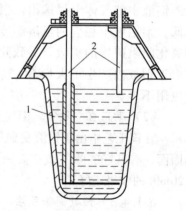

图 6-9　电迁移净化铝熔体示意图

1—坩埚；2—电极

体中原子态和分子态的氢，起到所谓固定氢的作用，以显著减少针孔。

富铈混合稀土的加入量为 0.2%~0.3%（质量分数），生产上稀土的加入，多以 Al-RE 中间合金形式加入。精炼温度为 720~750℃，如果精炼和变质同时进行，则温度为 760~780℃。

该方法操作简单，不产生任何污染，精炼效果良好，但稀土的价格较高。

6.1.4.7　熔剂净化

A　六氯乙烷（C_2Cl_6）净化

C_2Cl_6 的精炼反应为：

$$C_2Cl_6 === C_2Cl_4 \uparrow + Cl_2$$

C_2Cl_4 沸点为 121℃，成为精炼气泡，其中一部分分解为：

$$C_2Cl_4 === 2C + 2Cl_2 \uparrow$$

其中 C 分散在铝熔体中成为夹杂，氯气在铝熔体中可能产生两个反应，即

$$Cl_2 + 2[H] === 2HCl \uparrow$$

$$3Cl_2 + 2Al === 2AlCl_3$$

六氯乙烷用量与合金成分有关，不含镁的合金加入量为 0.2%~0.6%（质量分数），含镁合金为 0.5%~0.75%（质量分数），这是由于镁与氯和氯化铝发生反应。

B　氯化锌（$ZnCl_2$）净化

氯化锌在铝熔体中发生如下反应：

$$3ZnCl_2 + 2Al === 3Zn + 2AlCl_3 \uparrow$$

$$2AlCl_3 + 3H_2 === 2Al + 6HCl \uparrow$$

前者是主要的，$AlCl_3$ 沸点是 183℃，因而在铝熔体中造成大量无氢气泡，从而起到净化的作用。具体工艺为，首先将 $ZnCl_2$ 预热脱水，然后将其用钟罩压入熔体的下部，并做水平运动，直至反应结束。为了防止铝熔体激烈翻腾，使铝熔体氧化，可分批加入，总加入量为 0.1%~0.3%（质量分数），精炼温度在 690~720℃之间。

优点：操作简单，有一定的除气效果，成本较低，清渣能力强。

缺点：产生有毒气体，去除夹杂的能力较差。

6.1.4.8　夹杂物的去除

A　气泡捕捉夹杂

铝合金熔体中悬浮的夹杂微粒受到搅动时，夹杂物相互碰撞、聚集和长大。当夹杂物长大到一定尺寸后，才能与上浮的气泡碰撞，被捕获而随气泡上浮到表面。气泡捕捉夹杂物有两种方式，如图 6-10 所示。尺寸较大的夹杂物

可能与气泡产生惯性碰撞捕获，如图 6-10a 所示；尺寸较小的夹杂物很难与气泡产生惯性碰撞，但可能在气泡周围产生相切捕获，如图 6-10b 所示，其捕获系数为：

$$E = \left(1 + \frac{2a}{r}\right)^2 - 1 \tag{6-10}$$

式中，a 为夹杂物的半径，m；r 为气泡的半径，m。

若气泡尺寸比夹杂物大很多，则夹杂物会顺流线滑掉，如图 6-10c 所示。

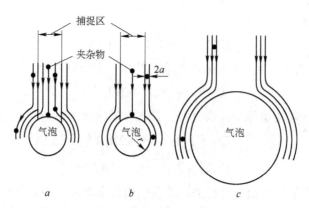

图 6-10　气泡捕捉夹杂物的两种方式
a—碰撞捕获；b—相切捕获；c—气泡尺寸
比夹杂物大很多，顺流线滑掉

B　过滤除渣

熔炼过程中进行过滤除渣在铝加工业中应用广泛，如图 6-11 所示。该图中内层坩埚中的铝熔体是由外层坩埚通过底过滤后进入的，这些过滤片（或网）对通过的铝熔体产生机械和物理的吸附作用。

C　电磁除渣

电磁除渣主要有四种方式，即直流电流与恒定磁场的叠加，施加直流或交流电流，施加交流磁场和施加移动磁场，如图 6-12 所示。这里只介绍直流电流与恒定磁场的叠加以及移动磁场除渣原理和方法。

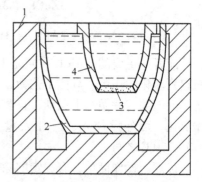

图 6-11　熔炼后过滤除渣示意图
1—坩埚支承架；2—外层坩埚；
3—过滤板；4—内层坩埚

（1）直流电流与恒定磁场的叠加除渣原理。由电磁力学理论可知，处于磁场中的通电导体将受到电磁力的作用。该力作用在物体的每个基本单元上，其物理性质酷似地心引力，当其他条件相同时，作用在各组元单位体积上的电磁力 F

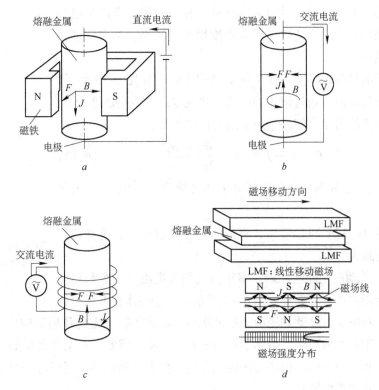

图 6-12 电磁除渣的主要方式

取决于各组元的电导率，它可表示为：

$$F = \sigma E \times B = J \times B \tag{6-11}$$

式中，σ 为电导率，S/m；E 为电场强度矢量，V·m；B 为磁感应强度矢量，T；J 为熔体中组元的电流密度矢量，A/m^2。

式（6-11）表明，导体所受的电磁力与其所处的电场和磁场强度及其电导率成正比，当电场和磁场强度恒定时，则只取决于导体的电导率。电磁力垂直于电场与磁场组成的平面。当该平面为水平时，F 的方向平行于重力方向。分析电磁力的性质可知，它与重力有相似之处，主要表现在：首先，它们都由物质的自身特性决定；其次，它们都作用于物质的每一基本单元，属于体积力。因此，在一定程度上它可以起与重力相似的作用，改变熔体中相或组元的受力状态。当然电磁力与重力也有不同之处：一方面，电磁力的大小可通过改变电场和磁场强度来人为控制；另一方面，其方向也可通过改变电场和磁场的方向进行调整，可与重力的方向相同、相反或垂直。

用直流电流与恒定磁场的叠加除渣正是基于上述分析，因为熔体中的夹杂几乎不导电，在同一电场和磁场作用下，它们所受的电磁力几乎为零。但是熔体具有良好的导电性，通电后的熔体在恒定磁场作用下会产生电磁压力，该压力相当于使熔体等效密度增加或减小，从而使夹杂产生电磁浮力。

处于电场和磁场内熔体中的夹杂受力情况如图 6-13 所示。假定夹杂为球形，通过熔体的电流密度为 J，磁感应强度为 B，则由电磁流体力学可知夹杂所受的电磁浮力为：

$$F_{电} = \frac{3}{2}J \times BV \times \frac{\sigma_m - \sigma_d}{2\sigma_m + \sigma_d} \qquad (6\text{-}12)$$

式中，σ_d、σ_m 分别为夹杂和基体熔体电导率，S/m；V 为夹杂体积，m^3。

从式（6-12）可以看出，夹杂的电导率越小，它所受到的电磁浮力越大。

图 6-13　正交电磁场中夹杂受力示意图

（2）移动磁场除渣原理。多年前人们就提出了一个利用移动磁场除渣方法，其原理如图 6-14 所示。合金熔体在多根细管中沿 y 方向流动，移动磁场沿 z 方向移动，熔体在移动磁场作用下应向 z 方向移动，但由于管壁的阻碍，熔体不能向 z 方向运动。因此，夹杂物将受到电磁浮力的作用，其方向为移动磁场方向的反方向，使夹杂物向移动磁场方向反方向的管壁移动，并被管壁捕获。

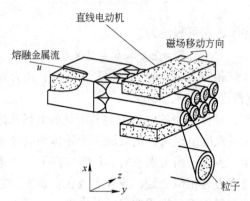

图 6-14　移动磁场除渣示意图

而且，人们还进行了一些实验工作，结果见图 6-15。实验针对含 10% Al_2O_3（质量分数）的铝熔体采用比较方法进行，即施加磁场和不施加磁场两种情况。图 6-15a 是不施加磁场的实验结果，可以发现 Al_2O_3 由于密度较大，呈下沉状态；图 6-15b 是施加 0.08T 移动磁场的实验结果，可以发现 Al_2O_3 夹杂物向移动磁场方向反方向的管壁移动，并被管壁捕获。

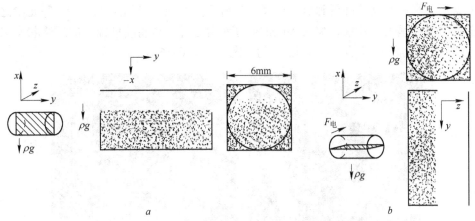

图 6-15　有无移动磁场条件下 Al_2O_3 夹杂物的分布

a—无外加磁场；b—有外加磁场

z—磁场移动方向；-x—重力方向

6.2　合金熔体的变质处理

6.2.1　基本概念

关于变质处理目前还无统一的定义，有的学者将变质处理和细化处理合为一体，认为改变晶核数量或晶体成长速度的处理都叫细化处理。笔者认为，虽然变质处理和细化处理的某些结果相同，如它们都可以使组织细化，但是它们的目的不同，它们的工作原理也完全不同，细化处理是通过增加晶核数量来实现的，而变质处理则是通过改变晶体的生长条件来实现的，因此不能将两者混为一谈。

如果给变质处理下一个定义，笔者认为：用于改变晶体生长形态的处理为变质处理。因此，它既包括铝硅合金中共晶硅的变质处理，又包括铸铁中石墨的球化处理，同时还应包括其他能够改变晶体生长形态的处理方法。

在合金中，第二相晶体有三种基本形态，即粒状（球状、点状和块状等），棒状（条状、纤维状等）和片状。不同的合金中第二相晶体的结构不同，它们的自然生长形态也不同。而有时晶体的自然生长形态恰恰是人们不希望得到的弱化合金性能的形状。这种晶体的自然生长形态则必须通过人工的方法加以改变，获得所需要的第二相晶体形态。

6.2.2　铝硅合金中共晶硅的变质处理

6.2.2.1　基本现象

纯铝由于其延性好，强度低，人们希望通过加入合金元素来改善其强度。但是加入硅以后，不但强度没有提高，延性却大大下降，而加入微量的 Na 和 Sr 等元素后，强度和延性都得到显著提高。分析原因发现，未加入 Na 和 Sr 等元素之前，共晶硅呈大的片状，加入 Na 和 Sr 等元素之后，共晶硅呈细小的纤维状。未变质和 Sr 变质 A357 合金中共晶 Si 的形态，如图 6-16 所示。

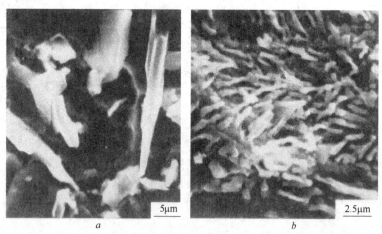

图 6-16　未变质和 Sr 变质 A357 合金中共晶 Si 的形态
a—未变质；b—Sr 变质

6.2.2.2　铝硅合金中共晶硅的变质机理

A　早期的变质机理

（1）过冷学说。该学说认为变质是由于 Na 增大了合金结晶过冷度的作用。在铝合金中总是存在微量的 P，P 与 Al 有很大的亲和力，它们通常以 AlP 的形式存在，这些 AlP 的晶体结构与 Si 相同，都属于金刚石型，且两者的晶格错配度仅为 0.5%，因此可作为 Si 的结晶核心。加入 Na 以后将发生下列反应：

$$AlP + 3Na \Longrightarrow Al + Na_3P$$

生成的 Na_3P 则与 Si 的晶体结构不同，这就消除了异质核心，使铝合金过冷至更低的温度才开始以均质生核的方式结晶。在大的结晶过冷度下产生大量 Si 的均质晶核，使共晶硅细化。该学说试图从生核的角度来解释生长问题，所以无法解释共晶 Si 在变质后形态的变化。

（2）吸附薄膜学说。该学说认为，Na 在 Si 的晶体表面形成一层对 Si 晶体生长起阻碍作用的 Na 吸附薄膜，从而起到变质作用。Na 原子半径相对 Si 来说很大，属于表面活性元素，极易吸附在生长着的 Si 晶体表面上。由于表面活性元素的吸附有选择性，因此，Si 的不同晶面吸附的程度不同，对于生长速度的阻碍程度也不同，在 Si 晶体的主要生长方向受到的阻碍作用比其他方向更大，最终导致共晶硅长成颗粒状。

该学说从影响晶体生长过程来解释变质问题，较过冷学说有所进步。但是近些年研究发现，共晶硅不是分离的细小颗粒，而是带有很多细小分枝的 Si 晶体。

B 近期的变质机理

（1）孪晶凹谷机制。硅晶体属于金刚石立方形晶体结构，如图 6-17 所示。晶面结构的各向异性使得晶体生长也具有各向异性，其中生长最慢的方向是垂直于最密排的（111）晶面的 [111] 方向，而沿着非密排面的 [211] 系列的晶向则生长得较快，而且在硅晶体生长中易于沿（111）晶面长成前沿成 141°角的孪晶凹谷，如图 6-18a 所示。凹谷处能量较低，容易接受铝熔体中的 Si 原子或由 Si 原子组成的四面体，从而加速 [211] 晶向的生长速度，导致硅晶体长成片状。

硅晶体的片状生长过程中会不断产生分枝和改变生长方向，分枝经常与主体产生 70.5°的方向改变，且形成的枝晶仍然保持沿 [211] 系列晶向的择优生长趋势，如图 6-18b 所示。

分枝是由于当硅晶体以辐射状向外生长时，硅晶体生长端之间距离不断增加，使原子扩散距离变长，而分枝可使其缩短，从而有利于晶体的生长。晶体不断改变生长方向，则是由于重复产生晶体分枝的结果，如图 6-18c 所示。

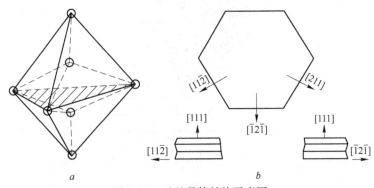

图 6-17 硅的晶体结构示意图

a—硅四面体（影线标明（111）晶面）；

b—金刚石立方晶体中的多层孪晶

硅晶体产生分枝和改变生长方向的倾向，与合金的结晶过冷度及硅晶体生长的孪晶凹谷生长机制是否受到抑制有关。

Na 加入后，以原子状态存在于铝合金熔体中，由于 Na 原子吸附有选择性，使硅晶体生长前端的孪晶凹谷处富集 Na 原子，从而降低了硅原子在该方向上的生长速度，使孪晶凹谷生长机制受到抑制。当该机制被有效的抑制时，硅晶体的生长方向即改变为 [100] 或 [110] 晶向，只有很少一部分沿着 [211] 晶向，导致硅晶体由片状变为圆断面的纤维状。同时，Na 也促进了硅晶体的分枝，使共晶硅由片状变成高度分枝和弯曲的纤维状。

激冷，即通过增大冷却速率，增加硅晶体生长前沿的过冷度，也可以产生一定的变质效果。其作用在于改变共晶两相的扩散速率，使铝相生长速率的降低程度比硅小。同时硅相的小晶面结晶倾向随过冷度的增加而减小，当达到临界转变

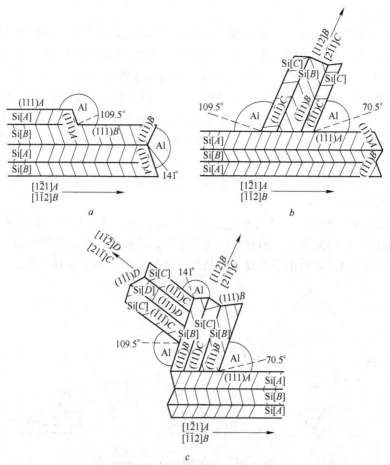

图 6-18　片状共晶硅生长机制示意图

a—择优生长方向；b—分枝；c—改变生长方向

温度时，能形成半各向同性的纤维状生长方式。增大过冷度也有助于促进密集分枝。

激冷变质与微量元素变质复合作用会更好。

（2）界面台阶生长机制。该机制认为，在未变质的铝硅合金凝固过程中，生长中的硅晶体表面上只是偶然地存在有孪晶，它的密度极小。而在晶体生长前端，存在很多固有的界面台阶，如图 6-19a 所示。这些台阶成为了适于接受铝合金熔体中硅原子的场所，从而使硅晶体沿着 [211] 晶向择优生长成板片状。

激冷具有变质的作用是由于过冷度增加限制了硅晶体生长的各向异性，因此，晶体的横断面近似于圆形。但是激冷并未改变硅晶体以界面台阶作为生长源的机制，如图 6-19c 所示。

Na 的变质作用在于 Na 使硅晶体的生长动力学发生了根本变化。一方面

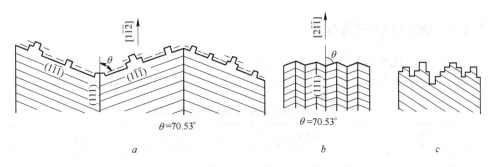

图 6-19 硅晶体界面台阶生长机制示意图
a—正常情况；*b*—Na 变质；*c*—激冷变质

Na 原子吸附在硅晶体生长前端的界面台阶处，消除了界面台阶生长源；另一方面由于 Na 变质的作用在硅晶体表面上诱发了高密度孪晶，这些孪晶凹谷代替界面台阶来接受硅原子，从而构成了硅晶体的生长源，如图 6-19*b* 所示。

吸附的 Na 原子诱发高密度孪晶的原理见图 6-20。吸附的 Na 原子使相邻晶面上 Si 原子的排列变化，从而在与其垂直的面上形成孪晶。根据理论计算，当尺寸因数 $r_{变质剂}/r_{Si} = 1.648$ 时，最适合于形成孪晶，而 Na 的尺寸因数为 1.58，非常接近该值。

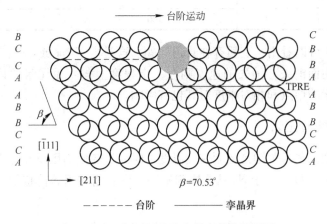

图 6-20 Na 原子诱发高密度孪晶的原理图

孪晶凹谷生长机制和界面台阶生长机制都有大量实验研究作为依据，具有可信性。但两种机制中有一些方面不一致，需要进行进一步的研究。

注意：金刚石立方晶格的（001）面投影，表明一个具有一定尺寸的微量元素原子如何通过形成一个生长台阶，使 {111} 面上原子排列顺序发生变化，因而促使孪晶形成。

6.2.3　变质剂的种类与效果

目前已知能够起到变质作用的元素较多，主要有 Na、Sr、Ba、Bi 和稀土元素等。这些元素的加入量和残留量见表 6-2。各元素变质效果见表 6-3。

表 6-2　变质元素的加入量和残留量

变质元素	加入量（质量分数）/%	变质元素残留量（质量分数）/%
Na 盐二元变质剂	1 ~ 2	0.001 ~ 0.003
Na 盐三元变质剂	2 ~ 3	0.001 ~ 0.003
Sr	0.02 ~ 0.06	0.01 ~ 0.03
Bi	0.2 ~ 0.25	
Sb	0.1 ~ 0.5	
RE	1	

表 6-3　各元素变质效果

变质元素	有效时间/h	壁厚敏感性
Nb	0.5 ~ 1	较小
Sr	6 ~ 7	较小
Bi		大
Sb	100	大

从表 6-3 可以看出，变质存在衰退问题。这是由于 Na 或 Sr 被氧化或与砂型中的水分作用而消失，消失的速度则在一定程度上与变质元素的化学活泼性有关，变质元素的熔点和相对密度对其也有影响。

6.2.4　变质处理工艺

变质处理工艺的关键是控制变质温度、时间、变质剂用量和变质操作方法。

（1）变质温度。对于 Na 盐变质剂来讲，变质剂和铝熔体接触后，产生下列反应：

$$6NaF + Al \Longrightarrow Na_3AlF_6 + 3Na$$

Na 进入铝熔体中起变质作用。一方面，变质温度越高，越有利于反应的进行，Na 的回收率越高，变质速度越快；另一方面，过高的变质温度浪费燃料和工时，增加铝熔体的氧化和吸气，使合金熔体渗铁，降低坩埚的使用寿命，而且高温下钠容易挥发和氧化。因此，变质温度选在稍高于浇注温度为宜。

（2）变质时间。变质时间取决于变质温度，变质温度越高，变质时间则越短。当采用压盐和切盐法时，变质时间一般由两部分组成，覆盖时间为 10 ~

12min，压盐时间为 3~5min。

（3）变质剂用量。变质剂用量可参考表 6-2。

（4）变质操作方法。对 Na 盐变质剂来讲，精炼后扒去铝合金熔体表面上的氧化皮和熔渣，均匀地撒上一层粉状变质剂，并在此温度下保持 10~12min。与铝熔体直接接触的那一层变质剂在高温作用下烧结成一层硬壳或变为液体。保持 10~12min 后，用压瓢将变质剂轻轻地压入铝合金熔体中深约 100~150mm 处，经过 3~5min，即可取样检测变质效果。如果采用切盐法，则先将已烧结成硬壳的变质剂在合金熔体表面上切成碎块，然后将碎块一起压入熔体中，直至出现变质效果为止。如果采用搅拌法，可将粉末状变质剂加入铝熔体中，进行搅拌，一边加入变质剂，一边搅拌，直至出现变质效果为止。

Sr 由于其作用时间长，在国外用 Al-Sr 中间合金进行变质处理比较流行，国内 Al-Sr 中间合金的使用量也有增加的趋势。

6.2.5 铸铁中石墨的球化

6.2.5.1 基本现象

铸铁中的石墨由于其为六方的晶体结构，在一般条件下，它更容易长成片状，如图 6-21 所示。石墨晶体结构的特点是具有典型的层状结构，层内原子之间以共价键相结合，其结合能为 $4.19 \times 10^5 \sim 5 \times 10^5 J/mol$，而层与层之间的原子

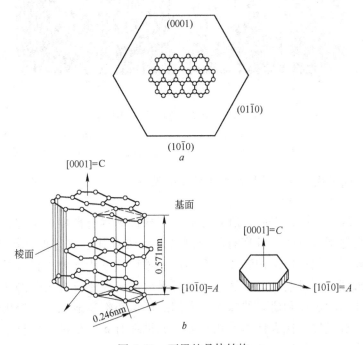

图 6-21　石墨的晶体结构

以分子键相结合，其结合能为 $4.19 \times 10^3 \sim 8.35 \times 10^3 J/mol$。可以看出由于 A 向的原子结合能要远远高于 C 向，因此，一般条件下 A 向的生长速度要高于 C 向，最终形成片状组织。

在铁合金熔体中加入少量的稀土镁合金，可以使石墨形态从片状变为蠕虫状和球状，如图 6-22 所示。这种变化使铸铁的性能成倍提高，使其应用范围不断扩大。同时它促使人们思考两个问题，即石墨形态为什么会从片状变为蠕虫状和球状？如何控制这种变化以获得理想的石墨形态？

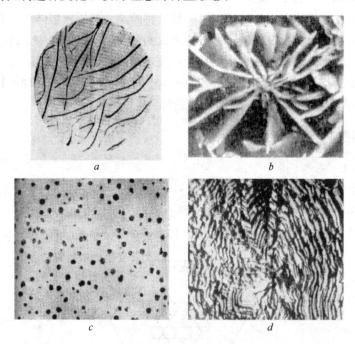

图 6-22　片状石墨和球状石墨形态

a—片状石墨（未腐蚀，×100）；b—灰铸铁 A 型石墨一个较完整的共晶团（深腐蚀，×（500×3/4））；c—球状石墨（未腐蚀，×100）；d—球状石墨通过球心截面的电子显微照片（阴极真空腐蚀，×3250）

下面就简单探讨一下从片状变为球状的情况。

6.2.5.2　球化机理

自从发现球墨铸铁以后，研究者就一直探索球状石墨形成机理，但是由于石墨是在高温下形成的，且现有的检测技术无法对其形成过程进行直接观察，只能对凝固后球状石墨结构和球状石墨形成过程的一些现象进行分析，从而揭示其形成机理。到目前为止虽然对球状石墨形成机理还没有统一的认识，但是随着检测技术的进步和研究的深入，人们的认识在不断地深化，提出了多种球状石墨的形成机理。代表性的球状石墨形成机理有 6 种学说，即核心说、过冷说、表面能说、吸附说、气泡说和位错说。

（1）核心说。该学说是 1950 年提出的，其依据是在石墨中心发现了异质晶核。核心说认为石墨是否长成球状取决于它的结晶核心结构。用镁处理后的铁合金熔体中将形成很多具有立方结构的 MgO、MgS 和 MgC 等化合物，碳原子可以从各个方向以相同的速度结晶，从而形成球状石墨。从凝固理论可知，晶体的最终形状取决于它的生长过程，因此，该学说有一定的片面性。而且近年来对球状石墨内部结构的电子显微镜研究发现，有的球状石墨中心部分却是片状石墨的微晶。

（2）过冷说。该学说是 1956 年提出的，其依据是凝固过程中球墨铸铁的结晶过冷度比灰铸铁大得多。该学说认为由于球墨铸铁在更低的温度下结晶，碳原子的扩散速度成为石墨生长的限制性环节，而且随着过冷度的增加，铁合金熔体的表面张力增大，更促使生成相朝着比表面积最小的形态方向发展。大的过冷度的确能提高球状石墨生长的稳定性，但是这并不是石墨长成球状的基本原因。该学说不能解释不同的结晶过冷度下石墨生长机制的差异。

（3）表面能说。表面能说的依据是铁合金熔体经过镁处理后其表面张力有很大的增加。布鲁特等人测定的结果是，灰铸铁熔体的表面张力为 80～100Pa，而镁处理后的表面张力为 130～140Pa。另外，其他研究者还测定了铁合金熔体与石墨基底面的界面能和铁合金熔体与石墨棱面间的界面能，发现前者小于后者。因此，有人提出了这样的解释，在用 Ce 或 Mg 处理的铁合金熔体中，因为铁合金熔体与石墨基底面的界面能小于铁合金熔体与石墨棱面间的界面能，所以石墨沿 C 轴生长，结果长成球形；与此相反，当铁合金熔体中含有 S 和 O 等表面活性元素时，铁合金熔体与石墨基底面的界面能大于铁合金熔体与石墨棱面间的界面能，结果石墨沿 A 轴生长，结果长成片状。但是，表面能说不能解释纯 Fe-C-Si 合金在一定的冷却速度下也会得到球状石墨，对于球化衰退现象也无法作出有力的说明。

（4）吸附说。吸附说认为，如果石墨（$10\bar{1}0$）面吸附有 Mg 和 Ce 等球化元素，则石墨沿 C 轴方向优先生长，石墨长为球状；如果石墨（$10\bar{1}0$）面吸附了 O 和 S 等表面活性元素，则石墨沿基面优先生长，最终长成片状。实际上，当铁合金熔体中 O 和 S 等元素含有量足够低时，石墨就有可能长成球状。

（5）气泡说。气泡说认为石墨在铁合金熔体中直接形核，以及在生长的初期将受到铁合金熔体巨大表面张力的作用，如无适当的空间条件，则其形核和生长的可能性是极小的，而球化处理时形成许多微小的镁蒸气泡，石墨可在这些气泡内生核，如图 6-23 所示，形核可在气—液相界面的多处同时进行。当这些晶核沿基面生长相遇时，石墨将向气泡内侧生长，直至填满内部空间。这时就形成了外部呈球状、内部结构为放射状的石墨球。如果石墨球附近铁合金熔体中仍然存在过剩的碳，石墨将向气泡外侧生长。该理论不仅可以解释石墨的结构与形貌，而且可以很好的说明球化衰退现象。但是该学说并不能解释为什么像 Ce 和 Y 等汽化温度比铁合金熔体温度高得多的元素也能使石墨球化的现象。

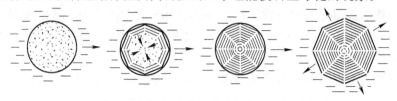

图 6-23　气泡生核球状石墨生成过程示意图

（6）位错说。位错说认为石墨按螺旋位错的方式生长就会形成球状石墨，如图 6-24 所示。从石墨的晶体结构看，其基面（0001）碳原子的联系是共价键，因此，边缘的原子对熔体中的碳原子有很大的亲和力，使石墨沿其基面择优生

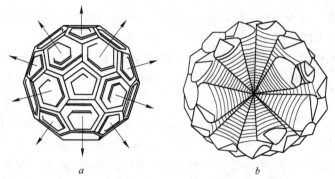

图 6-24　石墨以螺旋位错方式生长的示意图
a—长成球状多面体示意图；b—球状多面体内部结构示意图

长。但是实际晶体存在着大量螺旋位错，这些螺旋位错在晶体表面螺旋台阶的旋出口是碳原子或原子集团最有利的位置，使石墨沿螺旋位错生长，最终形成球状石墨。而在生产中使用的未经球化处理的铁合金熔体中，由于硫原子等的吸附，封闭了螺旋位错的生长台阶，使石墨沿 $[10\bar{1}0]$ 晶向择优生长成片状。Ce 和 Y 等球化元素的作用在于消除硫的影响，使螺旋位错的生长台阶重新起作用。

笔者认为：石墨的球化很可能是多途径的，在某一条件下，某一机制起主要作用，在另一种条件下，其他机制又可能起主导作用。

6.2.5.3　球化处理方法

化学元素对石墨形状的影响规律如图 6-25 所示。通常元素周期表中第 I 和 II 主族，第 III 副族元素（Na，K，Mg，Ca，Sr，Ba 和 Y 等）以及镧系稀土元素（La，Ce，Pr 和 Nd 等）对石墨生长有强烈球化作用；第 IV 和 V 主族以及第 IV 副族元素（B，Al，Pb，Sb，As，Bi，Sn 和 Ti 等）在石墨与铁合金熔体之间形成界面层，或与 Mg 等元素化合形成化合物，干扰石墨的球化。第 VI 族元素（O，S，Se 等）也属于干扰石墨球化的元素。

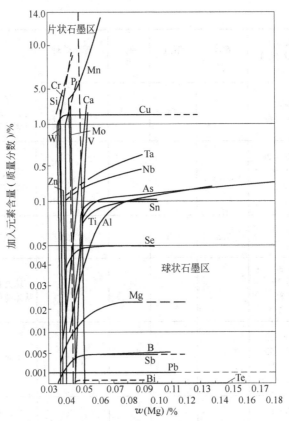

图 6-25 各种元素对石墨球化的影响

国内外常用的球化剂见表6-4。

表 6-4 国内外常用的球化剂

序号	名称	主要成分 （质量分数） /%	密度 /g·cm⁻³	熔点 /℃	沸点 /℃	球化处理 工艺	适用范围
1	纯镁	Mg≥99.85	1.74	651	1105	压力加镁法 转包法 钟罩压入法 镁丝法 镁蒸气法	用于干扰元素含量少的炉料，生产大型厚壁铸件、离心铸管、高韧性铁素体基体的铸件
2	稀土 硅铁 镁合金	RE 0.5~20 Mg 5~12 Si 35~45 Ca<5 Ti<0.5 Al<0.5 Mn<4 Fe 余量	4.5~ 4.6	约1000		冲入法 型内球化法 密封流动法 型上法 盖包法 复包法	用于含有干扰元素的炉料，生产各种铸件，有良好的抗干扰脱硫，减少黑渣、缩松的作用

序号	名称	主要成分（质量分数）/%	密度/g·cm⁻³	熔点/℃	沸点/℃	球化处理工艺	适用范围
3	镁焦	Mg 43 浸入焦炭	—	651	1105	转包法钟罩压入法	大量生产（用转包法球化时），大中型铸件、高韧性铁素体基体铸件
4	钇基重稀土硅铁镁合金	RE 16~28（重稀土）Si 40~45 Ca 5~8	4.4~5.1	—	—	冲入法	大断面重型铸件，抗球化衰退能力强
5	铜镁合金	Cu 80 Mg 20	7.5	800	—	冲入法	大型珠光体基体铸件
6	镍镁合金	Ni 80 Mg 20 Ni 85 Mg 15	—			冲入法	珠光体基体铸件、奥氏体基体铸件、贝氏体基体铸件
7	镁硅铁合金	Mg 5~20 Si 45~50 Ca 0.5 RE 0~0.6	—			冲入法	干扰元素含量少的炉料
8	镁铁屑压块	Mg 6~10 RE 0~7 Si≤10	—			冲入法	为大量使用回炉料，使用它可减少增硅，与稀土硅铁镁混用
9	稀土硅铁	RE 17~37 Si 35~46 Mn 5~8 Ca 5~8 Ti≤6 Fe 余量	4.57~4.8	1082~1089	—	—	与纯镁联合使用，以抵消干扰元素的作用
10	含钡稀土硅铁镁合金	Ba 1~3 Mg 6~9 RE 1~3 Si 40~45 Ca 2.5~4 Ti<0.5 Al<1	—	—	—	冲入法	铸态铁素体球墨铸铁，电炉用：Mg、RE 较低，Ra 较高；冲天炉用：Mg、RE 较高，Ba 较低

球化处理方法如下：

（1）包底冲入法。包底冲入法的示意图见图6-26。它是在包底部修成堤坝或凹坑，将破碎成小块的球化剂放入凹坑内，并覆盖铁片等以延缓反应的速度，使球化处理过程充分进行，并避免球化剂被铁熔体卷住，上浮而裹入熔渣中。包底冲入法主要用于稀土硅铁镁合金球化剂的球化处理方法。冲入法要求处理包的深度与内径之比在1.5~1.8之间，处理包要预热（600~800℃），铁熔体温度应高于1400℃。

包底冲入法的优点是设备简单，操作方便。缺点是镁的吸收率低，一般仅有30%~40%，而且烟尘闪光较严重。目前该法在国内应用较普遍。

（2）型内球化处理法。在铸型内进行球化处理的示意图见图6-27。在直浇道后设置一个反应室，根据浇注铁熔体的质量，将一定量的球化剂放置在反应室内，当铁合金熔体流过反应室时，发生球化反应。此法的优点是球化元素的吸收率高，达80%以上，工艺简单，降低衰退，利于环保。此法在国外应用较多。

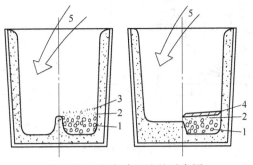

图 6-26　包底冲入法的示意图

1—球化剂；2—硅铁粒（孕育剂）；
3—铁屑；4—铸铁片；5—铁液

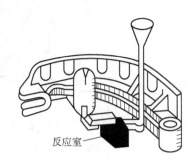

图 6-27　型内球化处理示意图

（3）压力加镁法。压力加镁法所用的设备原理见图6-28，球化处理包各部位尺寸见表6-5。浇包是一个压力容器，装有加镁管的包盖与包之间有密封圈。球化处理时产生的镁蒸气充填包内铁合金熔体上部的空间，包内的气压不断增高。随着压力的升高，镁的汽化反应逐渐减弱，同时可使较多的镁溶入铁合金熔体中。压力加镁法的吸收率可达50%~80%，球化质量稳定。因为容器内的压力是靠镁的蒸发而自行建立起来的，故又称为自建压力加镁法。

表 6-5　球化处理包各部位尺寸

球化处理包各部分	壁厚敏感性	球化处理包各部分	壁厚敏感性
a—包的内径	1000	e—耐火材料厚度（侧面）	80
b—包的高度（连盖）	1800	f—耐火材料厚度（包底）	100
b—包的高度（不连盖）	1600	g—铁液表面以上空间高度	510
c—总高	2680	h—填埋纯镁用管子的内径	190
d—总宽	1975	i—填埋纯镁用管子的长度	1460

注：球化处理用纯镁量为30kg。

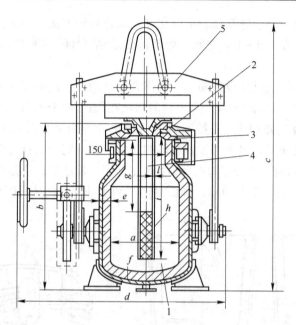

图 6-28　压力加镁法所用的设备原理图

1—浇包（球化处理包）；2—包盖；3—密封圈；4—加镁管；5—压重

（4）钟罩法。钟罩法球化处理设备示意图见图 6-29。球化处理时产生的镁蒸气从钟罩上的孔逸出进入铁合金熔体中，约 30%～40% 被铁合金熔体吸收。这种方法比较简单，但由于是在常压下进行处理，反应仍较剧烈。

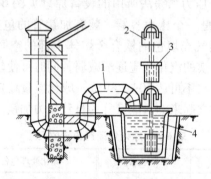

图 6-29　钟罩法球化处理设备示意图

1—排气烟道；2—压重；3—带孔钟罩；4—球化处理包

（5）转包法。转包法球化处理设备示意图见图 6-30。反应室内装入纯镁，转包横卧，注入铁合金熔体，然后转包立起，一方面铁合金熔体通过小孔进入反应室与镁作用；另一方面镁受热蒸发通过小孔进入铁合金熔体中。该法镁的吸收率可达 70% 左右。

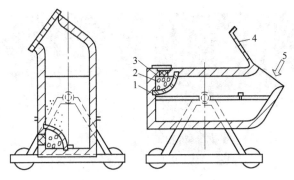

图 6-30　转包法球化处理设备示意图

1—处理网；2—球化剂；3—反应室；

4—安全盖；5—铁熔体入口

6.2.6　其他变质方法

一般情况下，将共晶硅和过共晶硅形态改变的处理看作是变质处理，将石墨的球化处理叫做球化。但是如果从更广泛和更本质的角度看待变质问题，我们可以给出前面的定义，即用于改变晶体生长形态的处理称为变质处理。

根据这个定义，不但加入某种元素可以改变结晶相的形态，起到变质的作用，而且采取一些物理的方法也可以改变结晶相的形态，起到变质的作用，例如，在合金熔体中，施加单向温度场（即定向凝固技术）和使合金熔体流动等都会改变结晶相的形态。

6.2.6.1　熔体定向冷却变质处理

对合金熔体施加单向温度场可以获得不同的组织形态，例如，当固液界面前沿液相温度梯度 $G_L = 250K/cm$ 时，CMSX-2 合金的定向冷却组织形态变化如图 6-31 所示。在一定的温度梯度下，随着生长速度的增加，组织形态变化为平面生长晶→粗胞状晶→粗胞状枝晶，再变为粗枝晶→细枝晶。如果生长速度进一步增加，组织形态变化为细枝晶→细胞状晶→平面生长晶。

对于共晶合金熔体，施加单向温度场也可以获得不同的组织形态，如图 6-32 所示。当晶体生长速度较小时，可以获得平直界面的共晶组织，其获得共晶组织的范围较宽，凡在共晶相图中处于 $C_{\alpha m} \sim C_{\beta m}$（$C_{\alpha m}$ 是 α 相中含 B 组元最多处的成分，$C_{\beta m}$ 是 β 相中含 A 组元最多处的成分）之间的成分，均得到共晶组织。随着长大速度的增加，即图 6-32 中阴影区的下部，共晶组织将变为胞状、树枝状，最后成为等轴晶。图 6-32 中虚线即其延长所夹范围即为温度梯度 $G_L = 0$ 的情况。

在偏晶合金熔体的定向冷却过程中，在 G_L/R（温度梯度 G_L 与抽拉速度 R 之比）非常大的情况下，如图 6-33a 所示，即当 G_L 很大，而生长速度缓慢时，由于 Marangoni 对粒子的作用，推动 L_2 相向上运动，促使基体和第二相粒子分离，生长以平稳的平界面向前推移。当 G_L/R 逐渐减少，G_L 一定时，R 逐渐增大，出

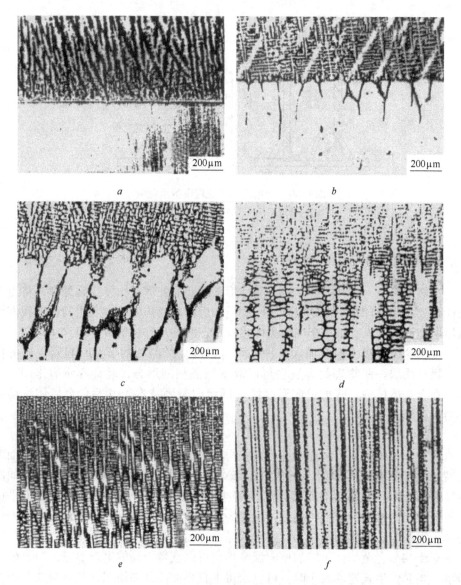

图 6-31　CMSX-2 合金的定向冷却组织形态变化

a—1.05μm/s；b—1.92μm/s；c—3.14μm/s；

d—20μm/s；e—300μm/s；f—850μm/s

现纤维状耦合生长结构，如图 6-33b、c 所示。这种生长结构类似于共晶合金的生长，扩散起了很大作用，通过扩散作用，基体和第二相互相吸收排除的溶质，为对方的生长提供有利条件，使第二相稳定的呈纤维状生长。随着 G_L/R 的继续减小，R 越来越大，扩散作用减小，凝固占优势，第二相粒子生长到一定长度后，由于凝固作用的增强，被基体隔离，形成溶质截留，第二相呈颗粒状分散在

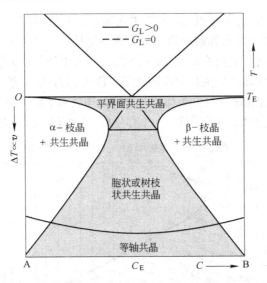

图 6-32 共晶合金共生区组织

(C_E，T_E分别为共晶成分和共晶温度)

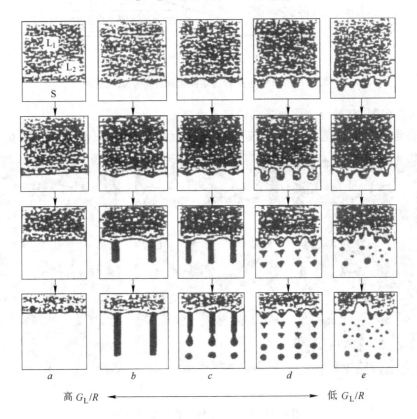

图 6-33 偏晶合金熔体不同 G_L/R 下的组织形态示意图

基体中，如图 6-33d 所示。当 G_L/R 的再次减小，R 变得很大，扩散几乎不起作用，凝固作用很大，得到弥散的第二相分布在基体中，如图 6-33e 所示。

包晶合金熔体进行定向冷却处理获得的组织形态更是丰富多彩，如图 6-34 所示。该图中纵坐标为温度梯度与生长速度的比值，横坐标为 Al 含量 $x(Al)$（摩尔分数）。理论分析和试验结果都表明合金熔体定向冷却处理技术不但可以改变基体相的形状、大小，而且可以改变第二相的形状、大小和分布，是控制组织形态的有效方法。

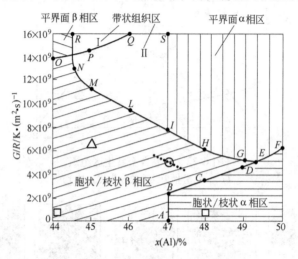

图 6-34　TiAl 包晶合金熔体定向冷却组织演化图

6.2.6.2　促进合金熔体流动的变质处理

促进合金熔体流动可以改变合金熔体凝固后的组织形态，如图 6-35 和

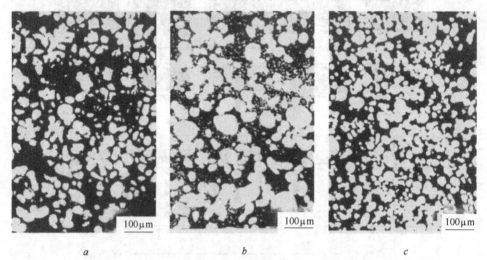

图 6-35　镁合金熔体搅拌后凝固组织

a—浇注温度为 630℃；b—浇注温度为 620℃；c—浇注温度为 610℃

图 6-36 所示。可以发现，熔体的流动状态不同，可以分别获得球形组织、带状组织、岛状组织、单一初生相、共生组织、分散组织和树状组织等。

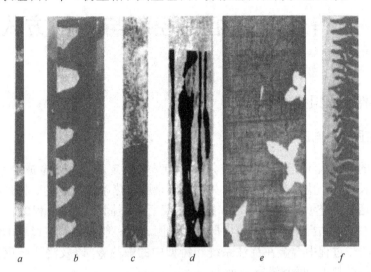

图 6-36 包晶合金中熔体流动对组织的影响

a—带状组织；b—岛状组织；c—单一初生相；
d—共生组织；e—分散组织；f—树状组织

7　铸件凝固组织控制与凝固方式

7.1　铸件凝固组织的形成

7.1.1　凝固条件与凝固方式

铸件的凝固组织是由合金的成分及冷却条件决定的。在合金成分给定之后，形核及生长这两个决定凝固组织的关键环节是由传热条件控制的。铸件生产过程的传热包括合金充型过程的传热和充型结束后的凝固及冷却过程的传热两个阶段。虽然在某些情况下充型过程中即发生凝固，但一般可将铸造过程的散热热量 Q 分解为浇注过程中合金在浇注系统和铸型中的散热 Q_1 以及浇注结束后冷却凝固过程中的散热 Q_2 两个部分，即

$$Q = Q_1 + Q_2 \tag{7-1}$$

前者主要与浇注方式、浇注系统的结构及铸型冷却能力有关，并受浇注过程的对流换热控制，后者则由合金的性质及充型结束后合金的热状态决定。

可以根据浇注过程散热 Q_1 占全部散热的比值 Q_1/Q 判断凝固组织的控制环节。该比值越大，表明浇注方式对凝固组织的影响越明显。该比值通常随着铸件尺寸和壁厚的增大而减小，因此在小铸件和薄壁铸件的生产中，浇注过程的散热占的比例很大，有可能在充型过程中发生凝固。因此，浇注系统设计应充分考虑对传热的影响。而对于大型和厚壁铸件，浇注过程的传热则是次要的，浇注系统设计的原则也将发生变化。

浇注过程结束后，铸件中的温度分布与凝固方式的关系可归纳为图 7-1 所示的几种情况。对于纯金属的凝固，如果浇注结束时金属液仍处于过热状态，凝固界面前存在正的温度梯度 G_T（见图 7-1a），凝固以平界面方式进行，热流通过凝固层导入铸型，形成柱状晶组织。如果在浇注结束时金属液已处于过冷状态，则可能在液相中发生内生生核，凝固潜热导入周围过冷的液态金属，发生等轴晶的凝固（见图 7-1b）。合金凝固过程的情况则如图 7-1c ~ 图 7-1e 所示。其中等轴晶的凝固条件与纯金属的情况相似，发生在过冷的液态合金中，但由于成分过冷与热过冷的叠加使实际的凝固过冷度增大，内生生核的倾向增大，发生等轴晶凝固的倾向更明显。而在定向凝固过程中，由于成分过冷的存在，仅当界面附近温度梯度足够大时才能形成平面凝固界面。在大多数情况下将发生定向的枝晶凝固（见图 7-1d）。

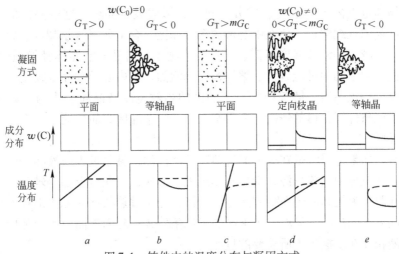

图 7-1 铸件中的温度分布与凝固方式

(在温度分布图中，实线表示实际温度分布，虚线表示合金液的平衡凝固温度)

G_T—温度梯度；G_C—溶质质量分数梯度；T—温度；$w(C)$—溶质质量分数；

$w(C_0)$—合金原始溶质质量分数；m—液相线斜率

7.1.2 铸件的典型凝固组织与形成过程

铸件凝固过程通常总是自表面向中心推进的，典型的凝固组织由三个区域组成，分别是表面细等轴晶区（激冷等轴晶区）、柱状晶区和中心等轴晶区。图 7-2 是具有三个晶区的铸锭晶粒组织示意图。三个晶区的形成原因如下：

（1）表面细等轴晶区。当液态金属与冷的结晶器壁接触时，表层液体产生很大过冷并形成大量晶核，因而得到十分细小的晶粒。该区的宽度主要取决于结晶器壁的散热条件。由于该区的晶粒是在过冷液体中生核长大的，其结晶潜热既能从结晶器壁导出，也能向过冷的液体中散失，故晶粒的生长是无方向性的，通常不受器壁散热方向的影响。

（2）柱状晶区。表面细等轴晶区形成之后，随着铸锭向下运动，在结晶器壁和铸锭之间由于铸锭表层凝固收缩而形成气隙，铸锭导热速度降低，结果使结晶前沿的过冷度明显减小，结晶只能靠表面细晶区晶体的继续长大来进行。这时，那些一次枝晶的方向与导热方向接近的晶体，由于具有最好的散热条件而得到优先长大并向内延伸形成柱状晶，而其他晶体则被抑制。显然，柱状晶是铸锭表面细等轴晶区的晶体相互竞争长大的结果。合金的凝固温度范围越窄、合金中有效活性杂质越少、浇注温度越高、结晶前沿的浓度（成分）过冷越小，则越能促进形成柱状晶。

（3）中心等轴晶区。关于中心等轴晶区的形成，目前尚无统一认识。但多数研究者认为：随着柱状晶的生长，凝壳变厚，热阻增大，温度梯度下降，并在较宽的熔体范围内导致浓度（成分）过冷，形成大量晶核。这些晶核的生长阻碍了柱状晶的继续伸长，使在中心形成等轴晶区。合金元素含量越高、合金中有效活性质点越多、铸造温度越低、导热强度越小、结晶前沿晶体骨架强度越小、铸锭敞露液面结晶的可能越大、熔体搅拌越激烈，则中心等轴晶区越宽。

但是，应该指出，铸锭中每一个晶区的相对宽度及晶粒大小与多种因素有关。在生产条件下获得的铸锭不一定都有上述三个晶区，而可能只有两个或者只有一个晶区。

通常，如果金属液是在很低的过热度下浇注的，凝固过程中液相处于过冷状态，并且有充分的晶核来源，则柱状晶区无法形成，而获得全部等轴晶组织。相反，在强制热流控制的定向凝固条件下，液相处于过热状态而无法形核，则能维持柱状晶方式的凝固。显然，等轴晶的形成条件是：凝固界面前的液相中有晶核来源；液相存在晶核生长所需的过冷度。

凝固界面前液态金属的过冷条件如图 7-2 所示。图 7-3a 为凝固前沿液相中温度梯度为负的情况，而图 7-3b 则为凝固前沿液相中温度梯度为正的情况。前者过冷度由热过冷 ΔT_{T}、曲率过冷 ΔT_{σ} 和成分过冷 ΔT_{C} 三个部分组成，并且随着距凝固界面距离的增大而增大；后者则仅有后两项，并且过冷仅局限在凝固界面附近。图 7-3b 反映了大多数铸件和铸锭凝固过程的情况。由于液相中的对流和导热传热，随着凝固过程的进行，液相温度不断下降，过冷区扩大，过冷

图 7-2　具有三个晶区的
铸锭晶粒组织示意图

度也随之增大。典型铸件凝固过程截面上温度分布如图 7-4 所示。通常凝固界面附近的液相优先获得过冷，为晶核的长大创造了条件。随着凝固过程的进行，过冷区扩大，晶核生长的区域也扩大。大多数合金的固相密度大于液相密度，因而晶核在长大过程中不断下落。不同取向的凝固界面接受下落自由晶体的条件不同，因而发生柱状晶向等轴晶转变的条件也不同。液相中的自由晶体直接落在底部的凝固界面上，阻止了柱状晶的生长，最先发生向等轴晶的转变。而自外侧向中心接受自由晶体的时间差异使得底部柱状晶区的长度自外向内逐渐增大。对于侧面的凝固界面，仅当等轴晶沉积区达到一定高度时，才会阻止该高度处柱状晶的生长，引起该处柱状晶向等轴晶的转变。典型的柱状晶区及等轴晶区的分布情况如图 7-5 所示。

Witzke 等及 Lipton 等的研究表明，液相的流动对凝固界面前的液相成分过冷度的形成具有重要影响，而该过冷度则是决定等轴晶形成的关键因素，可作为柱状晶向等轴晶转变的判据。Fredriksson 和 Olsson 则从凝固界面前液相中温度变化情况的研究入手，通过数值计算和实验，分析了柱状晶向等轴晶转变的条件后指

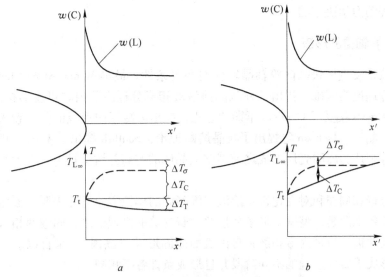

图 7-3 凝固界面前液态金属的过冷条件

a—液相中温度梯度为负；b—液相中温度梯度为正

$w(L)$—液相溶质质量分数；T_t—枝晶尖端温度；

ΔT_C—成分过冷度；ΔT_T—热过冷度；ΔT_σ—曲率过冷度；

$T_{L\infty}$—距凝固界面无穷远处的平衡凝固温度

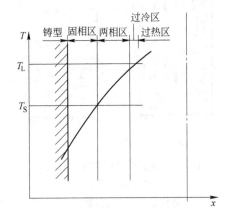

图 7-4 铸件凝固过程的典型区域
及其对应的温度分布

T_L—合金液的平衡凝固温度；

T_S—合金的固相线温度

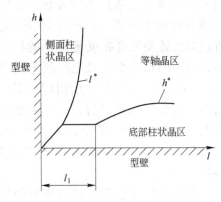

图 7-5 铸件底部及侧面柱状晶区长度分布

h^*—底部柱状晶区的高度；

l^*—侧面柱状晶区的长度

出：当凝固界面前的液相中形成的自由晶体的尺寸和数量达到一定值时，将阻止柱状晶的生长，导致柱状晶向等轴晶的转变。液相流动在凝固界面前自由晶体的形成中起决定性的影响。凝固界面前自由晶体的生长速度是由铸型的冷却速率和凝固过程动力学决定的。

7.1.3　等轴晶的形核

形核是发生柱状晶向等轴晶转变的必要条件。最早 Winegard 和 Chalmers 以成分过冷理论为基础，提出了柱状晶前沿液相成分过冷区内非自发形核的理论。随后 Chalmers 接受了 Genders 早期的思想，提出激冷区内形成的晶核卷入并增殖的理论。此外，Jackson 等提出了枝晶熔断理论，Southin 提出"晶雨"理论。大野笃美等则认为凝固壳层形成之前型壁上晶体的游离并增殖是中心等轴晶核的主要来源。

介万奇和周尧和对氯化铵水溶液二维凝固的模拟实验研究表明，液相内自由晶体的主要来源是：型壁上形核并按照大野笃美的机理游离；固液两相区内的枝晶被熔断并被液流带入液相区；自由表面凝固形成"晶雨"。来自以上三个方面的晶体形成于凝固过程的不同阶段并且形成条件各不相同。

7.1.3.1　游离晶的形成

液态金属在铸型型壁的激冷作用下出现了两种变化：（1）在型壁上形成晶核；（2）液态金属因冷却收缩而发生流动。生长中的晶核在液流的作用下从型壁上脱落进入液相区。凝固开始时液相中的流线如图 7-6a 所示。可以看出铸型底部接受游离晶的机会多，重熔的机会少，最先出现游离晶（见图 7-6b）。游离晶主要出现在凝固初期，随着凝固的进行，一部分晶体将发生重熔，其余部分长大并下落，原有晶核被消耗，需要通过新的途径形核。

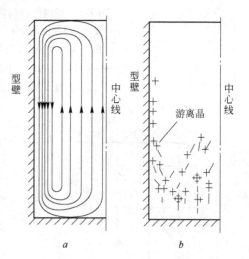

图 7-6　凝固初期液相区的液流
及游离晶的分布

a—液相流线；b—游离晶的分布

合金的浇注过热度对游离晶的形成具有决定性的影响。大野笃美的形核实验大多是通过对浇注过程的控制，使浇注过程的冲击液流平息之前液相处于过冷状态，因而得出游离晶是形成中心等轴晶的主要来源的结论。但当浇注后液相仍明显处于过热状态时，游离晶的作用则很有限，往往不足以引起中心等轴晶区的形成。

7.1.3.2　枝晶熔断

枝晶生长过程中，由于根部溶质的富集产生"缩颈"并熔断、脱落的现象已被许多实验证实。Jackson 因此提出被熔断的枝晶形成中心等轴晶区的理论。

介万奇等通过实验观察发现，在没有强
制对流的条件下，大量被熔断枝晶的形
成与漂移均与侧向生长的两相区中枝晶
间液相的流动密切相关，并且通常与 A
型偏析同时形成。当两相区的液相流动
按碳钢凝固过程的方式发生时，被熔断
的枝晶被液流带入液相区，成为中心等
轴晶区晶核的来源（见图 7-7）。Fle-
mings 通过对两相区"局部溶质再分
配"方程的分析得出，当两相区的冷
却速率 ε、温度梯度 ΔT 和液相流动速度 v 满足：

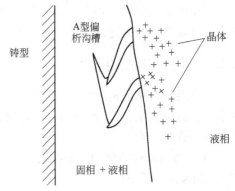

图 7-7　枝晶熔断与 A 型偏析沟槽的形成

$$\frac{u \cdot \Delta T}{\varepsilon} < -1 \qquad (7\text{-}2)$$

时，液相流动将导致枝晶间液相的局部过热，引起重熔，熔断的枝晶被液流带入
液相区。

7.1.3.3　表面凝固和"晶雨"的形成

表面的凝固取决于熔体的凝固温度与环境温度之差。表面凝固必须具备的形
核条件与内生生核相似，需要较大的过冷度。当合金温度与环境温度之差较大
时，表面获得形核所需要的过冷度而发生形核并生长。液相的流动和表面的扰动
会使表面形成的晶核下落形成"晶雨"。人为地进行表面振动利于"晶雨"的形成。

7.1.4　铸件典型凝固组织形态的控制

凝固组织形态的控制主要是晶粒形态和相结构的控制。相结构在很大程度上
取决于合金的成分，而晶粒形态及其尺寸则是由凝固过程决定的。单相合金的凝
固是最常见的凝固方式，单相合金凝固过程中形成的柱状晶和等轴晶两种典型凝
固组织各有不同的力学性能，因此晶粒形态的控制是凝固组织控制的关键，其次
是晶粒尺寸。

晶粒形态的控制主要是通过形核过程的控制实现的。促进形核的方法包括浇
注过程控制方法、化学方法、物理方法、机械方法、传热条件控制方法等，这些
方法将在下一节中分别讨论。各种形核控制方法的应用应根据合金的凝固温度等
条件做合理的选择。许多方法对于小尺寸铸件是有效的，但对于高熔点的大型铸
件，浇注过程控制、化学方法及激冷方法的作用则有限，获得细小的等轴晶非常
困难，可采用电磁搅拌或机械搅拌方法进行晶粒形态控制。

抑制形核可在铸件中获得柱状晶组织。大过热度浇注及抑制对流可起到抑制
形核的作用。在普通铸件中，柱状晶组织会导致力学性能及工艺性能的恶化，不

是所期望的凝固组织。但在高温下单向受载的铸件中，柱状晶会使其单向力学性能大幅度提高，从而使定向凝固成为其重要的凝固技术，并已取得很大进展。

7.2　等轴晶的晶粒细化

在常温下使用的铸件中，细小的等轴晶利于铸件力学性能的提高。增加形核速率和抑制晶核生长以细化晶粒是提高铸件性能的重要途径。促进形核，细化晶粒的主要途径还有：

（1）添加晶粒细化剂，即向液态金属中引入大量形核能力很强的异质晶核，达到细化晶粒的目的。

（2）添加阻止生长剂以降低晶核的长大速度，使形核数量相对提高，获得细小的等轴晶组织。

（3）采用机械搅拌、电磁搅拌、铸型振动等力学方法，促使枝晶折断、破碎，使晶粒数量增多，尺寸减小。

（4）提高冷却速率使液态金属获得大过冷度，增大形核速率。

（5）去除液相中的异质晶核，抑制低过冷度下的形核，使合金液获得很大过冷度，并在大过冷度下突然大量形核，获得细小等轴晶组织。

常见晶粒细化方法及其比较见表 7-1。由表可见，快速冷却可达到最好的细化效果，甚至得到微晶或纳米晶，但对于大尺寸铸件，获得很大的冷却速率是非常困难的。对于普通铸件添加晶粒细化剂是获得细晶组织的理想方法。

表 7-1　常见晶粒细化方法及其比较

细化方法	晶粒尺寸/μm	优　　点	缺　　点
添加晶粒细化剂	100～1000	细化效果好，研究充分	枝晶粗大，降低塑性，易衰退
添加阻止生长剂	1000～5000	利用固有合金元素	细化效果差，增大偏析倾向，形成低熔点共晶
动力学方法	500～2000	去除氧化杂质，细化效果好	设备复杂，要求用金属型，枝晶粗大
快速凝固	0.05～1000	细化枝晶结构，可获得非晶态材料，增大固溶度，实现无偏析凝固，获得亚稳相	仅适用于低维材料，产生内应力
去除异质晶核	0.05～1000	与快速凝固相同	研究尚不充分，较难控制，对污染敏感

7.2.1　添加晶粒细化剂法

向合金液中加入具有促进形核功能的细化剂可达到细化晶粒的目的。在添加

细化剂的条件下异质晶核是通过以下途径产生的:

(1) 晶粒细化剂中的高熔点化合物在熔化过程中不被完全熔化,在随后的凝固过程中成为异质形核的核心。

(2) 晶粒细化剂中的微量元素加入合金液后,在冷却过程中首先形成化合物固相质点,起到异质形核核心的作用。如向铝合金中加入微量钛,在冷却过程中通过包晶反应形成 TiAl₃(见图7-8)。

液相中异质固相颗粒能否成为异质形核的核心取决于这些固相颗粒与将要凝固的固相间的润湿角 θ。可以看出 θ 越小,形核能力就越强。对于给定的合金液,具有不同晶体结构的固相颗粒发生异质形核所需要的过冷度 ΔT^* 不同,从而形核温度 T^* 不同。设 T_0 为合金的平衡凝固温度,则

$$T^* = T_0 - \Delta T^* \qquad (7-3)$$

液相中发生异质形核的条件是:

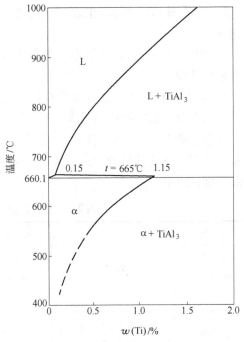

图7-8 Al-Ti 二元相图

(1) 液相中存在合适的异质固相颗粒或基底。

(2) 液相具有异质形核所需要的过冷度。

图7-9 给出了具有不同润湿角 θ 的异质晶核形核的温度条件。对于 $\theta = \theta_1$ 的颗粒,凝固界面前存在很小的成分过冷,即图7-9 中 $G_T = G_{T_1}$ 的情况,则可发生异质形核。而对于 $\theta = \theta_2$ 的颗粒,必须进一步降低温度梯度(达到 G_{T_2})才可发生异质形核;而对于 $\theta = \theta_3$ 的颗粒,仅成分过冷则不足以发生异质形核,需要获得更大的过冷度才可能起到异质形核的作用。因而,存在具有小接

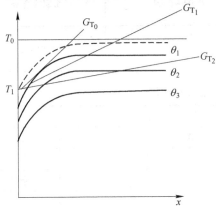

图7-9 具有不同 θ 角的异质
晶核形核的温度条件
(虚线为合金液的平衡凝固温度)
G_{T_0},G_{T_1},G_{T_2}—几种实际温度分布;
θ_1,θ_2,θ_3—具有不同润湿角的基底表面形核温度

触角的固相颗粒是选择晶粒细化剂的依据。而要获得小的接触角，异质固相颗粒与固相合金之间应具有晶格匹配关系。良好的晶粒细化剂具有以下特性：

1）含有非常稳定的异质固相颗粒，这些颗粒不易溶解。

2）异质固相颗粒与固相之间存在良好的晶格匹配关系，从而获得很小的接触角 θ。

3）异质固相颗粒非常细小，高度弥散，既能起到异质形核的作用，又不影响合金的性能。

4）不带入任何影响合金性能的有害元素。

常用合金的晶粒细化剂见表7-2，表7-3则列出了铝合金常用的晶粒细化剂。

在铜合金中，Zr、ZrB 及 ZrFe 是有效的异质结晶核心。当合金液中同时加入微量的 P 时，细化效果被加强。Reif 等采用 Zr + Mg + Fe + P 复合添加剂获得更好的晶粒细化效果。

表 7-2　常用合金的晶粒细化剂

合　金	晶粒细化元素	加入量（质量分数）/%	加入方法
铝合金	Ti、Zr、Ti + B Ti + C	Ti + B : 0.01(Ti)，0.005(B)Ti + C : 0.01(Ti)，0.005(C)Ti : 0.15，Zr : 0.2	中间合金 : Al-Ti、Al-Ti-B、Al-Ti-C；钾盐 : K_2TiF_6、KBF_4
铅合金	Se、Bi_2Se_3、Ag_2Se、BeSe	0.01 ~ 0.02	纯金属或合金
铜合金	Zr、Zr + B、Zr + Mg Zr + Mg + Fe + P	0.02 ~ 0.04	纯金属或合金
镍基高温合金	碳化物（WC、NbC）等	—	碳化物粉末

表 7-3　常用铝合金晶粒细化剂

中间合金	成分（质量分数）/%			
	Ti	B	C	Al
5/1 TiBAl	5	1	0	余量
5/0.5 TiBAl	5	0.5	0	余量
5/0.2 TiBAl	5	0.2	0	余量
6 TiBAl	6	0	0	余量
5/1 TiCAl	5	0	1	余量

镍基高温合金因其熔点高而很难找到合适的晶粒细化剂，选用碳化物可获得一定的晶粒细化效果。若在添加细化剂的同时配合其他细化方法，如控制浇注温

度，则可使细化效果得到加强。对于锌合金，添加碲可起到晶粒细化的作用。铅合金中的细化剂可选用硒，特别是与铋、铍或银配合使用可达到更好的晶粒细化效果。

铝合金铸件及铸锭的铸造过程中添加晶粒细化剂的研究工作开展得最早，也最为成熟，已成为广泛应用的工艺。1950 年，Cibu-la 发现当铝合金中含有钛，特别是同时存在微量硼或碳时，将会使铝合金晶粒细化。这一发现开创了 Al-Ti 系列晶粒细化技术的先河。虽然人们也曾发现锆、铬、铌等具有晶粒细化的作用，但 Al-Ti 及 Al-Ti-B 中间合金则是工业上广泛应用的最经济、最有效的铝合金晶粒细化剂。Al-Ti 系列晶粒细化剂中的异质晶核是 $TiAl_3$，它与 α-Al 之间有良好的晶格匹配关系。而在 Al-Ti-B 细化剂中，起异质形核作用的是 TiB_2。Mohanty 和 Gruzleski 的实验研究证明，当合金液中存在固溶的 Ti 时，TiB_2 将成为 $TiAl_3$ 的形核核心，而 $TiAl_3$ 则进一步作为 α-Al 的形核核心。Al-Ti-C 细化剂是与 Al-Ti-B 同时提出的铝合金晶粒细化剂，但因 C 在铝合金液中溶解度极低，很难制成中间合金，因而直至 Banerji 和 Reif 在 1987 年前后提出采用强力搅拌方法合成 Al-Ti-C 细化剂以后才得到应用。但该工艺仍过于复杂，其应用仅限于某些 Al-Ti-B 不能细化的特殊铝合金，如含 Zr、Mn 等元素的合金，这些元素将使 Al-Ti-B 细化剂失效。

以 Al-Ti 和 Al-Ti-B 系列的晶粒细化剂为例，对晶粒细化剂应用中的主要控制参数加以分析。其中主要控制因素及条件如下：

（1）细化剂的成分及加入量。传统的概念认为 Al-Ti 细化剂的异质形核核心 $TiAl_3$ 是通过包晶反应形成的。从图 7-7 所示的 Al-Ti 相图可以看出，Ti 的添加量的质量分数应大于 0.15%，常用的添加量的质量分数为 0.2%。有实验表明，合金液中其他微量元素会提高 $TiAl_3$ 的稳定性。因而，对于工业合金，即使以中间合金的形式加入 Ti 的添加量的质量分数仅为 0.05% 仍能获得良好的晶粒细化效果。

微量 B 的存在可使 Ti 的溶解度大大降低。Al-Ti-B 三元系的溶解度曲线如图 7-10 所示，任何过量的 Ti 将与 B 结合形成 TiB_2。实验表明当铝合金中 $w(B) = (1 \sim 2) \times 10^{-5}\%$，$w(Ti) = 0.005\%$ 时，即可起到晶粒细化的效果。

Al-Ti 晶粒细化剂的典型成分的质量分数是 Al-Ti6%。在该成分下，可制成含有大量弥散 $TiAl_3$ 的中间合金。

在 Al-Ti-B 细化剂中，Ti 的质量分数常为 5%。Ti-B 则是一个关键参数，最常用的中间合金是（质量分数）Al-Ti 5%-B 1%，Al-Ti 5%-B 0.5% 及 Al-Ti 5%-B 0.2%。

（2）加入方式。起细化作用的元素除了以中间合金的形式加入外，较早采用的方法是以钾盐的形式加入的，即直接向合金液中加入 K_2TiF_6 和 KBF_4，通过

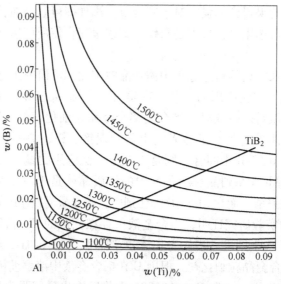

图 7-10　Al-Ti-B 三元系的溶解曲线

这些钾盐的分解获得 Ti 和 B，但该方法的细化效果远不如 Al-Ti 及 Al-Ti-B 中间合金（见图 7-11）。

　　（3）保温时间。晶粒细化剂加入合金液后要经历一个孕育期和衰退期。在孕育期内，中间合金完成熔化过程并使起细化作用的异质固相颗粒均匀分布并与合金液充分润湿，逐渐达到最佳的细化效果。此后，由于异质固相颗粒的溶解和聚集而使细化效果下降，出现衰退。图 7-11 为加入不同细化剂后的细化效果变化过程。当细化效果达到最佳值时浇注是最理想的。通常存在一个可接受的保温时间范围。随合金熔化温度和细化剂的种类不同，达到最佳细化效果所需要的时间也不同。

　　（4）浇注温度。在较小的过热度下浇注可获得好的细化效果。随过热度的增大，细化效果将下降。通常存在一个临界温度，低于该温度时温度变化的影响不明显，而高于此温度时随温度升高，细化效果迅速下降。该临界温度与合金

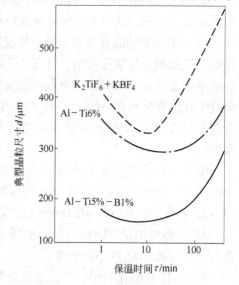

图 7-11　保温时间对晶粒细化剂
细化效果的影响
（图中元素含量为质量分数）
实验条件：$w(Al) = 99.7\%$；浇注温度：720℃；
等效 Ti 加入量：$w(Ti) = 0.005\%$

成分和细化剂的成分及加入量有关。

（5）其他合金元素的影响。Abdel-Reiheim 和 Reif 研究了各种碱金属和碱土金属对 Ti 细化剂在铝合金中晶粒细化效果的影响，结果表明，Be、Mg、Ca 和 Sr 可提高细化效果，其中 Ca 的效果最佳。

Yondeles 等人的研究表明，低熔点金属 Bi、In、Pb、Sb 和 Sn 及 Co 可提高 Al-Ti 晶粒细化剂的细化效果。这些元素在铝合金中固溶度低，在凝固界面发生富集，阻止固相的生长。从而使生长速度下降，形核数量增加，达到细化晶粒的目的。因此这些元素被认为是阻止生长剂。

合金化元素 Cu、Zn、Fe、Mg、Si 和 Ge 对 Al-Ti 细化剂细化效果的影响规律相同，当其加入量较小时利于提高 Al-Ti 细化剂的细化效果，但当其含量大于一定值时，则会降低细化效果。

在过渡族元素 Zr、Cr、Mn、V、Mo、Nb 和 Ta 中，V、Mo 和 Cr 在一定的加入量下可提高 Al-Ti-B 的晶粒细化效果，Ta 当加入量较大时也能促进晶粒细化，但 Zr 和 Mn 将使 Al-Ti-B 的晶粒细化效果大大降低。

合金元素对晶粒细化的影响主要在于两个方面，其一是与异质固相颗粒发生化学作用，影响其形核能力；其二是引起凝固过程的成分过冷，为异质形核过程提供所需的过冷度。表观的影响是二者综合作用的结果。

7.2.2　动力学细化法

动力学细化方法主要是采用机械力或电磁力引起固相和液相的相对运动，导致枝晶的破碎或与铸型分离，在液相中形成大量结晶核心，达到细化晶粒的效果。常用的动力学细化方法如下。

7.2.2.1　浇注过程控制技术

在铸件浇注过程中，液态金属在型壁的激冷作用下大量形核，被冲击液流带入液相区，并发生增殖。若这些晶核在液相过热完全散失之前尚未被完全熔化，则成为后续凝固的结晶核心。因而通过控制浇注方式，使液态金属连续冲击铸型，可提供大量的晶核。大野笃美比较了图 7-12 所示的几种浇注方法。采用图 7-12a 所示的方法浇注，获得的凝固组织较粗大。而采用图 7-12b 所示的方法，使液流沿型壁冲击，则可促进形核，细化晶粒。进一步使液流分散，采用图 7-12c 所示的沿型壁四周缓慢浇注，则更利于形核，并且浇注结束时过冷度较低，有利于晶核的生存。采用图 7-12d 所示的斜板浇注细化效果更好。

除控制浇注方法外，降低浇注过热度也是细化晶粒的有效途径。

7.2.2.2　铸型振动

在凝固过程中振动铸型可使液相和固相发生相对运动，导致枝晶破碎形成结晶核心。同时振动铸型可促使"晶雨"的形成。由于"晶雨"的来源是液态金

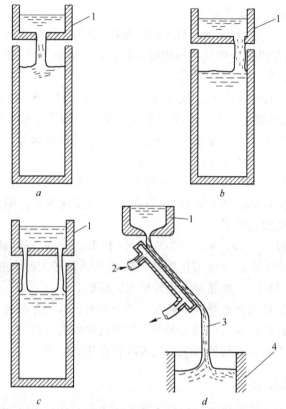

图 7-12　利用浇注过程液流控制进行晶粒细化的几种方法
a—铸型中间浇注；b—沿型壁浇注；c—沿型壁四周浇注；d—斜板浇注
1—中间包；2—冷却水；3—游离晶；4—铸型

属表面的凝固层，当液态金属静止时表面凝固的金属结壳而不能下落，铸型振动可使壳层中的枝晶破碎，形成"晶雨"。

7.2.2.3　超声波振动

超声波振动可在液相中产生空化作用，形成空隙，当这些空隙崩溃时，液体迅速补充，液体流动的动量很大，产生很高的压力，起到促进形核的作用。

7.2.2.4　液相搅拌

采用机械搅拌、电磁搅拌或气泡搅拌均可造成液相相对固相的运动，引起枝晶的折断、破碎与增殖，达到细化晶粒的目的。其中机械和电磁搅拌方法不仅使晶粒细化，而且可使晶粒球化，获得流动性很好的半固态金属，可进行半固态铸造或半固态挤压。

7.2.3　熔炼及浇注过程的温度控制

大量实验表明，合金液中许多难熔固相质点相当稳定，即使在高温下长时间保温仍不能完全溶解，并在以后的凝固过程中起到结晶核心的作用。因此，控制合金的熔化及保温温度可达到利用这些难熔质点促进形核的目的。俄罗斯学者 Nikitin 等在这方面进行了较系统的研究，并成功地用于铸造生产过程中的控制。

　　此外，在一定的过热温度以下，合金液中存在着近程有序的原子团簇。坚增运等采用的合金熔体温度处理技术就是利用合金液态结构的这一特点进行凝固组织控制的，其基本方法如图 7-13 所示。设选定合金的溶质质量分数为 $w(C_0)$，浇注温度为 T_P，则可采用两种温度处理方法。其一是选用溶质质量分数为 $w(C_0)$，温度分别为 T_H 和 T_L，即状态 b 和 a 的合金液混合后立即浇注。其二是先将处于状态 c 和 d 的液态金属 $w(L_1)$、$w(L_2)$ 混合得到状态 a 的合金液，再将该合金液与状态 b 的合金液混合，最终得到状态 e 的合金液。采用两种温度处理技术均可使晶粒细化。图 7-14 是质量分数为 AlCu4.5% 合金采用温度处理工艺及采用常规熔化工艺获得的凝固组织的比较。可见采用熔体温度处理工艺后等轴晶组织得到明显细化。

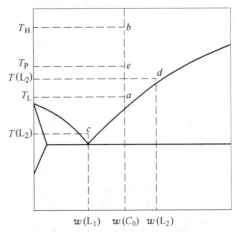

图 7-13　合金熔体温度处理方法示意图

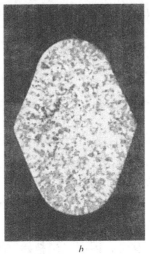

图 7-14　质量分数为 AlCu4.5% 合金采用常规熔化工艺和温度处理工艺所获得的宏观凝固组织

a—常规熔化工艺的组织；b—经熔体温度处理后的组织

7.3　铸铁多相合金凝固过程控制

7.3.1　影响铸铁组织的因素及控制

工业上常用的铸铁大多数为亚共晶成分，有的接近共晶成分。为简化起见，仅讨论亚共晶成分的铸铁。

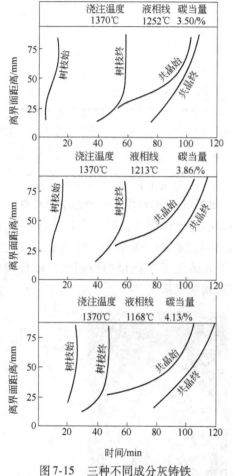

图 7-15　三种不同成分灰铸铁
的凝固动态图

亚共晶成分的铸铁凝固时是先在一定的结晶温度区间内析出初生奥氏体，然后剩余液相进行共晶结晶而告终。也就是说可把亚共晶铸铁的凝固过程分为两个阶段：初生奥氏体以树枝晶生长和奥氏体＋石墨的共晶析出。奥氏体树枝晶先是从铸型壁上生长的，接着渐渐向内推进直到铸件中心，这时在铸型壁上才完成树枝晶的凝固，而在整个铸件中则还处于一种半固体状态。由于初生奥氏体的析出，剩余铁水的成分就逐渐趋向共晶成分，接着就产生共晶凝固。共晶凝固是在初生奥氏体树枝晶间的空隙内以共晶团的形式出现的，即是片状石墨外面包围有奥氏体的共晶团。共晶凝固过程也是从铸型壁开始而向铸件中心推进的。其凝固特点是液—固二相并存的糊状凝固比较严重。图 7-15 为三种不同成分（碳当量各为 3.5%，3.86%，4.13%）灰铸铁的凝固动态图。它们的浇注温度都为 1370℃。从这个图上可以看到以下几点：

（1）当成分向共晶点接近时，过热度有所增加，"树枝始"曲线不是从坐标的原点开始，而是向右移了，同时，四条曲线都逐渐向右移动。

（2）当成分向共晶点接近时，由于初生奥氏体结晶温度区间减小，使"树枝终"曲线向左移动，因而"树枝始"和"树枝终"曲线逐渐靠拢。

（3）在铸件表面上，"共晶始"和"树枝终"曲线是相重合的，而在铸件中心却是分开的。"共晶始"曲线在越向中心处的延迟时间也越长。这是由于奥氏体初晶析出及共晶析出时放出结晶潜热的缘故。当铸铁成分向共晶点接近时，

"共晶始"与"共晶终"曲线之间的间隔扩大了。这是因为共晶成分的液相增加，共晶转变时放出的结晶潜热增多的缘故。

球墨铸铁的成分常在共晶点附近，但它的凝固方式却和灰铸铁有所不同。在凝固开始时，首先析出的也是初生奥氏体，浇注后经 12min 左右"树枝始"曲线到达铸件中心，见图 7-16b。在此后 20min 中树枝晶继续成长，铸件处于凝固状态。大约在浇注后 30min "树枝终"曲线才从铸件表面向中心移动。在 55min 后中心部分的树枝晶凝固完毕，在树枝之间是共晶成分铁水。

从图 7-16 可以看出，对于这两种铸铁在靠近铸件表面共晶转变时放出的结晶潜热能够很快传出去的地方，当树枝晶凝固一完成就立即开始共晶凝固，而使两条曲线在此重合。在铸件内部由于共晶转变放出的结晶潜热不易传出，树枝晶间的共晶液体约经 47min 之久才开始共晶凝固。

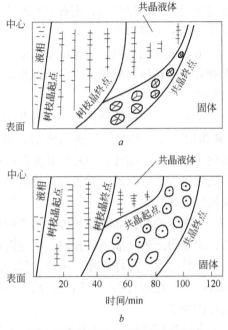

图 7-16　亚共晶灰铸铁和球墨铸铁

在这两种铸铁里"共晶终"曲线的移动是不同的。在灰铸铁中它是紧随着"共晶始"曲线，因此，共晶凝固接近于"逐层凝固"的方式。在球墨铸铁中，"共晶始"和"共晶终"曲线分开的程度大得多，因而其共晶结晶是以"糊状凝固"的方式进行的，它不大显示出"逐层性"，使在铸件表面长时间地保留有液体，即使在凝固的后期，表面还不具备一个完全固体的外壳。所以，球墨铸铁的共晶结晶的"糊状凝固"程度要比灰铸铁严重得多。这就使球墨铸铁产生缩孔和缩松的倾向较大，消除缩孔和缩松的工艺措施在原则上也有较大的不同。

在灰铸铁共晶团中的片状石墨与枝晶间的共晶液体直接接触的尖端优先长大，片状石墨长大时所产生的体积膨胀大部分作用在所接触的枝晶间液体上，迫使它们通过枝晶间的通道去补充因液态和凝固收缩所形成的小孔洞，从而大大降低了灰铸铁件产生缩松的严重程度。这就是灰铸铁的所谓"自补缩能力"。所以一般的灰铸铁件不需要冒口进行补缩。

被共晶奥氏体包围的片状石墨，通过碳原子的扩散作用在横向上也要长大，但速度较慢。石墨片在横向上长大而产生的膨胀，也作用在共晶奥氏体上，使共晶团膨胀，并传到邻近的共晶团上或奥氏体晶体骨架上，使晶体产生"缩前膨胀"。由于片状石墨膨胀的一小部分发生这种作用，因此灰铸铁的缩前膨胀只有0.2%左右。如铸型刚度不足而发生型壁迁移时，在大型灰铸铁件的热节处，就不能实现完全的自补缩，而有可能产生缩松。在这种情况下，必须设置冒口进行补缩，但所需冒口较小。

低碳低硅的高强度铸铁的结晶温度区间较宽，且凝固过程中析出的石墨又比低牌号灰铸铁析出的量要少，所以形成缩孔的倾向性较大，通常要采用较大的冒口补缩。

共晶成分的灰铸铁是在很小的共晶温度区间内进行共晶转变的。这种铸铁的"共晶始"和"共晶终"曲线间的距离很小，具有"逐层凝固"的特点，因此，倾向于形成集中缩孔。但是在共晶凝固时由于石墨化的膨胀，能抵消甚至超过共晶液体的液态收缩和凝固收缩，使铸件中不会产生缩孔，甚至使冒口和浇口的顶面鼓胀起来。

球墨铸铁的共晶团比灰铸铁的要细小得多，所以共晶团之间的间隙是很微小的，很难得到外来液体的补缩，往往造成显微缩松，用冒口补缩的办法也很难消除。铸件厚大，冷却缓慢，单位体积内的石墨球数量较少，球径较大，显微缩松也较严重。在灰铸铁中，随着共晶团的长大，它们之间的间隙被填满，一般不形成显微缩松。

在球墨铸铁中，"共晶始"和"共晶终"曲线之间的距离很大，共晶凝固是属"糊状凝固"方式，也倾向于形成宏观缩松。由于"糊状凝固"方式，铸件表面形成坚固外壳的时间较长。如铸型刚度又不够，石墨化的膨胀作用就可能消耗在铸件外形随着型腔扩大上，使内部液体的液态和凝固收缩得不到补偿而造成宏观缩松。这种缩松一般是由共晶团集团的间隙构成的，比共晶团的间隙要大得多，在铸件断面上用肉眼可以看到。所以，在生产球墨铸铁件时，铸型必须有较大的刚度，并采用顺序凝固原则和增加温度梯度的方法才能铸造出致密的铸件。如铸型的刚度足够大（金属型或水泥型），石墨化的膨胀力有可能把缩松压合，则能在没有冒口补缩的条件下获得无缩松的铸件。

上面研究了铸铁组织与性能的关系和它的结晶规律，更重要的是要通过一定的途径来控制组织，从而获得所需的性能。因此，研究影响铸铁组织的因素就很重要。

影响铸铁组织的因素主要有：铁水的化学成分、冷却速度、铁水的过热与静置和孕育处理等。其中以化学成分最为重要，它对铸铁组织起着决定性的作用。其他因素都是工艺条件，当铁水成分确定后，这些工艺条件也就显得非常重要。

在组织和性能的关系中，石墨的影响很大，所以在分析各因素对铸铁组织的影响时首先必须研究它们对石墨化的作用。

7.3.2 化学成分的影响

研究化学成分对铸铁组织的影响主要是研究化学元素对石墨化过程的影响。按其对石墨化的影响可把铸铁中的化学元素分成两大类；凡是能促使碳变成石墨的元素称为石墨化元素，反之，凡是阻碍碳变成石墨的元素称为反石墨化元素。

石墨化元素 ———————→   反石墨化元素 ———————→

Al、C、Si、Ti、Ni、Cu、P、Co、Zr、Nb   W、Mn、Mo、S、Cr、V、Fe、Mg、Ce、B

元素铌（Nb）为中性，它左面的元素促进石墨化，右面的元素反石墨化，距 Nb 越远，作用越强。但是不能孤立地去看待元素的石墨化作用。例如碳是石墨化的元素，但当铸铁中含硅极少时（如 $0.1\% \sim 0.2\%$），虽然含碳量很高（如达 $4.0\% \sim 4.5\%$），却得到白口组织。

如锰是反石墨化元素，但锰能与硫化合，消除反石墨化作用更为强烈的硫的作用，此时，锰实际上间接起着促进石墨化的作用。铜是石墨化元素，但它在共析转变时阻碍奥氏体分解促使形成细片珠光体，起到阻碍第二阶段石墨化的作用。化学元素对石墨化的作用是比较复杂的，机理还有待进一步研究。下面我们讨论铸铁中常见的碳、硅、锰、磷和硫五元素对组织的影响。

7.3.2.1 碳和硅

碳和硅是铸铁的基本组成元素，它们促进石墨化的能力都很强。在实际生产中，调整硅含量是控制铸铁组织与性能的基本措施之一。

随着含硅量的提高，铁水内碳的浓度增加，未完全熔化的石墨夹杂物的数量也多，从而使石墨自发晶核形成的几率增加，非自发晶核的数量也增多，加速了石墨核心的生成，促进了石墨化。

硅在普通灰铸铁中的含量大约为 $1.2\% \sim 2.6\%$ 左右。它与铁原子的结合力很强，一般都溶入铁素体中，不形成新相。为了说明硅对石墨化的作用，我们应研究 Fe-C-Si 三元系状态图的等硅截面图，如图 7-17 所示。

从图 7-17 可看出，铸铁含硅后，它的共晶转变和共析转变就不在一定的温度下进行了，而在一个温度范围内进行转变，且分别存在一个液相 + 奥氏体 + 石墨和铁素体 + 奥氏体 + 石墨的三相共存区。随着硅量的提高，共晶点和共析点向左上方移动。共晶点和共析点向左移动就相当于硅代替了一部分碳的作用，降低了碳在铁水中和奥氏体中的溶解度，使石墨比较容易析出，有利于石墨化。这是因为硅与铁原子的结合力很强，超过碳与铁原子的结合力，因此，硅优先溶于铁中，从而把碳原子"排挤"出来。共晶点与共析点的上移，即提高了转变温度，减小了过冷度，使铁原子和碳原子的扩散容易进行，有利于石墨化。

硅促进石墨化的能力与它的含量有关，如图 7-18 所示。

从图 7-18 可以看出，随含硅量增加，铸铁组织中石墨含量增加，化合碳量减少。但硅对石墨化的作用有两个临界点。当含硅量很低时（如在 *a* 点以下），石墨化作用很小，组织为白口或麻口。当含硅量超过 *a* 点时，它的石墨化作用有一个突变，只要稍微增加一点硅量，就能强烈地促进石墨化，使组织由白口或麻口变成灰口。*a* 点称为第一临界点，它实际上是一个范围，一般在 1.0% ~ 1.25% 之间。当含硅量在 1.0% ~ 2.0% 范围内增加时，硅促进石墨化的作用最为强烈。因此，普通灰铸铁的含硅量一般都在 1.5% ~ 2.5% 之间。当含硅量继续增加超过 *b* 点以后，则石墨的数量慢慢地增加到 3.0% ~ 3.5% 左右，然后又开始下降。*b* 点称为第二临界点，它对应着石墨的最大含量。这些元素除影响石墨化程度外，还影响到石墨析出物的形状和大小。在大多数情况下石墨化元素均使石墨粗大。硅，特别是碳就起到这样的作用。因此减少灰铸铁中碳的含量，石墨就逐渐细化，最后得到枝晶间状石墨（过冷石墨）。

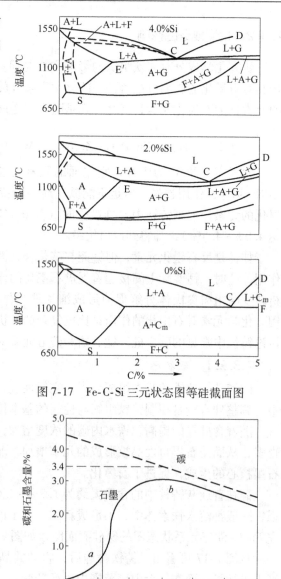

图 7-17　Fe-C-Si 三元状态图等硅截面图

图 7-18　硅对石墨数量的影响

为了综合考虑碳和硅的影响，通常将硅量折合成相当的碳量，它与实际碳量之和称为碳当量：

$$C_E = C + \frac{1}{3}(Si + P) \tag{7-4}$$

式中，C_E 为碳当量，%；C、Si、P 分别为铸铁中碳、硅、磷的含量，%。

用碳当量 C_E 代替 Fe-C 状态图上的横坐标 C，就可近似地估计出该种铸铁在 Fe-C 状态图上的实际位置。例如某厂生产的活塞环的平均化学成分为 C = 3.8%，

Si = 2.7% ， Mn = 0.75% ， P = 0.55% ， S < 0.06% ，则 $C_E = 3.8\% + \frac{1}{3}$ （2.7 +

0.55）% = 4.78% 。灰铸铁的共晶含碳量为 4.25% ，而这种铸铁的碳当量为
4.78% ，因此是一种过共晶铸铁。如不按碳当量计算，就会将其误认为亚共晶
铸铁。

　　铸铁中的碳硅含量是根据其对力学性能和铸造性能的要求决定的。碳硅含量
过多，石墨数量就多而粗大，基体内铁素体含量很高，力学性能下降。但如碳硅
含量过低，则容易出现过冷石墨甚至产生白口，力学性能和铸造性能都比较差。
所以在实际生产中只要能满足力学性能要求，尽可能将成分选在共晶点附近或接
近共晶点的亚共晶区域内，这种成分的铸铁具有熔点低和铸造性能好的优点。

7.3.2.2　锰和硫

　　锰能溶于铁素体和渗碳体，增强铁和碳原子的结合力，因而它是阻碍石墨
化，促进碳化物形成的元素。锰能扩大奥氏体区，急剧降低共析转变温度，阻碍
第二阶段的石墨化，促进形成并细化珠光体，提高铸铁的强度和硬度。锰还能与
硫结合成硫化锰，削弱硫的有害作用。所以锰是调节与控制铸铁组织与性能的重
要元素之一。

　　灰铸铁的含锰量既要消除硫的有害作用，又要防止基体中产生自由渗碳体。
普通灰铸铁的含锰量一般在 0.4% ~ 1.2% 左右。当球墨铸铁要求以铁素体为基体
时，含锰量可控制在 0.6% 以下，如要求以珠光体为基体时，则含锰量可大于
0.8% 。近年来国外在制造高质量铸件时采用了含锰较高的高锰灰铸铁，其推荐
成分为：2.9% ~ 3.6% C，2.2% ~ 3.0% Mn，1.5% ~ 2.6% Si（Mn 应比 Si 高 0.2% ~
1.3% ），< 0.2% P，0.06% S，高锰灰铸铁的特点是强度高，组织致密收缩小，
不易产生缩孔缩松，内应力小。

　　硫是铸铁中的有害元素。它溶于铁水中，但基本上不溶于铁的固溶体。少量
的硫（0.02% ）便能生成化合物（FeS 或 MnS）。在冷却速度较大、碳硅含量较
低的情况下往往形成三元共晶体（Fe-Fe$_3$C-FeS），它的熔点很低，只有 975℃，
在共晶结晶时它沿晶界分布，易造成热脆，并阻碍碳原子的扩散和铁原子的自扩
散。硫还能增强铁碳原子的结合力，阻碍石墨化。此外，硫还会降低铁水的流动
性，恶化铸造性能。因此，灰铸铁中的含硫量应越低越好。但是，熔炼铸铁用的
金属炉料和燃料都含有一定的硫量，如含硫量限制过低，将增加产品成本，一般
将含硫量限制在 0.15% 以下。

7.3.2.3　磷的影响及控制

　　磷是一个微弱的石墨化元素，它能使共晶点左移，并降低铸铁的熔点和共晶
温度，提高铁水的流动性，改善铸造性能。磷能溶于铁水中，它在奥氏体和铁素
体中的溶解度很小，在固态纯铁中能溶解磷 1.2% ，而在含碳 3.5% 的铁中，则

只能溶磷0.3%。当超过此极限溶解度时，则生成三元磷共晶（含 P6.89%，C1.96%，Fe91.15%），其熔点为953℃，性硬而脆，沿晶界呈网状分布，降低铸铁的强度、韧性和塑性，增加脆性和耐磨性。因此除有耐磨性能要求的零件外，一般灰铸铁中的含磷量通常限制在0.3%以下，高强度灰铸铁限制在0.12%以下。一些要求耐磨的零件如气缸套等，含磷量可提高到0.6%以上，称为高磷耐磨铸铁。

7.3.2.4　合金元素的影响

为了改善铸铁的力学性能（如提高强度、致密性、断面组织的均匀性等）或提高铸件的某些特殊性能，要在铸铁中加入某些合金元素。有时原材料中就含有某些合金元素，所以对它们的影响也必须搞清楚。常见的合金元素有镍、铬、铝、铜、钒、钛、锡等，超过正常含量的硅、锰、磷也可看成合金元素。

合金元素对铸铁组织的影响是通过对 Fe-C 状态图上临界点位置的改变和对石墨化过程的影响起作用的，且两者往往有一定的联系。各元素对 Fe-C 状态图上临界点位置的影响不仅对铸铁的组织，而且对铸造性能、热处理工艺性能都有相当的影响。表7-4 列出了一些常见元素对 Fe-C 状态图上共晶点和共析点位置改变的参考数据。表中"+"表示提高，"-"表示降低。利用表中的数据就可粗略地估算出某一已知成分铁水的共晶点、共析点的温度和成分。

表7-4　1%元素对 Fe-C 状态图上临界点的影响

元素	C 点和 C' 点		E 点和 E' 点		S 点和 S' 点	
	温度变化/℃	含碳量变化/%	温度变化/℃	含碳量变化/%	温度变化/℃	含碳量变/%
Si	+5	-0.3	+5	-0.1	+20~30	-0.1~0.15
Mn	-2	0.015	-2		-20	-0.015
P	-35	-0.3	-35	-0.1		
Ni		-0.04		-0.05	-30	-0.08
Cr	+4	-0.07	+4	-0.05	+8	-0.05
Cu	0	0	0	0	-10	
Al		-0.1			+10	-0.02

共晶温度（C 稳定系，C' 亚稳定系）：

$$t_C = 1148 + 5\text{Si} - 35\text{P} - 2\text{Mn} + 4\text{Cr}$$

$$t_{C'} = 1154 + 5\text{Si} - 35\text{P} - 2\text{Mn} + 4\text{Cr}$$

共晶点含碳量：

$$C_C = 4.3 - 0.3(\text{Si} + \text{P}) - 0.04\text{Ni} - 0.07\text{Cr}$$

$$C_{C'} = 4.25 - 0.3(\text{Si} + \text{P}) - 10.04\text{Ni} - 0.07\text{Cr}$$

共析温度：

$$t_S = 727 + 20Si - 20Mn + 8Cr - 30Ni - 10Cu$$

$$t_{S'} = 738 + 20Si - 20Mn + 8Cr - 30Ni - 10Cu$$

共析点含碳量：

$$C_S = 0.77 - 0.11Si - 0.05(Mn + Cr) - 0.08Ni$$

$$C_{S'} = 0.68 - 0.11Si - 0.05(Mn + Cr) - 0.08Ni$$

共晶点的含碳量对于估算某一铁水成分接近共晶点的程度具有很大的实际意义，因为它在一定程度上影响铸铁的力学性能和铸造性能。一些技术资料常用共晶度 S_c 来表示：

$$S_c = \frac{C}{4.3 - 0.3(Si + P)} \tag{7-5}$$

式中，S_c 为共晶度；C、Si、P 分别为铸铁中 C、Si、P 的含量。

铸铁的共晶度就是铸铁的含碳量与其共晶碳当量的比值。它反映了铸铁的含碳量接近共晶的程度。当 $S_c = 1$，表示该种铸铁为共晶成分，$S_c > 1$ 表示过共晶成分，$S_c < 1$ 表示亚共晶成分。

研究表明，灰铸铁的强度、硬度随共晶度的增加而下降。它们之间存在着相似的线性关系。有人曾对直径为 30mm 的试样进行试验统计，得出了灰铸铁的抗拉、抗弯强度和硬度与共晶度的关系式：

$$\sigma_b = 102 - 82.5S_c$$

$$\sigma_{bb} = 210 - 175S_c$$

$$HB = 530 - 350S_c$$

也曾有许多工厂对 30mm 直径的试棒进行了系统试验，并对上述公式进行了验证，证明这些关系式基本上是符合实际的。

7.3.3　冷却速度的影响

当化学成分一定时，铁水在凝固过程中和固态相变中的冷却速度大小，直接影响石墨化程度，对铸铁的组织和晶粒的大小具有决定性的影响，改变冷却速度可以在较大范围内获得各种组织。生产中我们可以看到三角试块的尖角部分是白口组织，而厚处是灰口组织，并且晶粒较粗大，在白口与灰口组织之间有一小段过渡层是麻口组织。同一牌号铁水浇注同样的铸件时，用干型和湿型铸造出的铸件，它们的组织和性能是不同的。同一铸件在高温浇注时就没有低温浇注时硬度高等。这些现象说明冷却速度是一个综合因素，它概括了浇注温度、铸件壁厚和铸型的导热能力等许多因素。

有人根据不完全的数据，仿照钢中奥氏体转变的 S 曲线提出了铸铁共晶阶段结晶动力学曲线。它只能定性的说明冷却速度和组织间的关系，帮助我们进一步理解。图 7-19 是铸铁共晶转变阶段结晶动力学曲线的示意图，图中 1—1′是石墨开始析出和析出终止线，2—2′是渗碳体开始析出和析出终止线，3—3′是渗碳体在缓慢冷却时开始分解和分解终止线。v_1、v_2、v_3 是不同的冷却速度，其中 $v_3 > v_2 > v_1$。由图 7-19 可见，当冷却速度很小（v_1）时石墨析出开始时间较晚，但能充分长大（石墨化充分），可以获得粗大片状石墨的灰口组织。当以 v_3 冷却速度结晶时，因冷却速度较快，石墨不能析出，而析出渗碳体，获得白口组织。当冷却速度在二者之间（v_2），则得到具有石墨和渗碳体以及珠光体基体的麻口组织。

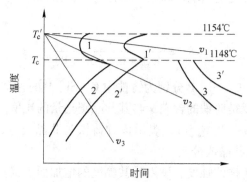

图 7-19　铸铁共晶转变阶段结晶的动力学曲线示意图
1—1′—石墨析出开始和结束；2—2′—Fe₃C 析出开始和结束；
3—3′—Fe₃C 慢冷时分解开始和结束

7.3.3.1　铸件壁厚

铸件的几何形状比较复杂，壁厚差别也较大，而它们对冷却速度又有很大的影响，很难进行分析研究。因此就根据热传导的情况，引出了"换算厚度"（R）的概念来分析。一般铸件可用体积与表面积之比来计算换算厚度。

换算厚度

$$R = \frac{V}{F} \tag{7-6}$$

式中，V 为铸件的体积；F 为铸件的表面积。

公式表示了单位表面积占有多大的体积。体积大小就表示总热量的多少，体积越大，热量越多。表面积大小表示了散热能力的大小，表面积越大，散热越快。因此，换算厚度 R 在一定意义上体现了散热能力。换算厚度越大，即散热能力越小，冷却速度越小。反之，换算厚度越小，即散热能力越大，冷却速度越大。对于等截面的长铸件，可忽略两端的表面积，则换算厚度 R 可用断面积与周长之比来计算。

$$R = 铸件的断面积 / 断面的周长$$

实践证明，不管铸件形状有何不同，只要换算厚度 R 值相近似，则在其他条件相同时，铸件的冷却条件也就差不多。

常见的几种简单件的换算厚度见表7-5。

表7-5　常见简单件的换算厚度

铸件形状	立方体	球	圆柱体	方块	平板
R	$S/6$	$D/6$	$D/4$	$S/4$	$S/2$

注：D 为直径；S 为壁厚。

例如壁厚为 15mm 的平板，$R = \dfrac{S}{2} = \dfrac{15}{2} = 7.5$ mm。直径为 30mm 的圆柱，$R = \dfrac{D}{4} = \dfrac{30}{4} = 7.5$ mm。因此，当其他条件相同时，二者的冷却条件相同，可获得近似的组织。所以国家标准（GB 973—67）正确规定了针对不同壁厚条件用不同直径的毛坯来加工试棒，是比较符合客观规律的。

铸件壁厚和试棒直径相应变化时铸铁力学性能的变化（同一牌号铁水）见表7-6。

表7-6　铸件壁厚和试棒直径相应变化时铸铁力学性能的变化

牌　号	铸件主要壁厚/mm	试棒毛坯直径/mm	抗拉强度/MPa	抗弯强度/MPa	硬度（HB）
HT20-40	6 ~ 8	13	313	519	187 ~ 215
	8 ~ 15	20	245	441	170 ~ 241
	15 ~ 30	30	196	392	170 ~ 241
	30 ~ 50	45	176	333.2	170 ~ 241
	>50	60	157	303	163 ~ 229

必须指出的是国家标准规定的牌号是指用直径为 30mm 的试棒毛坯所得的性能，而图纸上标出的对某铸件的性能要求，是指铸件本身的性能要求达到国家标准的哪一级，不能把两者混淆。必须根据铸件的壁厚来确定铁水的成分。例如同为湿型铸造的 HT20-40 灰铸铁，某机床厂采用的碳、硅含量各为：C 3.0% ~ 3.15%，Si 1.4% ~ 1.6%，而某柴油机厂则各为：C 3.0% ~ 3.4%，Si 1.8% ~ 2.2%。这是由于 295 柴油机机体的最大壁厚仅有 20mm，最小壁厚只有 5mm。而机床床身的导轨部分厚度在 60mm 以上，冷却速度较小，而又要求得到以珠光体为基体的组织，以达到一定的硬度要求，使导轨有较好的耐磨性能，保证机床能较持久地保持精度。所以只有降低碳、硅含量，才能得到与薄壁件相同的性能。

7.3.3.2 浇注温度

铁水的浇注温度是通过铸型而影响到铸件的冷却速度的。如图7-20所示为铸件在不同浇注温度下与铸型温度随时间变化的曲线。实线表示浇注温度较高的情况，虚线表示浇注温度较低的情况。从图上可看出，在浇注温度较低时（如 $T''_浇$ ），由于铸型从铁水得到的热量较少，因此当铁水达到结晶温度 $T_{结晶}$ 时，铸型温度 $T''_型$ 还较低（ $T''_型$ 低于 $T'_型$ ），使铁水与铸型间的温度差（ $T_{结晶} - T''_型$ ）较大，结晶时的冷却速度也就大，有利于细化石墨和基体组织。

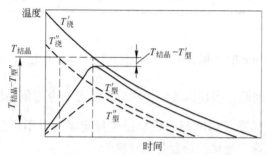

图7-20　铸件在不同浇注温度时的冷却曲线

7.3.3.3 铸型的影响

铸件的冷却速度还与铸型的材料和温度、浇冒口系统的位置有关。表7-7为三种不同铸型的冷却速度。

表7-7　三种不同铸型的冷却速度

试样直径 /mm	平均冷却速度/℃·min⁻¹		
	湿　型	干　型	预热型200~400℃
30	20.5	12.0	9.1
300	1.7	1.2	0.5

由表可知，湿型的冷却速度大于干型和预热型。当用金属型或冷铁时，其冷却速度就更大。因此，在生产中可以利用材料激冷能力的不同来控制铸件各部分的冷却速度，得到所要求的组织和性能。

7.3.3.4 铁水的过热和静置的影响

提高铁水的过热度，延长铁水的静置时间，都将细化石墨和基体，使力学性能提高。当碳、硅含量较高时，这种现象更显著。对于某一成分的铸铁来说，随着过热温度的提高，强度开始是增加的，而达到某一"临界温度"后就开始下降，这个临界温度主要决定于铸铁的化学成分。一般来说，促使增大过冷度而形成晶间石墨的因素（碳硅量低，冷却速度大，非均匀晶核少等）都使"临界温度"向较低的方向移动。普通灰铸铁的过热临界温度一般在1500℃左右。生产中铁水一般能过热到1400℃左右，所以总希望铁水的出炉温度能高一些，这样对性能有利。

在一定范围内提高过热度和将铁水静置，能使铁水内未完全熔化的部分进一步熔化，使杂质熔化、溶解或上浮去除，铁水中的非均匀晶核减少，因而增大了过冷度，细化了组织。生产实践证明，用不同炉料配比而获得相同成分的铸铁时，则由废钢加入量多的那一种配比所得的灰铸铁，其组织比废钢量少的要细密，强度较高。这可能是由于增加废钢后铁水内未熔化的细微石墨和其他夹杂减少，因而提高了铁水过冷度的缘故。

以上讨论了化学成分、冷却速度和铁水的过热与静置对铸铁组织的影响。这些因素都是通过改变过冷度而影响铸铁的石墨与基体的。在生产中最主要的控制因素是化学成分。根据冷却速度和铁水温度制订出各种牌号铸铁的成分，并按实际情况不断调整，这是控制组织，保证性能的基本方法。

7.3.4 孕育处理的影响

灰铸铁是机械制造工业上广泛应用的材料。它具有良好的铸造性能，易于制成各种形状复杂的铸件，且具有良好的减振性，小的缺口敏感性，生产工艺简单，成本又低。但普通灰铸铁的石墨和基体组织都比较粗大，强度很差，塑性几乎等于零。即使降低灰铸铁的碳硅含量，虽能提高一些性能，但很有限。因随着碳硅含量的降低，在奥氏体枝晶间生成的石墨核心数量多而长大少，形成细小的枝晶石墨，甚至出现渗碳体，又使强度下降。这就限制了灰铸铁更广泛的应用。

孕育处理是目前提高铸铁性能常用的一种方法。所谓孕育处理，从广义上说就是将少量的孕育剂加到按一般凝固条件将得到麻口或白口的铁水中，使原来形成渗碳体或晶间石墨的结晶条件改变。一方面促进石墨化，同时还细化晶粒，提高了组织与性能的均匀性，降低对冷却速度的敏感性，使铸铁的力学性能与加工性能得到改善。目前生产的高牌号灰铸铁或薄壁铸件几乎都要经过孕育处理。例如在过冷度较大的（碳硅含量较低的）铁水中，加入硅铁或硅钙作孕育剂，使铁水中生成大量均匀分布的晶核，细化了共晶团和石墨，使石墨由枝晶间状的D、E型分布转变成细小、均匀的A型分布。又如碳硅含量较高的灰口成分的铁水中加入适量的稀土镁合金或纯镁（球化剂），然后再加适量硅铁（Si75%），能使石墨由片状转变成球状，即所谓进行球化处理。它实际上也是一种孕育处理，改变了一次结晶晶体的形状。可锻铸铁也能进行孕育处理，但目的不是为了改变铁水的凝固条件，而是为了在固态下使渗碳体、珠光体的转变创造生核条件，缩短第一、第二阶段石墨化退火时间。由于孕育铸铁和球墨铸铁的出现，使铸铁的抗拉强度由196MPa提高到392~784MPa，特别是球墨铸铁使铸铁的伸长率由几乎等于零，提高到5%~28%。因石墨呈球状分布，大大降低了割裂基体的作用，应力集中的程度也低得多，所以球墨铸铁能较充分地发挥金属基体的作用，可达70%~90%，因而具有较高的强度和塑性。此外，它还具有良好的耐磨性、耐热性和耐蚀性，已成为一种新颖而有价值的结构材料，可用来代替铸钢或锻钢件，制作静力强度要求高的重要零件，如气缸、曲轴、凸轮轴和机床零件等，特别是断面比较厚大的铸件更为合适，从而扩大了灰铸铁的应用范围。

铁水经孕育处理和未经孕育处理的性能有显著差别。从图7-21可看出，孕育的效果与铸铁的成分有关，碳当量低的铁水孕育效果好，强度提高得多。反之，碳当量高的铁水，孕育效果很差，强度提高很少。孕育处理还能提高铸铁组织的均匀性，防止在铸件薄壁处出现白口的倾向，断面敏感性也小，即在断面上不同部位的强度差别不大。孕育铸铁与普通灰铸铁的均匀性可以从表7-8看出。

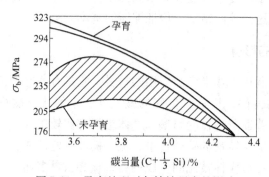

图 7-21　孕育处理对灰铸铁强度的影响

表 7-8　孕育铸铁与普通灰铸铁的均匀性

试样直径（从中心取样）/mm		20	30	50	75	100	150
σ_b/MPa	孕育铸铁		375	381	372	356	333
	灰铸铁	193	180	128	102		

当孕育铸铁的断面增加5倍时，抗拉强度只减少10%，而普通灰铸铁的断面增大后，强度急剧下降。这是由两种铸铁的凝固特性不同造成的。普通灰铸铁铁水的过冷倾向小，结晶时实际过冷度基本上受冷却速度的控制。试样表面或小直径试样由于冷速大，过冷度大，组织细密，其强度因而比中心部分或大直径试样高。当铁水经孕育处理后，具有较大的过冷倾向，并以均匀分布的外来晶核作为结晶核心，因此，冷却速度对结晶时过冷度的影响较小，结晶过程几乎在整个体积内同时进行。所以铸件断面上组织较均匀，性能也较一致。

7.3.4.1　原铁水化学成分的选择

原铁水的成分应根据铸件壁厚来决定碳当量 C_E 值，使原铁水按一般条件下凝固时得到麻口或白口组织，这种成分的铁水孕育效果最好。因此，生产孕育铸铁时原铁水的碳硅含量应选择在位于铸铁组织图上的麻口区或白口与麻口的交界区。这样只要加入较少的孕育剂后便能消除白口和麻口组织，使之转变为细小均匀分布的 A 型石墨和分散度较大的珠光体组织。但是碳硅含量又不能过低，否则将使冲天炉熔炼困难，铸造性能恶化，且需耗费大量废钢，孕育剂的加入量也增大，都是很不经济的。对于牌号较低的孕育铸铁（如 HT25-47），原铁水的碳当量可稍高一些，它的组织可以是 D、E 型分布的石墨，经孕育处理后，变为 A 型分布的细小石墨片，也细化了共晶团，因而提高了强度。

在决定碳硅含量时总是把碳量保持一定，由炉料或加入孕育剂的方法来调整硅量。一般来说，孕育铸铁的含碳量常选在 2.8%~3.2% 这个不大的范围内。生产经验指出，壁厚为 6~20mm 的小件，含碳量在 3.0%~3.3% 左右，而壁厚在 20mm 以上的较大铸件，含碳量在 2.8%~3.2% 左右。如含碳量超过 3.3%，则力学性能就要急剧下降。硅的含量一般选在 1.0%~1.6% 左右。孕育铸铁的性能要求越高，碳硅含量要取下限，性能要求低的可取上限。

含锰量以保证得到珠光体基体为原则，一般偏高一些，薄壁件为 0.6%~0.8%，厚件为 1.0%~1.2% 左右。磷和硫的含量应加以限制。

孕育铸铁的化学成分和炉料配比见表 7-9 和表 7-10。

表 7-9　孕育铸铁的化学成分　　　　　　　（%）

牌　号	C	Si		Mn	P	S
		孕育前	孕育后			
HT25-47	3.1~3.3	1.4~1.7	1.6~2.0	0.7~1.0	≤0.20	≤0.12
HT30-54	3.0~3.2	1.2~1.4	1.4~1.6	0.8~1.1	≤0.16	≤0.12
HT35-61	2.8~3.1	0.8~1.1	1.0~1.3	0.9~1.2	≤0.12	≤0.10

表 7-10　孕育铸铁在冲天炉熔炼时的炉料配比

牌　号	废　钢	新生铁	回炉铁
HT25-47	15~20	34~40	40~50
HT30-54	35~40	25~30	30~40
HT35-61	60~70	10~15	20~25

以上数据仅供参考，需根据实际情况灵活掌握，以达到牌号要求为原则。

7.3.4.2　孕育剂和孕育处理

孕育剂通常是强烈的石墨化剂，加入铁水后使原来按亚稳定系统结晶的铁水转变为按稳定系统结晶。硅铁、硅钙、石墨、铝等都是石墨化剂。有时也用一些稳定碳化物的元素（如 Cr、Mo、Mn、V 等）与石墨化元素组成复合的孕育剂。它们不仅在凝固期间促进石墨化，而且在固态冷却时促使形成珠光体且能起到细化基体并阻止析出铁素体的作用。这种复合孕育剂的效果较好。我国目前在生产中最常用的孕育剂主要是硅铁（Si 75%），它价廉易得，孕育效果也较好，其熔化温度为1320℃。硅钙的孕育效果比硅铁好，其石墨化能力比硅铁大 1.5 ~ 2.0倍，但国内产量少，价格较贵，很少应用。根据国外的试验，如能在硅铁中加入Ca 0.7%和 Al 1.4%，则孕育效果就非常显著。如果硅铁中的钙量增加太多，产生的熔渣也多，铸件易出现夹渣缺陷，含铝量过高易产生针孔缺陷。所以国外都在寻求新型孕育剂。其中除含有相当数量的硅外，还含有一种或几种下列元素，如钡（Ba）、锶（Sr）、铈（Ce）、锰（Mn）、锆（Zr）、钛（Ti）等。几种典型的孕育剂见表7-11。与普通硅铁比较，这些特殊孕育剂的优点在于用量少。一般加入量仅 0.05% ~ 0.2%左右，因而铁水增硅少。这在生产球铁时非常重要，这样可将原铁水的硅量配得稍高一些。

表 7-11　典型的孕育剂

类　型	成分/%	特　　　点
Ca-Si	12 ~ 16Ca, 50 ~ 60Si, 0.8 ~ 1.2Al, 其余为 Fe	强的孕育剂，比普通硅钙含 Ca 少（前者含 Ca 32%），因而重些，易进入铁水，烟尘少，渣少
Ca-Si-Ti	5 ~ 7Ca, 50 ~ 55Si, 9 ~ 11Ti, 1 ~ 1.3Al	强的孕育剂，用于薄壁件很有效。脱氧、脱氮能力强，可减少气孔。处理时无烟尘
Ca-Si-Ba	14 ~ 17Ca, 57 ~ 62Si, 14 ~ 18Ba, 7Fe（最大）	孕育作用强，孕育衰退慢
Ca-Mn-Zr	3 ~ 4Ca, 60 ~ 65Si, 5 ~ 7Mn, 5.5 ~ 6.5Zr, 0.8 ~ 1.2Al	强的孕育剂，脱氧剂。衰退慢，适用的温度范围较广
Si-Mn-Zr-Ba	2 ~ 3Ba, 60 ~ 65Si, 5 ~ 7Mn, 5 ~ 7Zr	强的孕育剂，促使形成 A 型石墨，含 Mn 高，降低了熔化温度，衰退慢
Si-Mn-Ca-Ba	4 ~ 6Ba, 60 ~ 65Si, 9 ~ 12Mn, 1.3 ~ 2Ca	
Si-Sr	73 ~ 78Si, 0.6 ~ 1.0Sr, 0.1Ca（最大），其余为 Fe	因不含 Al, Ca 又极少，故可减少夹渣、针孔缺陷。溶解迅速，衰退慢。不适用于含 Ca 球铁
Si-Ce	38Si, 0.5Ca, 0.5Al, 10Ce, 其他稀土 3	渣少，孕育能力强，有最好的抗衰退性，最适于作球铁孕育剂
Si-Mg	60 ~ 63Si, 0.45 ~ 0.55Ca, 1 ~ 1.3Al, 10NaNO3, 2 ~ 3Mg	处理时发热，可用于低温铁水（1230℃），可用于少量铁水处理。因含 Mg，适于球铁后期孕育，防止衰退
Si-Cr	30Si, 50Cr, 其余为 Fe	提高硬度，耐磨性，耐热和耐蚀作用
Si-Mo	30Si, 60Mo, 其余为 Fe	
Si-Cr-Mn	18Si, 0.5Ca, 0.2Al, 10Mn, Cr40, 0.75Ti	

Ca-Si-Ti 孕育剂能够很好地减小激冷和促使形成 A 型石墨，对薄壁铸件的效果更为显著。孕育剂中的 Ti 能与铁水含有的氮相结合，形成细小无害的钛的氮化物。

Si-Mn-Zr-Ba 合金也是一种有效的孕育剂，在与氮的结合上 Zr 的作用与 Ti 类似，Ba 起作用的方式与 Ca 相同，也起到石墨核心的作用，且能提高铁水抗衰退的能力。

Si-Ce 合金对灰铸铁是一种较新的孕育剂，它含有很少的 Ca 和 Al，因此在孕育处理后的熔渣很少。Ce 的作用很像 Sr，具有显著细化共晶团的效果，其抗衰退能力胜过其他各种孕育剂。

Si-Cr 孕育剂因含有稳定碳化物的元素 Cr，使用时应该谨慎，当浇注薄壁铸件时，还要加一定量的石墨化孕育剂，以免使铸件产生白口。

孕育剂的加入量与铁水成分、铸件壁厚和孕育剂的种类等有关。在成分一定的情况下，孕育剂的加入量应根据铸件最薄的断面来确定，以保证孕育处理后铸件中不出现白口。如果厚壁处是铸件的重要工作面，如机床床身的导轨部分，要求较高的力学性能和耐磨性能，此时孕育剂的加入量就不能根据一般原则来定，而必须首先考虑导轨部分的要求，其次再考虑薄壁部分。

以硅铁作为孕育剂时，加入量约为铁水量的 0.2%~0.6%（根据铁级而定）。厚壁件加入 0.2%~0.4%，薄壁件可多加一些，约 0.4%~0.6% 左右。碳当量为 3.3%~3.5% 的铸铁，孕育用的硅量约为原铁水含硅量的 50%~60%，碳当量为 3.6%~3.9% 的铸铁，孕育用的硅量等于原铁水含硅量的 10%~25%，效果较好。

孕育剂的粒度大小对孕育效果也有一定影响。它的粒度应根据铁水的重量和温度而定。当铁水温度为 1400℃ 左右时，对于硅铁来说，粒度应按表 7-12 中的数据选择。

表 7-12　粒度选择

浇包容量/kg	粒度大小/mm
50~100	3~5
100~1000	5~10
1000~5000	15~20

破碎好的硅铁应筛去粉末，放置在干燥处。孕育处理时把孕育剂加在出铁槽中，铁水将孕育剂冲入包中，产生翻动作用，提高孕育效果。

在进行孕育处理时，主要应注意两个问题：第一是孕育处理时的铁水温度，第二是孕育处理后铁水的停留时间。要求铁水的出炉温度应在 1400~1460℃ 之间，生产实践证明，铁水温度高，孕育效果好，强度较高。铁水温度低于 1360℃

时，孕育处理的效果就很差。铁水经孕育处理后，应尽快浇注，否则孕育效果会逐渐消失。图 7-22 为铁水经孕育处理后停留时间与力学性能的关系。孕育处理后力学性能显著改善，随着停留时间的延长，化合碳增多，硬度提高，最后恢复到原来接近白口的组织，性能急剧下降。所以铁水经孕育处理后最好在 15min 内浇完。对于厚大铸件，因冷却较慢，凝固时间较长，需适当多加孕育剂或在浇口杯内加孕育剂的方法，以延长其作用时间。

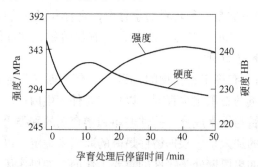

图 7-22　孕育处理后停留时间对铸铁性能的影响

　　孕育处理后应当即刻知道孕育效果，以便及时调整。孕育铸铁的生产控制实质上是根据铸件的冷却条件来控制原铁水的化学成分和孕育效果。在炉前实际上就是根据铸件壁厚来控制硅量（即孕育剂的加入量）。用三

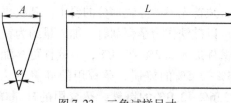

图 7-23　三角试样尺寸

角试样（图 7-23）进行炉前检验是快速检查孕育效果最简单和直接的方法。由于各厂的生产条件不同，所用三角试样尺寸也各不相同。表 7-13 的三角试样数据可供参考。

表 7-13　三角试样的数据

三角试样号	A/mm	α /(°)	L/mm	读数限度/mm （白口宽度）
1	13	28.5	130	9
2	19	27	130	11
3	25	25	150	13
4	51	24	150	18

　　上述四种三角试样是对应于不同壁厚和不同牌号要求的。同样牌号的铸铁（成分一定），壁厚大的应选用读数限度大一些的。同样壁厚的铸件，牌号高的（碳硅含量较低的）应选用读数限度大一些的。

　　同一成分铁水浇注的三角试样，白口宽度与铸件出现白口的最小壁厚之间存在着对应关系。可用白口宽度（也称白口数）的上限表示铸件不出白口的最小壁厚，下限对应于铸件力学性能。当白口数超出规定的范围，都应采取相应的措施加以调整。如原铁水的白口宽度过大，则孕育剂的加入量应适当增加，在温度许可的条件下，可补加孕育剂。如白口宽度过小，则可加适量的铬铁或锰铁加以调整或是视情况降级使用。

　　在生产中三角试样的白口宽度是根据各厂的铸件壁厚和实际条件在反复实践的基础上制订出来的。下面推荐一些数据可供参考。孕育后三角试样白口宽度与铸件性能的关系：

　　最好的切削加工性能：孕育后白口宽度为铸件断面厚的15%～20%。

　　最好的强度：孕育后白口宽度为铸件断面厚的25%。

　　最好的耐磨性：孕育后白口宽度为铸件断面厚的40%～50%。

　　如孕育处理后两种不同成分铁水的白口宽度相等，那么孕育前白口宽度大的，力学性能好，也就是说，碳硅含量低的铁水，孕育效果较好。但孕育处理前的白口宽度也要有一个正常的范围，这样才能使孕育剂的用量最省，性能也能保证。一般希望孕育后的白口宽度为铸件壁厚的 $\frac{1}{4}$ 为最合适（范围为 $\frac{1}{3}$ ～ $\frac{1}{5}$）。孕育前的白口宽度最低不小于铸件壁厚的 $\frac{1}{6}$。力学性能与孕育前后白口宽度的关系见表7-14。

表7-14　力学性能与孕育前后白口宽度的关系

抗拉强度 σ_b /MPa	245～294	294～323	323～372	392～431
孕育前后三角试样白口数之比	1.5:1	2:1	(2.5～3):1	(3～5):1

　　此外，也可用热分析法，即用电子记录仪直接记录试样的冷却曲线来评定孕育效果。由于孕育是通过改变过冷度来促使共晶凝固按稳定系统结晶的，因此从冷却曲线上测量出的过冷度可反映孕育效果的好坏，由液相线温度还可判断碳当量。

　　近年还发现铸铁和石墨形状不同，它们的电阻率也不同。以球状石墨的电阻率为最小，蠕虫状的次之，片状石墨的最大。当残留的镁量大时，试样的电阻率几乎不变，而当残留含镁量小于0.02%～0.04%（即临界残留量）时，电阻率急剧增加。目前这种方法的测量精度还只能显示片状石墨与球状石墨、蠕虫状石墨之间的差别，还不能显示出球状石墨与蠕虫状石墨之间的差别。如将这些方法进一步改进，则有可能把检测结果转换成自动控制系统的反馈信号来自动调节熔炼与处理过程。

7.3.4.3　孕育处理理论概述

孕育铸铁已应用了五十多年，目前，孕育处理已在生产上的各类合金中（包括铸铁、铸钢和有色合金）得到广泛应用，同时，对于孕育机理提出了多种理论。一般认为孕育作用不是通过合金化的原因，而是孕育剂与铁水之间的物理、化学作用改变了结晶条件的结果。但至今还没有一种理论能说明全部问题，有的现象还不能得到解释，有待进一步研究。在这些理论中较为公认的有能量起伏理论和外生核理论。

根据现代液态金属结构的观点认为：液态金属中，尤其是接近熔点的液态金属中存在着浓度起伏和温度起伏。认为液态金属从宏观上看不论是温度和浓度都是均匀的，但在微观上都是不均匀的。如有的局部区域内各种成分的浓度并不等于平均成分。在某一时间间隔内，某一局部区域内经常出现高于或低于其平均值，而且在随时变化着，时消时现，此起彼伏。结构起伏的存在，即液态金属中有的微区内原子呈类似于固体的有序排列，只不过没有固体那样严格排列而已。与此同时，由于固相的溶解或析出，要吸收或放出结晶潜热，或是因加入某些物质而使其周围产生显微激冷，这种局部的温度不均匀现象称为温度起伏。由于在接近熔点的液态金属内因结构起伏在各微区内存在有序排列的原子团，加之存在温度起伏，就可能在某一瞬间某些区域内的温度低于液相线以下的结晶温度，于是就产生了晶核，晶核就可能进一步长大。但这种晶核是不稳定的，随着液体的流动产生温度的回升，又可能被溶解掉。也有的晶核结合得较牢固或长得较大，尽管温度有所回升，一时还不能溶解掉而被保留下来。如人为地加入某种孕育剂或加速冷却时，就会加剧这种起伏的出现，从而出现大量的比较稳定的晶核，如温度继续下降时，这些晶核就被保留下来成为结晶核心。

具有过冷倾向的铁水用硅铁孕育处理来细化石墨和基体就可用能量起伏理论来解释：第一是由于 Fe-Si 原子间的结合力较强，在铁水中一段时间内仍保持着原子团而不拆散。这样就削弱了铁同碳的结合，产生一种排斥碳而析出石墨的作用。第二是铁水中产生了大量的 Fe-Si 质点，造成许多显微体积内的硅浓度不均匀，在 Fe-Si 质点附近产生了富硅区。由于硅在促使碳析出石墨方面有顶替碳的作用，所以使局部范围的碳当量 C_E 值超过共晶成分，在富硅区里只要达到结晶温度就会析出石墨晶核，成为以后石墨化的核心。第三是把硅铁加入铁水后，因溶解吸热造成硅铁附近产生过冷（显微激冷），引起温度起伏。这样在硅铁附近既有浓度起伏，又有温度起伏，于是在铁水里产生大量石墨晶核。如继续冷却时，这些晶核就会长大。这样不仅细化了共晶团，而且能防止产生白口。

所谓外来晶核，就是不是液态金属本身结晶出来的晶核，它是由炉料或其他东西带入的，也有的是人为加入的。因为炉料带入的外来晶核，往往数量较少，分布又不弥散，且也不一定能成为结晶核心，所以起不到细化晶粒的作用。外来晶核一般是指人为有意加入的。对铸铁来说，可作为外来晶核的主要有碳化物、氮化物、硫化物和石墨等，这些物质能在液态金属结晶之前形成大量高度弥散的质点——晶核，成为结晶核心，因而能细化晶粒。能作为结晶核心并使组织细化的外来晶核的条件是：

（1）外来晶核的结晶温度一定要比被细化的晶体的结晶温度高，并在高温下稳定，不能很快分解或聚集上浮。

（2）一晶体以另一晶体为基础进行结晶的对应面上的原子排列要相似，晶格参数要相近（不超过10%）。有三种情况：1）两种晶格构造相同，晶格常数相近；2）晶格构造相同，晶格常数按一定比例相近，即一个晶格常数是另一晶格常数的整数倍；3）晶格构造不同，但一个晶体的某一个晶面和另一晶体的某一晶面的原子排列相似，并且晶格常数相近或按一定比例相近。

近来瑞士的 Lux 提出金属盐类碳化物能成为核心的理论。他认为向铁水中加入能生成离子结合的碳化物的元素可成为石墨化核心。他列举周期表中Ⅱ、Ⅲ、Ⅳ类金属元素的碳化物，如Ⅱ类的 CaC_2、SrC_2、BaC_2，Ⅲ类的 YC_2、LaC_2 以及 CeC_2，Ⅳ类的 TiC、ZrC，都可成为核心。几种典型碳化物的自由能变化见图7-24，它们都低于 Fe_3C，可见在铁水温度下是稳定的。

这些 MeC_2 型的碳化物的高温晶体结构和晶格常数与石墨的很接

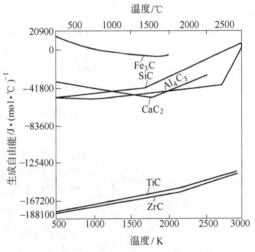

图7-24　某些碳化物的生成自由能

近。以 CaC_2 为例，说明其中 C_2^{2-} 中的原子间距(0.142±0.02)nm 与石墨中的原子间距 0.142nm 相同。高温下 C_2^{2-} 离子只产生旋转而相对位置不变。CaC_2 中 C_2^{2-} 的（111）面上 C_2^{2-} 离子间距为 0.419nm，而石墨原子间距的三倍为 0.426nm。CaC_2 的（111）面之间的距离为 $a_0/3\sqrt{3}=0.314$nm，而石墨基面之间的距离为 0.335nm。可见这些晶格参数都非常接近。石墨结晶时首先形成一均匀的六角形环，它可由铁水中 C_2 分子或由 CaC_2 中的 C_2^{2-} 离子扩散而来。因此，石墨环将沿着 CaC_2 的（111）面（有 C_2^{2-} 的面）长大，见图7-25。由于基面上碳离子的结合能很高，长大极为迅速，随后相继长大为相互平行的面。

图7-26是一个由 CaC_2 析出 C_2 分子（Lux 认为铁水中存在共价结合的 C_2 分子）形成石墨面，而且石墨的（0001）面是沿 CaC_2 的（111）面长大的示意图。

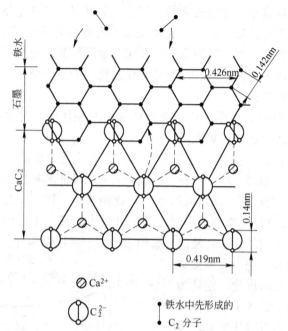

图 7-25　C_2 在 C_2^{2-} 所占据的 CaC_2 （111）
面上析出，形成石墨基面

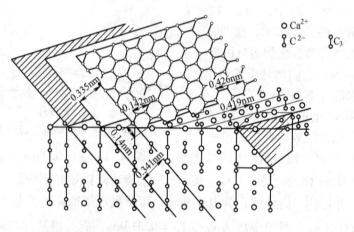

图 7-26　石墨在 CaC_2 晶体上生长

　　CaC_2 本身在高温下是稳定的，但由于 Ca 与氧、硫的亲和力更强，所以 CaC_2 易为铁水中的氧、硫破坏。Ca 加到铁水中其溶解度很小，即使加入量很少，它在铁水中仍能形成液体钙滴，和周围金属作用，形成低氧低硫区。于是这个区内的 C 能与 Ca 作用生成 CaC_2，如果 CaC_2 从液滴脱离而进入正常区，则逐渐为氧、硫破坏。这就是孕育衰退的原因，如果孕育剂中同时加入脱氧脱硫元素，则能促

进 CaC_2 晶核作用的发挥，一些复合孕育剂中往往加有 Ca、Al、Ti、Zr 及稀土元素等，就是与此有关。

硅基孕育剂中的 Si 在铁水中会形成共晶度很大的富 Si 区。由于 Si 的排碳作用，有利于 CaC_2 的析出，CaC_2 的存在则有利于石墨的生核长大。Si 熔化吸热而造成的局部温度下降，更促使石墨析出与长大。石墨析出后即使 CaC_2 遭到破坏，铁水中仍会留下石墨晶核。由于铁水中存在局部温度起伏，使得富 Si 区不断转移，因而四处散布石墨晶核。铁水温度越高或停留时间越长，Si 原子的浓度趋于均匀，石墨核心也消失越多。这与前面图示出的随时间延长总的趋势是孕育衰退不同，但开始阶段（例如前面三分钟）孕育衰退较快的现象是一致的。

7.3.4.4 防止孕育衰退和提高孕育效果的措施

目前许多工厂在生产孕育铸铁时常采用传统的孕育工艺，用一包经过孕育处理的铁水浇注一个壁厚不均匀的大铸件时，铸件各处性能有较大的差异；用一包孕育处理过的铁水浇注许多个小铸件时，前几个较好，最后几个就不合格了，这就是孕育衰退所造成的结果。生产实践得出，这种孕育衰退的铁水对铸件壁厚和过冷度具有很大的敏感性，即在薄壁或快冷处出现大量的过冷石墨，甚至还有自由渗碳体，而在厚壁或缓冷处则为粗大的石墨和基体组织。在生产球墨铸铁时，许多工厂往往配成高碳、低硅的原铁水，在球化处理后补加铁水时进行大剂量孕育工艺。这种孕育工艺也存在着先浇的铸件孕育效果好、后浇的铸件孕育效果差的问题，因而即使是同一包铁水所浇得的铸件，其铸态组织还有所不同，甚至还不能稳定地消除铸态组织中的自由渗碳体。这样不仅给热处理工序带来困难，甚至由于热处理后的组织中仍存在有少量的自由渗碳体而使冲击韧性急剧下降。此外，大孕育量还存在着处理时间长，消耗材料多和温度降低大等缺点。所以应根据孕育处理本身的内在规律，改进方法，提高孕育效果。

各类合金的孕育处理都存在着衰退这一规律，尤其以球化处理后的铁水更为敏感。衰退时石墨球数减少，大小不均匀，球形变坏，出现团絮状甚至厚片状石墨，同时在薄壁处还出现白口，使机械性能大幅度下降。

孕育剂最有效的作用时间是很短的。有资料指出：孕育作用的消失是在孕育开始后两分钟内极快地进行着，只有在孕育的瞬时时间内合金才处于充分的孕育状态，随着时间的延长，孕育作用会很快地消失。所以从加入孕育剂到浇注这段时间的长短对孕育效果的好坏起着决定性的作用。这段时间应越短越好，这是防止孕育衰退、提高孕育效果的有效措施，也决定着所需加入的孕育剂量的多少。

根据这一原则，目前我国有的工厂在生产球墨铸铁时已开始采用浇口杯孕育、瞬时包外孕育、型内孕育、硅铁棒孕育和大块孕育等方法。这样能使铁水经孕育处理后到浇注这段时间间隔大大缩短，使铁水保持由硅铁造成的温度起伏和浓度起伏，处于最充分的孕育状态，显著提高孕育效果。孕育效果好的主要标志是石墨球的数量较多，球径较小而圆整，且分布均匀，在铸态组织中消除了自由渗碳体，使力学性能也有较大的提高。从表 7-15 可看出：$\sigma_b > 735\text{MPa}$，$A_K > 14.7\text{J}$ 的包内孕育（指一般炉前孕育）分别仅占27%和20%，而包外瞬时孕育均达90%以上。

表 7-15　包内孕育和包外瞬时孕育的性能对比

孕育方法	σ_b/MPa			$\delta/\%$			A_K/J			HB		
	<735	735~784	>784	<2	2~3	>3	<14.7	14.7~19.6	>19.6	<240	240~270	>270
包内孕育	73	24	3	49	41	10	80	17	3	12	84	4
包外瞬时孕育	3	37	60	4	46	50	6	24	70	3	97	0

　　浇口杯孕育是将孕育剂在浇注前加入定量浇口杯中，浇入定量铁水后即拔塞充型。这样能使孕育剂与铁水在浇口杯中有一较短时间的混合，便于熔化，孕育效果很好。此方法的缺点是每个铸型上都要放一个定量浇口杯，增加了制作定量浇口杯的工序。包外瞬时孕育和型内孕育可避免这一缺点，其方法是一边浇注，一边在铁水流上加定量的孕育剂，或在浇注前将孕育剂加在直浇道中。必须注意很好控制孕育剂的粒度，如粒度较大，就不能在铁水充型过程中熔化完毕，使铸件产生夹杂。孕育剂的粒度应根据铸件的大小，控制在 1~3mm 左右。硅铁棒孕育是将一定粒度的硅铁或硅钙用水玻璃做黏结剂混合，装入壁厚为 0.15mm、直径为 20mm（适用于 200kg 的浇包）的钢管中捣实，制成孕育棒，然后在 260℃烘干 2h，就可使用。使用时将孕育棒用卡子固定在浇包口上面，距浇包口约 50~75mm 处，使浇注时不致使铁水形成分流。浇注时孕育棒与铁水接触而逐渐熔化并随铁水流入铸型。因重力作用，孕育棒能自行滑动下落，保证浇注时始终和铁水接触。这种孕育方法能避免铸件中形成夹杂物和个别断面上孕育不均匀的现象。孕育棒的熔解速度主要取决于浇注温度，在 1450℃ 时增硅为 0.085%，1340℃时增硅为 0.05%。这种孕育方法对于薄壁铸件，高温浇注时特别有效。

　　大块孕育法工艺是首先按表 7-16 查出孕育剂的块度，然后将合适块度的孕育剂（硅铁 Si 75%）放在包底，再将铁水冲入包内，使硅铁边熔化边上浮，硅铁越往上浮，熔化速度越快，于是在铁水包中由下而上地造成了一个硅的浓度差。由于包中的铁水存在这个硅的浓度差，从而使硅原子从高浓度向低浓度扩散的运动在整个包内进行，使包内铁水均处于被孕育状态，同时还延长了硅浓度由不平衡趋向于平衡所需的时间，即延长铁水保持被孕育状态的时间，因而推迟孕育衰退的到来。用大块孕育法处理时应注意当铁水出完后，还应有 $\frac{1}{4}$~$\frac{1}{5}$ 左右的硅铁浮在铁水表面继续熔化，如在出铁后 10~20s 内熔化完则为正常，可加盖草

表 7-16　大块孕育法硅铁块度的确定

处理铁水质量 /kg	铁水处理温度/℃			
	1380	1400	1420	1440
	硅铁块度/mm			
100	20	40	50	60
200	40	60	70	80
300	50	70	80	90
400	50	70	80	90
500	60	80	90	100
600	60	80	90	100
800	80	90	100	110
1000	90	100	110	120
1500	110	120	130	160
2000	140	150	160	170
2500	160	170	180	190
3000	180	190	200	210

灰后从容地吊至浇注场地。如果在出铁完毕后铁水表面还浮有过多的硅铁，则说明块度过大、没有预热或铁水温度过低。下次处理时可调整块度，或将其预热，或设法提高铁水温度，如出铁完毕后在铁水表面已无固态硅铁，则说明块度太小。由于出铁完毕后在铁水表面还有少量硅铁在继续熔化，这样就在铁水表层有意造成了一个高硅分的铁水表层，它就为下层铁水的浓度变化提供了一批又一批的硅原子。所以，这样的一包铁水全都处于一种刚被孕育的状态，不易衰退。

在试制薄壁高韧性铸态球墨铸铁件时对上述孕育方法进行了试验，均有比较显著的效果。

长期以来，为了获得高韧性的球墨铸铁件，热处理是必不可少的工序，从而给生产带来了许多麻烦，如铸件变形、表面氧化严重而增加了清理工作量，延长了生产周期，燃料、电力和人力消耗量大，增加了产品成本。直接从铸态得到80%以上的铁素体基体，消除自由渗碳体，并达到所要求的力学性能，这样既可降低废品率，又减少了一道工序，降低了生产成本，对实现我国的农业机械化具有很大的现实意义。

因浇注的铸件壁厚较小（如翻斗车上的钢圈），边缘部分壁厚仅 3.5 ～ 4.5mm，铸件的冷却速度较大，在铸态组织中常出现大量的渗碳体。必须经过高温退火，常产生变形而报废。要想在铸态得到高韧性的球墨铸铁件，关键应在铸态防止出现自由渗碳体，也就是说在结晶凝固时应按铁—碳状态图的稳定系统进行，即第一和第二阶段石墨化都能充分进行，最后得到基本上以铁素体为基体，加少量珠光体和球状石墨的组织。

根据上述分析，首先应选用化学成分合适的原铁水，在不出现石墨漂浮的条件下，原铁水应有较高的碳当量，低的锰、磷含量，采用稀土含量较低的（2.5%~4.5% R_xO_y）球化剂进行球化处理。同时应用最有效的孕育处理，才能成功。铸态球铁的韧性主要取决于铸件在结晶凝固和随后冷却过程中的石墨化程度。碳和硅都是促进石墨化的主要元素，特别是硅以孕育方式加入铁水，可使石墨化核心急剧增加，强烈促进共晶和共析转变过程中的石墨化，这对韧性铸态球铁的生产非常重要。但因硅能固溶于铁素体，所以过高的含硅量会降低球铁在常温下的冲击韧性和塑性，并提高低温脆性转变温度。所以总硅量不能太高，一般不应超过3.2%。

在采用浇口杯孕育时，铁水经球化处理后，在补加铁水时加0.6%硅铁进行第一次孕育；在大包转小包时，加0.3%硅铁进行第二次孕育；在定量浇口杯中加0.2%硅铁进行第三次孕育。所得铸件在边缘最薄处（4mm）的铁素体量达60%~70%左右，消除了自由渗碳体，石墨球细小，分布较均匀，孕育效果较好。型内孕育是在浇铸前将预热过的粒度为0.5mm以下的硅铁粉放入浇口中，加入量约为铸件重量的0.08%~0.1%左右，再将经二次孕育的铁水浇入铸型。从铸件最薄处取样观察金相组织得出：消除了自由渗碳体，铁素体量达60%左右，效果和浇口杯孕育相近，但有时金相组织不很均匀，同一壁厚的不同部位铁素体量相差约10%左右。从以上孕育效果来看，铸态组织中的自由渗碳体是已完全消除了，但铁素体量的比例还不够，仅60%左右，铸件的韧性还较差。为了进一步提高韧性，还试验了掸粉。在刚造好的砂型上用掸笔把掸粉掸上，使其均匀分布，即可合箱浇铸。掸粉的成分为：硅铁粉67%，石磨粉17%，铝粉16%。经球化处理、二次孕育处理和型内孕育的铁水浇入铸型，所得铸件在壁厚为3.5mm表面处的金相组织见图7-27，铁素体量达到90%左右。掸粉的作用距离在1~1.5mm左右，随着离铸件表面距离的增加，铁素体量逐渐减少，中心部分达70%~80%左右。从试验得

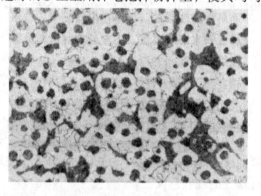

图7-27　铸件壁厚3.5mm表面处的组织（400×）

出：掸粉对消除铸件边角处和局部薄壁处的白口，增加其铁素体量是一个很有效的措施，且操作简便，经多次试验，效果显著而稳定。由于掸粉均匀地黏附在砂型的表面上，浇入铁水后首先和它们发生作用，因掸粉的成分中都是能起孕育作

用的材料，所以它们实际上是起到了表面孕育的作用，而于最充分的孕育状态。即使是薄截面的表面或铸件边角处，虽然冷却速度很快，由于强烈的孕育作用，阻止了渗碳体的形成，促使石墨化，生成铁素体基体，并使组织细化，石墨球小而圆整。

生产实践表明，用离心铸造工艺生产的灰铸铁汽缸套很容易出现过冷石墨。当这种过冷石墨较多时，缸套在中频淬火时要引起淬火裂纹。由于过冷石墨而引起淬火裂纹所造成的废品率甚至高达80%。具有微裂纹的淬火缸套，一旦装车使用就会造成严重事故。所以控制淬火缸套中过冷石墨的数量成了提高淬火缸套质量的关键。

生产中发现，亚共晶铸铁在冷却速度较大时，常出现细小的石墨呈枝晶间状均匀无方向的分布。亚共晶程度大的铁水，当冷却速度大时，产生细小石墨呈枝晶间状的并有方向性规则的分布。碳当量低时，更易出现过冷石墨。实验和研究表明，未孕育的亚共晶铸铁凝固时，首先析出奥氏体枝晶，含碳量较低的初生奥氏体枝晶在长大过程中，必然向周围的液相排出多余的碳和硅，当温度降到低于共晶温度时，富集碳、硅的并夹在初生奥氏体枝晶间的剩余液相发生奥氏体—石墨共晶结晶。实验表明在亚共晶铁水中，初生奥氏体枝晶的出现有利于比较细小的奥氏体—石墨共晶的形成。而共晶团（又称共晶单元或共晶晶粒）是由合为一体的奥氏体（冷却后转变为铁素体或珠光体）和石墨所组成。其中石墨的形态在很大程度上取决于冷却速度。在较大的冷却速度下，初生奥氏体枝晶是无方向性地长大的，因此夹在枝晶间的石墨—奥氏体共晶产物也均呈无方向性分布。其中石墨呈细小的状态并且无秩序地分布，结果得到"D"型石墨。亚共晶程度大的铁水当冷却速度大时（但还没有大到导致出现白口组织），产生大的温度梯度，引起初生奥氏体枝晶分枝多而密并呈方向性分布，由于奥氏体数量的增多，而能进行共晶反应的剩余液相的数量就减少，这部分液相顺着初生奥氏体枝晶转变为奥氏体—石墨共晶聚集物。结果形成细小的石墨在枝晶间的方向性分布，形成"E"型石墨。冷却速度越大，则过冷度越大，温度梯度越大，从而促进了初生奥氏体枝晶的成长，并抑制奥氏体—石墨共晶反应，在大的过冷度下具有更少的共晶体，所以更易于形成枝晶间状石墨。

根据以上分析，不难提出控制过冷石墨的途径：第一是增加碳当量，减缓冷却速度。碳当量只能在一定范围内变动，冷却速度的改变也受到一定的限制。碳当量过高会导致石墨片的粗大，严重割裂基体，引起石墨剥落，并使力学性能下降，同时，缸套在淬火后硬度也较低，影响使用寿命，所以这种措施不够理想。第二是充分地发挥孕育效果，强烈促进结晶过程中的石墨化。这是比较切实可行的，方法也比较简便。

为了充分地发挥硅铁的孕育效果，进行了晚期孕育处理。铁水除了在炉前按正常生产工艺加入 0.15%~75% Si 硅铁孕育外，在浇注前于定量坩埚（作浇包用）中或型内加入烘干的、粒度≤0.4mm 的硅铁粉，而后立即进行浇注。根据不同量硅铁孕育试验的结果表明，合适的加入量为铁水重量的 0.2%。经晚期孕育处理的缸套和同包铁水未经晚期孕育处理的缸套的金相组织比较如图 7-28 所示，从图中可以看出，经晚期孕育处理的整个缸套截面上完全消除了过冷石墨，石墨呈中等片状，比较均匀地分布在珠光体基体上。在多次金相组织检查中，没有发现未熔解的硅铁粉夹杂物。力学性能（从缸套上直接取样）也有较明显的提高。未经晚期孕育处理的缸套在 $\frac{1}{3}$ 截面处仍有过冷石墨，其他部位的石墨片则比较粗大。

 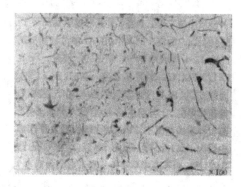

a   b

图 7-28　同一包铁水经晚期孕育和未经晚期孕育处理的缸套的金相组织
a—经晚期孕育处理；b—未经晚期孕育处理

所以在定量坩埚中或在型内孕育是实现晚期孕育并达到有效孕育作用的工艺措施。这一工序的操作时间很短，一般不超过 10s，能有效地避免孕育衰退现象，充分发挥硅铁的孕育作用，促使铁水在平衡条件下结晶凝固，防止过冷，并有利于在厚薄不匀的截面上得到均匀的组织，减少对截面的敏感性，细化并促进 A 型石墨的形成。

7.3.5　振动的影响

利用各种物理方法，如机械振荡和超声波振荡来控制合金的一次结晶，改善铸件组织，是提高铸件性能的新途径之一。但是由于能量传递损失过大，往铸件中传导振荡能量困难及设备复杂等问题，使得这些新方法还不能在生产上得到广泛应用。如利用交变电磁场直接使铸型中的金属产生运动，则可大大简化振荡设备。根据铸件形状及要求不同，可利用不同形式的电磁场，如旋转磁场、振荡磁场及超重电磁场等。铸件在超重电磁场作用下凝固时除气效果较好，细化晶粒，并使铸件致密。

7.4 铝合金多相合金凝固过程控制

纯铝总量中，有5%用来制造各种铝合金。铝合金一般分为铸造用和锻造用两大类。作为锻造用的铝合金首先必须易于变形加工，冷加工后的强度约为退火状态的2~3倍。对于铸造铝合金来讲，必须具备两个条件，第一是铸造性能好；第二是铸态具有相当的强度。所以从成分上考虑，锻造铝合金一般采用合金元素含量少的铝合金，而铸造铝合金一般采用合金元素含量高的低熔点的铝合金。本节只介绍铸造铝合金的凝固及组织。

铸造铝合金大致上有：Al-Cu系合金，Al-Zn系合金，Al-Si系合金，Al-Mg系和Al-Cu-Zn系以及Al-Cu-Si系合金等。

7.4.1 Al-Cu合金

Al-Cu合金中，含Cu量在4%~16%，铸造性能好，无论在室温和高温都具有相当高的强度。特别是在切削加工后，表面呈现美丽的光彩，广泛适用于砂型和金属型铸造。含Cu量在4%以下的合金凝固时收缩严重，含Cu量在16%以上的合金很脆，均不采用。

图7-29为Al-Cu相图的一侧。含铜量在54%时，形成Al_2Cu化合物，含铜量在70%时形成AlCu化合物。Al_2Cu与α固溶体可形成共晶，共晶温度为548℃，共晶点成分为33%Cu。Cu在Al中的固溶度，在共晶温度为5.6%，在500℃为3.4%，在400℃为1.25%，200℃为0.2%。但是在实际铸件中，因为冷却速度快，即使含铜在2.0%左右，在α树枝晶周围就出现共晶组织。这是固溶体凝固时经常见到的现象。例如在图7-30中的P%合金，在平衡条件下冷却时，到L点开始凝固，到S'点凝固终了，不出现共晶组织。但是在快冷时，温度到达L点，析出成分为S%的固溶体，温度继续下降到L'点，析出成分为S'%的固溶

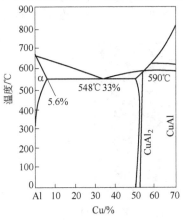

图7-29 Al-Cu相图一侧

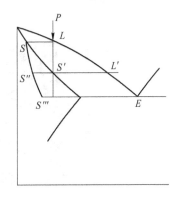

图7-30 Al-Cu相图一角

体。但是由于固溶体内外成分没有时间扩散均匀，所以其内部的成分为 $S\%$，而外部的成分为 $S'\%$，平均成分则变为 $S''\%$。结果固相平均成分线实际上为 $SS''S'''$ 线。因此 $P\%$ 合金在不平衡条件下会碰到实际的共晶线 $S''E$ 而进行共晶结晶，所以在组织中就出现了共晶组织。例如图 7-31 即为 Al-5% Cu 合金的一般铸态组织，在初生的 α(Al)树枝状晶间隙中存在 ($\alpha + Al_2Cu$) 两相共晶体。图 7-32 为把该合金固溶化淬火后的组织，Al_2Cu 基本上均已固溶 α（Al）中。如将固溶处理的合金在室温长期保存或加热至一定温度保温相当的时间，合金的内部组织、结构就将发生变化，并使其强度硬度得到提高，这个过程称为时效。对于 Al-Cu 合金而言，它的时效可经历四个阶段：过饱和固溶体→溶质（Cu）原子富集区，即 G. P. Ⅰ 区 （Guinier. Preston） → G. P. Ⅱ 区→亚稳中间相 Q′→稳定相 Q （$CuAl_2$）。图 7-33 为 Al-4% Cu 合金加热至 540℃ 固溶化处理后，在 200℃ 时效 3 天的电镜照片，图中平行排列的黑色片为 Q′ 亚稳中间相，它的成分接近于 Al_2Cu，具有正方晶格，并与基体保持局部共格联系。

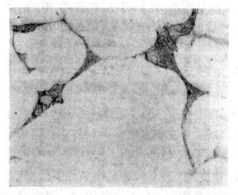

图 7-31　Al-5% Cu 合金的铸态组织

白色：α 固溶体；晶界上：（$\alpha + CuAl_2$）固溶体

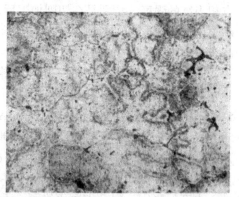

图 7-32　Al-4% Cu 合金经固溶强化

处理后的组织

（全部固溶于 α（Al）过饱和固溶体中）

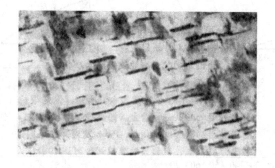

图 7-33　Al-4% Cu 合金铸件从 540℃ 淬火，再于 200℃

时效 3 天后的组织（电镜照片）（25000 ×）

化合物 $CuAl_2$ 是略带红的青白色，而 $CuAl$ 是灰白色的，二者不经浸蚀即可加以区别。如果用 20% 的硝酸溶液浸蚀时，$CuAl_2$ 变为褐色，则更好区别。

7.4.2　Al-Si 合金

Al-Si 合金很早以前就为人们所知，但是很长一段时间没有实用价值，其原因是由于这种合金为单一的共晶型合金，游离硅呈片状析出，而硅晶体本身极为脆弱，因而合金的力学性能很差。1921 年 Aladar Pacz 发现，如果用钠及其盐类对 Al-Si 合金进行处理时，能使硅晶体显著细化，铸件的抗拉强度可达196MPa 左右，伸长率可达 10%。从此以后人们就将具有未变质组织的这类合金叫做"未变质合金"，而将用变质剂处理过的细化了 Si 晶体的合金叫做"变质合金"。在美国把这种合金叫做"Alpax"，在法国叫做"Aladar"，在德国叫做"Silumin"，从此这种合金作为铸造合金而被广泛利用。

7.4.2.1　Al-Si 合金的凝固及显微组织

图 7-34 为一般的 Al-Si 系合金相图，共晶温度为 577℃，共晶成分为 12.6%，Si 在 Al 中的固溶度：在共晶温度时为 1.65%，在室温时为 0.1%左右。可是向这种合金中添加少量的 Na(0.1%左右)时，Si 的析出就推迟了，最大过冷度达230℃，如图中虚线所示。同时，共晶点也发生了移动，共晶成分的 Si 含量为 14%，共晶温度变成 564℃，组织也变得非常细小。图 7-35 为含硅 13.2% 的"未变质合金"的显微组织，为共晶

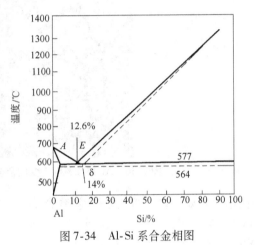

图 7-34　Al-Si 系合金相图

组织。图中灰色针状为共晶 Si，其余为共晶 α(Al)相。图 7-36 为用 Na 处理后的"变质合金"的显微组织。可见出现了 α(Al)的树枝状晶，而成为亚共晶组织，共晶组织中的白色基体为 α(Al)。

7.4.2.2　Al-5%Si 合金

在 Al-5%Si 合金中，杂质的含量限制在下列范围以下，Fe 1%以下，Cu 0.6%以下，Zn 0.2%以下，Mn 0.2%以下。因为是亚共晶合金，即使未经变质处理，组织也是相当细小的。

与这种合金相似的合金，成分为 Si 2%~5%，Mg 0.3%~2%，Mn 0.5%~1.0%，Ti 0~0.2%左右，其余为 Al。因 Mg 具有时效硬化能力，Mn 有使 $FeAl_3$、$Fe_2Si_2Al_3$ 等相的针状晶体粒状化的作用，而提高了抗腐蚀性能，Ti 有细化晶粒的

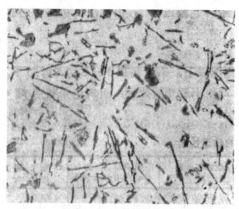

图 7-35　Al-13. 2%Si "未变质合金" 的显微组织 （100 ×）

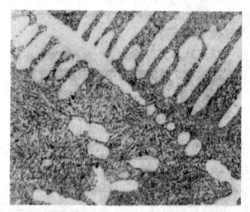

图 7-36　Al-13. 2%Si "变质合金" 的显微组织 （100 ×）

作用。例如，国外有两种这类合金，它们的成分如下：第一种，Si 2%，Mn 0. 7%，Mg 0. 6%，Ti 小于 0. 2%，Fe 小于 0. 45%，第二种，Si 5%，Mn 0. 7%，Mg 0. 6%，Fe 0. 6%。

7. 4. 3　Al-Cu-Si 合金

　　硅铝明合金组织致密，易于铸造，强度及流动性均比较好。但是弹性极限和疲劳极限较低，切削加工面无美丽的光彩，加工面以 Al-Cu 合金最好。所以为了弥补硅铝明合金的缺点，加入了 Cu，成为 Al-Cu-Si 合金。此三元合金的切削加工面比硅铝明合金的好，与 Al-Cu 合金比较，由于它的 （Al + Si） 共晶致密，所以流动性好，收缩率小，不易产生铸造裂纹，适合于铸造形状复杂的铸件。

　　图 7-37 为 Al-Cu-Si 三元系相图的富 Al 角，该系不形成三元化合物，与 Al 平衡的相是 $CuAl_2$ 和 Si，有 L（液相）→Al + $CuAl_2$ + Si 三元共晶，成分范围大致为 26%～31%Cu，5%～6. 5%Si，温度为 793 ～ 798K，最大可能为 27%Cu，5%Si，798K。图 7-37a 为液相线图。在固态存在三相 Al，$CuAl_2$ 和 Si，三种相随温度而

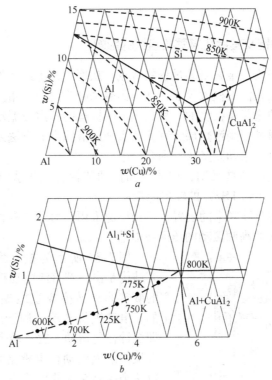

图 7-37　Al-Cu-Si 三元相图的富 Al 角
a—液相线；b—固态相分布图

变化的情况示于图 7-37b 中。Cu 在 Si 中和 Si 在 CuAl₂ 中的固溶度可能是微不足道的。在非平衡凝固时，甚至从液相淬火对合金的组织只有很小的影响。

　　实际使用的合金最多含 Cu 5%，Si 7% 左右。在 Al 初生晶的周围分布着（Al + Si）或（Al + CuAl₂）共晶及（Al + CuAl₂ + Si）三相共晶。

　　图 7-38 为 ZL107（Al-7% Si-4% Cu）合金的金属型铸态变质组织。白色树枝状晶为初生的 Al，在树枝间隙中分布着（Al + Si）二相共晶及（Al + Si + CuAl₂）三相共晶组织。

　　已经介绍了 Al-Cu 二元系合金具有时效硬化性能，所以 Al-Cu-Si

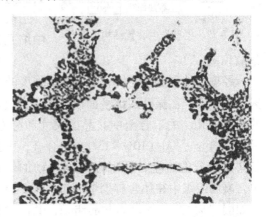

图 7-38　Al-7% Si-4% Cu 合金的显微组织

三元合金也同样具有时效硬化性能。一般于 550 ~ 520℃ 加热 1 ~ 2h 后水冷，在 140 ~ 160℃ 回火 21 ~ 48h，进行人工时效。铸态的布氏硬度为 55 ~ 70，经时效硬化后达 85 ~ 90。

7.4.4　振动能对铝及其合金凝固和组织的影响

　　利用振动能来改变金属凝固过程的特点，从而改善组织和性能，由于它的显著效果，已经引起人们的极大关注，并得到越来越广泛的应用。

　　提供振动能的途径是很多的，从高频率小振幅的超声波振动能到低频率大振幅的缓慢振动。通过使用耐热探针直接插入金属液体中的方法或通过部件接触铸型的间接方法均可把振动能量传递到合金中。

　　气体振动装置已经被采用，把冲击和振动装置装入铸造机内将提供大振幅（1 ~ 4cm）低频率（约 1Hz）的输出能量。

　　产生声波或超声波频率的装置也已经广泛采用。另外还常常使用磁致伸缩换能器产生 2 ~ 8kHz 的高频振动的压电换能器。

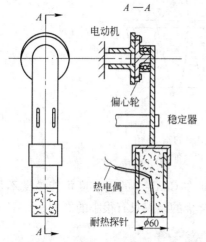

图 7-39　振动发生装置结构示意图

　　图 7-39 所示为振动发生装置的一种。其结构是由一部直流电动机和一套把电动机的旋转运动转换成直线振动的机构所组成的。电动机每转动一周产生一个振动周期，即探针往复运动一次，用带刻度盘的电阻器来控制通入电动机电枢磁场绕组中的电流，以达到控制频率的目的。

　　下面以 ZL102 为例分析振动对铝及其合金的影响。

　　这种合金没有凝固温度范围，凝固是在共晶温度 577℃ 下进行的。

　　在未振动的铸锭顶端只出现很浅的集中缩孔，看不到缩管，在铸锭内部存在着分散缩孔。

　　经振动处理过的铸锭，随着振动强度的增加集中缩孔有增大的趋势。在低的振动强度下，在振动端部平面以下形成大气泡的圆形缩孔。关于合金中共晶团尺寸和分布，因为该合金是 Al-（10% ~ 13%）Si 合金，大致是共晶成分的合金，所以在未经振动的铸锭中，凝固组织中往往含有少量的初生 Al，其形态如同"树枝"，其余为共晶组织，共晶团尺寸比较大。经振动处理的铸锭中，初生 Al 的树枝变得碎而分散。共晶团尺寸也减小了，计算结果示于图 7-40 中，所得之细化程度有限，

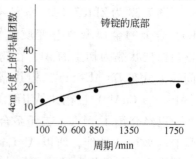

图 7-40　振动对 ZL102 合金共晶团尺寸的影响

共晶团尺寸仅比未振动铸锭中的小三分之一。更不如铝和其他合金的细化效果明显。这是由于此种成分的合金不易过冷，且不易受到振动的影响。

下面我们仍以 Al-8%Si 合金，ZL203 及 ZL102 为例，谈一谈振动对共晶 Si 析出形态的影响。

共晶 Si 的析出形态一般分为三种类型：

①型为呈平滑的或波浪式的片状长大并分枝，而成细枝状。

②型为内部呈不规则地互相连在一起的 Si 片，类似于铸铁中的片状石墨形态。这种类型通常出现在砂型铸件中。

③型为卷曲形的纤维状，这种形式的共晶 Si 出现在更快冷却的铸件中，类似于变质处理或金属型铸造所得到的形式。

在 ZL102 铸锭中，②型占优势，未振动铸锭中和经 100r/min 振动处理的铸锭至少占观察面积的 75%，剩余的为③型。随着振动的加强，在高频率下振动处理后，③型 Si 减少 5%，而且有在结构中出现①型 Si 的倾向。由此可以断定，通过振动，共晶团长大速度减小，通过振动③型和②型 Si 长大形式充分粗化。

在上述合金中，振动对 Fe 相的影响，大致是这样的：在显微组织中 $Fe_2Si_2Al_9$ 相一般呈现薄片状，而随振动强度的增大，有变厚的趋势。

振动对铝及其合金凝固及组织的影响，可以概括如下几点：

（1）振动处理具有细化晶粒的作用。这是由于晶核增加的结果，用单独的机构来解释核心增加的原因是困难的，也是片面的，一般认为有两种机构：1）树枝晶因振动而破碎，其碎晶块又成长为新的晶体，这对铝合金晶粒细化是很重要的一种机构；2）因振动空穴崩塌成核，结果使核心增加，晶粒细化。

（2）共晶团因振动而被细化。这是由于：1）振动促进了原子的扩散，因为振动有利于溶液的混合和对流；2）振动提高了液体金属的理论凝固温度，从而增大了过冷度。这两者都对细化共晶团起作用。

（3）收缩和气孔的分布一般地讲都受到有益的影响。这是由于振动有补缩和除气的作用所致。

7.4.5 压力对铝合金凝固过程、组织及性能的影响

据报道，近年来在高压力下凝固的铸造方法（人们称为"压实铸造"、"高压挤压铸造"或"液态金属挤压"），在国内外已获得越来越广泛的应用。用此种方法铸造的零件已达 200 种以上。钢、铸铁和有色金属及其合金都可以作为压实铸造用的材料。有人对铝合金、铅黄铜、锡青铜、不锈钢及工具钢等，在压力下铸造的凝固过程作了系统的研究，这里以 Al-Si 共晶合金 ZL102（成分为：Si 11.9%，Cu < 0.01%，Mg < 0.01%，Fe < 0.12%，Mn 0.01%，Ni < 0.01%，Zn 0.2%，Pb < 0.01%，Sn < 0.01%，Ti < 0.01%，余为 Al）为例来谈一谈压力

对其凝固过程、组织及机械、物理性能的影响。

下面介绍压力对 ZL102 显微组织和 Al-Si 相图的影响。

ZL102 合金在压力下凝固时，所观察到的显微组织变化如图 7-41 ~ 图 7-46 所示。

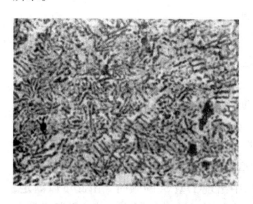

　　　　　　　a　　　　（100×）　　　　　　　　　　　*b*　　　　（1000×）

图 7-41　ZL102 合金在大气压下凝固的铸态显微组织

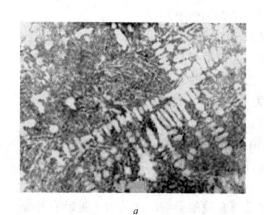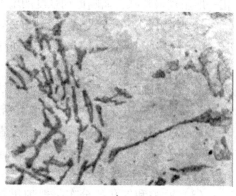

　　　　　　　a　　　　　　　　　　　　　　　　　　　　*b*

图 7-42　ZL102 合金在 68.95MPa 压力下凝固的铸态显微组织（100×）

由图清楚可见：

（1）随压力的增加，富铝 α 相的体积比增加了。

（2）随压力增加初生富铝 α 枝晶尺寸减小。

（3）在某些情况下（图 7-44*b*）初生枝晶破断。这种破断发生在共晶结晶之前，初生枝晶结晶期间。

（4）随压力增加共晶体的量减少。

（5）随压力增加在共晶体内的富硅相（β-硅）体积比增加。

（6）共晶体内的富硅相显著细化。

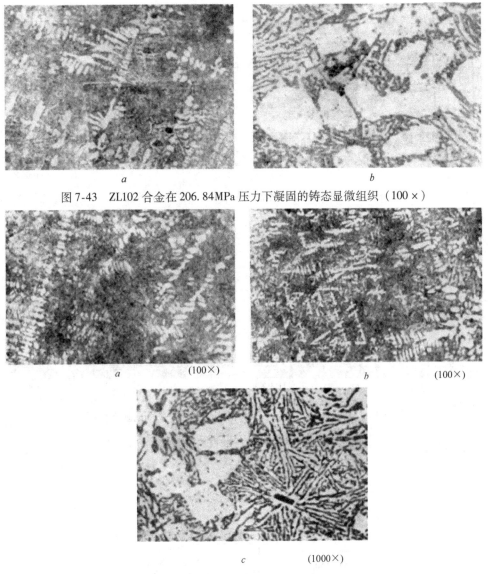

图 7-43   ZL102 合金在 206.84MPa 压力下凝固的铸态显微组织（100×）

图 7-44   ZL102 合金在 344.74MPa 压力下凝固的铸态显微组织

（7）当压力增加到一定程度时在组织中开始出现初晶硅颗粒，它的数量（在组织中的总体积比）随压力增加而增加。以上效果产生的原因大致分析如下：

铸件在加压条件下凝固，几乎完全消失了型壁与凝固中的金属之间的气隙（在一般铸造中有此气隙），导致凝固中的铸件散热速度的增加。另外，压力还提高合金的凝固温度，所测定出的压力对合金凝固冷却曲线的影响如图 7-47 所示。较高的凝固速度和液相线温度的升高，均将明显地改变合金的凝固过程的特征。初生铝枝晶长大速度的显著增加，致使该相在组织中的体积比增加。同时，

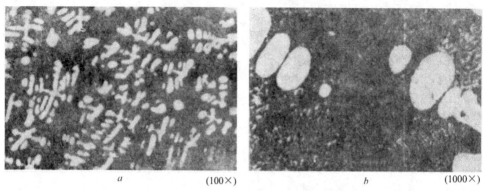

a (100×)　　　　　　b (1000×)

图 7-45　变质 ZL102 合金在大气压力下凝固的铸态组织

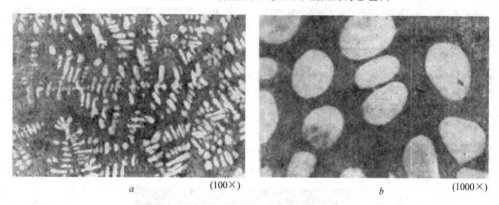

a (100×)　　　　　　b (1000×)

图 7-46　变质 ZL102 合金在 344.74MPa 压力下凝固的显微组织

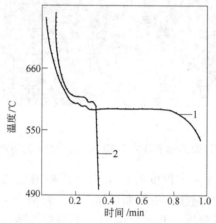

图 7-47　压力对 ZL102 合金凝固时间和温度的影响

凝固实验条件：1—大气压；2—压力 344.74MPa

由于缩短了结晶时间，使扩散过程受到限制，以致试样的局部区域变得富硅，从而导致这些部位达到过共晶成分。很显然，在这些部位析出了多面体形态的初生硅颗粒。

7.5　凝固方式

7.5.1　凝固区域的结构

铸件在凝固过程中，除纯金属和共晶成分合金外，断面上一般都存在三个区域，即固相区、凝固区和液相区。铸件的质量与凝固区域有密切的关系。图 7-48 是凝固区域结构示意图，其中凝固区域由倾出边界和补缩边界又分割成三个区域：

Ⅰ区（从液相边界到倾出边界）。这个区的特征为固相处于悬浮状态而未连成一片，液相可以自由移动，用倾出法做试验时，固体能够随液态金属一起被倾出。

Ⅱ区（从倾出边界到补缩边界）。这个区的特征为固相已经连成骨架，但液相还能在固相骨架间自由移动，这时某一部位的体积收缩能够得到其他部位液体的补充，而不至于产生缩孔或缩松。

Ⅲ区（从补缩边界到固相边界）。这个区的特征为固相不但连成骨架而且已经充分长大，存在于固相间隙中的少量液体被分割成一个个互不沟通的小"溶池"。这时液体再发生凝固收缩，不能得到其他液体的补缩。

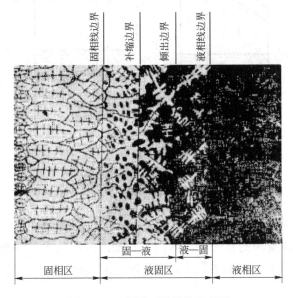

图 7-48　凝固区域结构示意图

根据以上的分析可以看出，对铸坯质量影响最大的是Ⅲ区的宽度。可以推断凝固区域越宽，则Ⅲ区的宽度也就越宽。

7.5.2　铸件的凝固方式

一般将金属的凝固方式分为三种类型：逐层凝固方式（skin-forming solidification），体积凝固方式（volume solidification），或称糊状凝固方式（mushy solidification），以及中间凝固方式（middle solidification）。凝固方式取决于凝固区域的宽度，而凝固区域的宽度取决于合金的结晶温度范围和冷却强度。

7.5.2.1　逐层凝固

图 7-49a 为恒温下结晶的纯金属或共晶成分合金某瞬间的凝固情况。t_C 是结晶温度，T_1 和 T_2 是铸件断面上两个不同时刻的温度场。从图中可观察到，恒温下结晶的金属，在凝固过程中其铸件断面上的凝固区域宽度为零。断面上的固体和液体由一条界线（凝固前沿）清楚地分开。随着温度的下降，固体层不断加厚，逐步达到铸件中心。这种情况为逐层凝固方式。

如果合金的结晶温度范围（crystallization temperature interval）很小，或断面温度梯度（temperature gradient）很大时，铸件断面的凝固区域则很窄，也属于逐层凝固方式（图 7-49b）。

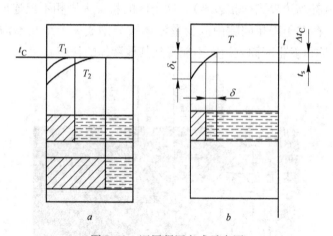

图 7-49　逐层凝固方式示意图

7.5.2.2　体积凝固

如果因铸件断面温度场较平坦（图 7-50a），或合金的结晶温度范围很宽（图 7-50b），铸件凝固的某一段时间内，其凝固区域几乎贯穿整个铸件断面时，则在凝固区域里既有已结晶的晶体，也有未凝固的液体，这种情况为体积凝固方式或称为糊状凝固方式。

7.5.2.3　中间凝固

如果合金的结晶温度范围较窄（图 7-51a），或者铸件断面温度梯度较大（图 7-51b），铸件断面上的凝固区域宽度介于前两者之间时，称为中间凝固方式。

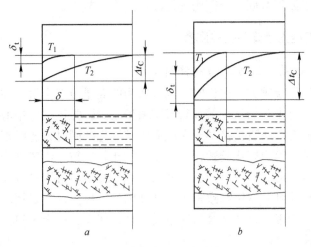

图 7-50 体积凝固方式示意图

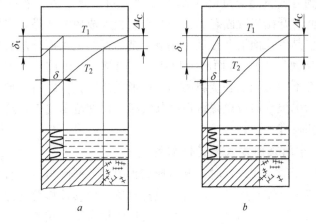

图 7-51 中间凝固方式示意图

7.5.3 影响凝固方式的因素

铸件的凝固方式取决于凝固区域宽度，凝固区域宽度又由合金结晶温度间隔和铸件断面温度梯度两个因素决定。这两个因素共同影响着凝固方式。

在铸件断面温度梯度相近的情况下，结晶温度间隔越大则凝固区域越宽。合金的结晶温度间隔确定后，凝固区域宽度主要取决于温度梯度。当温度梯度很大时，宽结晶温度间隔的合金可以由较小的凝固区域，趋于中间凝固甚至逐层凝固。当温度梯度很小时，凝固区域宽度一般较大，甚至趋于体积凝固。

一般而言，有一定结晶温度间隔的合金其凝固区域的最大温度降等于其结晶温度间隔。在铸件凝固期间，若始终保持最大温度降小于结晶温度间隔，则铸件的凝固方式趋于体积凝固，否则为逐层凝固或中间凝固。

7.5.4　铸件的凝固方式与铸件质量

7.5.4.1　逐层凝固方式与铸件质量

铸件在以逐层凝固方式进行时，浇入铸型的高温液态金属，在型壁吸热和传导散热作用下，首先开始从接触和靠近型壁处凝固，并逐层向中心部延伸，其凝固前沿总是和液态金属直接接触，在凝固收缩发生的同时，随时都得到液态金属的补充，所得到的组织就比较致密，力学性能比较优越。当铸件最后凝固区域内液态金属凝固时，由冒口内的液态金属来补充，在最后凝固的冒口中心部位形成集中缩孔，这样就可获得组织致密无缩孔缺陷的铸件。这就是逐层凝固方式容易形成集中缩孔，而集中缩孔又容易通过设置冒口使其迁移至冒口区域，从而获得优质铸件的道理。

7.5.4.2　体积凝固方式和铸件质量

对这种凝固方式，当温度降至凝固温度区间，会在整个液态金属的各个部位，差不多是同时开始出现固态晶核，并自由长大成树枝状晶。当树枝晶长大到某程度时，树枝晶生长前沿会接近于接触，把尚存的金属液分割成相互似通非通的微区（常用熔池表述），进而成为相互不通的微区，由此再凝固收缩，至最后完全凝固时，都不能得到液态金属的弥补而形成微缩孔，即铸件形成较大范围的缩松。而这种情况很难通过设置冒口将其转移至铸件范围之外，这样就难以获得组织致密的优质铸件。

7.5.4.3　中间凝固方式和铸件质量

铸件按中间凝固方式进行时，既有形成集中缩孔的倾向，又有形成分散缩松的一面。对形成集中缩孔而言，可合理设置冒口，使其转移至铸件范围以外的冒口区；对于形成分散缩松而言，因为其程度比体积凝固方式要小得多，通过加大冷却速度，强化逐层凝固倾向，一般说来，也可获得组织致密且无缩孔的优质铸件。

8 常见的凝固缺陷及控制

凝固缺陷是金属在冷却凝固过程中极易出现的一类缺陷，它们以不同的类型和形态存在于固态金属中，对金属的性能产生不同程度的影响。本章主要介绍偏析、缩孔与缩松、裂纹、气孔和非金属夹杂等重要凝固缺陷的形成机理、影响因素及控制措施。

8.1 成分偏析

合金在凝固过程中发生的化学成分不均匀现象称为偏析。偏析主要是由于合金在凝固过程中溶质再分配和扩散不充分引起的。根据偏析范围的不同，可将偏析分为微观偏析和宏观偏析两大类。它们对合金的力学性能、切削加工性能、抗裂性能以及耐腐蚀性能等有着不同程度的损害。偏析现象也有有益的一面，如利用偏析现象可以净化或提纯金属等。微观偏析是指微小范围（约一个晶粒范围）内的化学成分不均匀现象，按位置不同可分为晶内偏析（枝晶偏析）和晶界偏析。宏观偏析是指凝固断面上各部位的化学成分不均匀现象，按其表现形式可分为正常偏析、逆偏析、重力偏析等。

偏析还可根据合金各部位的溶质浓度 C_S 与合金原始平均浓度 C_0 的偏离情况分类。凡 $C_S > C_0$ 者，称为正偏析；$C_S < C_0$ 者，称为负偏析。这种分类对微观偏析和宏观偏析均适用。

8.1.1 微观偏析

8.1.1.1 晶内偏析

晶内偏析是在一个晶粒内出现的成分不均匀现象，常产生于具有结晶温度范围、能够形成固溶体的合金中。对于溶质分配系数 $k_0 < 1$ 的固溶体合金，晶粒内先结晶部分含溶质较少，后结晶部分含溶质较多。这种成分不均匀性就是晶内偏析。而金属的结晶多以枝晶方式长大，所以这种偏析多呈树枝状，先结晶的枝轴与后结晶的枝轴间成分不同，又称为枝晶偏析。

晶内偏析程度取决于合金相图的形状、偏析元素的扩散能力和冷却条件：

（1）合金相图上液相线和固相线间隔越大，则先、后结晶部分的成分差别越大，晶内偏析越严重。如青铜（Cu-Sn 合金）结晶的成分间隔和温度间隔都比较大，故偏析严重。

（2）偏析元素在固溶体中的扩散能力越小，晶内偏析倾向就越大。如硅在钢中的扩散能力大于磷，故硅的偏析程度小于磷。

（3）在其他条件相同时，冷却速度越大，则实际结晶温度越低，原子扩散能力越小，晶内偏析越严重。

但另一方面，随着冷却速度的增加，固溶体晶粒细化，晶内偏析程度减轻。因此，冷却速度的影响应视具体情况而定。

微观偏析的量化指标通常采用偏析比：

$$q = \frac{w_{C_{\max}}}{w_{C_{\min}}} \tag{8-1}$$

式中，$w_{C_{\max}}$、$w_{C_{\min}}$分别为凝固组织中溶质质量分数的最大值和最小值。q越大，表示偏析越严重。

偏析率 η 是描述偏析的另一个定量指标，定义为：

$$\eta = \frac{w_C - w_{C_0}}{w_{C_0}} \tag{8-2}$$

式中，w_C 为某特定位置的溶质质量分数；w_{C_0} 为合金中溶质的平均质量分数。采用偏析率可以对凝固组织中不同位置的偏析进行定性及定量表示。

晶内偏析的危害是使晶粒内部成分不均匀，导致合金的力学性能降低，特别是塑性和韧性降低。此外，晶内偏析还会引起合金化学性能不均匀，使合金的抗蚀性能下降。

晶内偏析是一种不平衡状态，在热力学上是不稳定的。如果采取一定的工艺措施，使溶质充分扩散，就能消除晶内偏析。生产上常采用扩散退火或均匀化退火来消除晶内偏析，即将合金加热到低于固相线 100~200℃ 的温度，进行长时间保温，使偏析元素进行充分扩散，以达到均匀化的目的。

8.1.1.2　晶界偏析

在合金凝固过程中，溶质元素和非金属夹杂物常富集于晶界，使晶界与晶内的化学成分出现差异，这种成分不均匀现象称为晶界偏析。

晶界偏析的产生一般有两种情况：

（1）两个晶粒并排生长，晶界平行于晶体生长方向。由于表面张力平衡条件的要求，在晶界与液相的接触处出现凹槽（见图 8-1a），此处有利于溶质原子的富集，凝固后就形成了晶界偏析。

（2）两个晶粒相对生长，彼此相遇而形成晶界（见图 8-1b）。晶粒结晶时所排出的溶质（$k_0 < 1$）富集于固—液界面，其他的低熔点物质也可能被排出在固—液界面。这样，在最后凝固的晶界部分将含有较多的溶质和其他低熔点物质，从而造成晶界偏析。

固溶体合金凝固时，若成分过冷不大，会出现一种胞状结构。这种结构由一

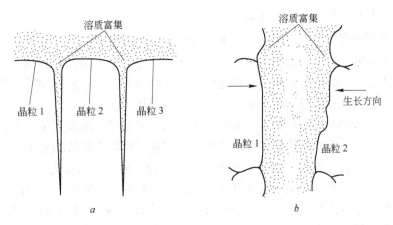

图 8-1 晶界偏析

系列平行的棒状晶体组成，沿凝固方向长大，呈六方断面。当 $k_0 < 1$ 时，六方断面的晶界处将富集溶质元素，如图 8-2 所示。这种偏析又称为胞状偏析。实质上，胞状偏析属于亚晶界偏析。

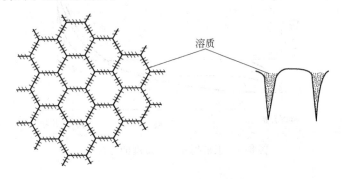

图 8-2 胞状偏析

　　晶界偏析比晶内偏析的危害性更大，它既能降低合金的塑性和高温性能，又能增加热裂倾向，因此必须加以防止。生产中预防和消除晶界偏析的方法与晶内偏析所采用的措施相同，即细化晶粒、均匀化退火。但对于氧化物和硫化物引起的晶界偏析，即使均匀化退火也无法消除，必须从减少合金中氧和硫的含量入手。

8.1.2 宏观偏析

　　宏观偏析也称为"区域偏析"，指金属铸锭（铸件）中各宏观区域化学成分不均匀的现象。包括正常偏析、反常偏析和比重偏析。宏观偏析造成铸锭（铸件）组织和性能的不均匀性。它和材料本性、浇铸条件、冷却条件等许多因素有关，虽然无法绝对避免，但应当控制在一定范围之内。

8.1.2.1　正常偏析与逆偏析

当合金的溶质分配系数 $k_0 < 1$ 时，凝固界面的液相中将有一部分溶质被排出，随着温度的降低，溶质的浓度将逐渐增加，越是后来结晶的固相，溶质浓度越高。当 $k_0 > 1$ 时则与此相反，越是后来结晶的固相，溶质浓度越低。按照溶质再分配规律，这些都是正常现象，故称为正常偏析。

正常偏析随凝固条件的变化如图 8-3 所示。可见在平衡凝固条件下，溶质的分布是均匀的，无偏析现象发生。当固体内溶质无扩散或扩散不完全时，铸件中出现了严重偏析，凝固开始时，在冷却端结晶的固体溶质浓度为 $k_0 C_0$（$k_0 < 1$），随后结晶出的固相中溶质浓度逐渐增加，而在最后凝固端的凝固界面附近，固相溶质的浓度急剧上升。正常偏析随着溶质偏析系数 $|1 - k_0|$ 的增大而增大。但对于偏析系数较大的合金，当溶质含量较高时，合金倾向于体积凝固，正常偏析反而减轻，甚至不产生正常偏析。

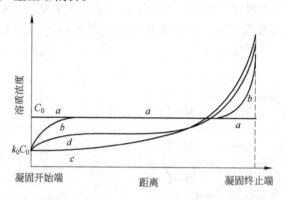

图 8-3　正常凝固溶质浓度的分布规律

正常偏析的存在使铸件性能不均匀，随后的加工和处理也难以根本消除，故应采取适当措施加以控制。利用溶质的正常偏析现象，可以对金属进行精炼提纯。"区熔法"就是利用正常偏析的规律发展起来的。

铸件凝固后常出现与正常偏析相反的情况，即 $k_0 < 1$ 时，铸件表面或底部含溶质元素较多，而中心部位或上部含溶质较少，这种现象称为逆偏析。图 8-4 是 Al-7.4Cu 合金的逆偏析示意图。

一般情况下，结晶温度范围宽的固溶体合金和粗大的树枝晶易产生逆偏析，缓慢冷却时逆偏析程度增加。若液态合金中溶解有较多的气体，则在凝固过程中将促进逆偏析的形成。

由于逆偏析会降低铸件的力学性能、气密性和切削加工性能。在于结晶温度范围宽的固溶体型合金，在缓慢凝固时易形成粗大的树枝晶，枝晶相互交错，枝晶间富集着低熔点相，当铸件产生体收缩时，低熔点相将沿着树枝晶间向外移

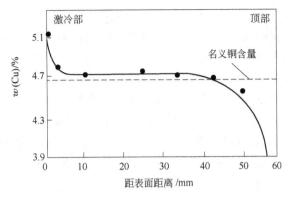

图 8-4　Al-Cu 合金的逆偏析

动。向合金中添加细化晶粒的元素，减少合金的含气量，有助于减少或防止逆偏析的形成。

8.1.2.2　V 形偏析和逆 V 形偏析

在凝固初期，首先是柱状晶长大，随着液相穴温度的降低，等轴晶开始长大，发生了柱状晶向等轴晶的转变，此时铸坯中心仍为液体，在对流作用下液相中仍有少量固相，形成一个仍有流动性质的二相区。当二相区流动性质消失后，由于重力和凝固收缩的作用，发生等轴晶的滑动，并形成流动通道。这些通道位于沿浇注方向的 V 形锥体区，晶间浓化的钢液通过这些通道流下，在最后凝固时形成 V 形偏析。V 形偏析和逆 V 形偏析如图 8-5 所示。

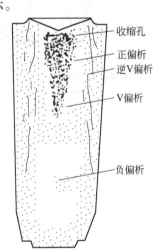

在凝固的中心区域为细等轴晶。偏析是由于钢锭中心向上移动的形发生凝固收缩引起的等轴晶塌落所致。钢锭锥度越小，形区高度越高，狭窄间隙中的补缩越困难。结果收缩应力越易使晶体间形成裂纹产生完全或部分被富集溶质液体补充的空隙。故 V 形偏析形成的原因有以下两个：

（1）金属静压力使铸件中心等轴晶区沿解理面形成热裂。这些裂纹随后被沿固—液界面虹吸的富集溶质充填。

（2）富集溶质的液体在凝固最后阶段被等轴晶包围，并缺少足够的液体弥补凝固收缩。没有支撑的枝晶凹陷下沉，所包围的偏析液体形成 V 形偏析。

V 形偏析的防止方法：钢锭中的通道 V 形偏析是由于凝固过程中糊状区富集溶质的液相沿枝晶间

图 8-5　铸锭产生 V 形和逆 V 形偏析部位示意图

隙流动所引起。流体流动主要受导热条件、合金成分及工艺等因素的影响。因此，控制钢锭中的 V 偏析必须从这些方面优先着手如增加冷却速度、添加适当的合金元素改变锭模结构等可减少或防止 V 形偏析。其次，减少钢中偏析元素和气体的含量以及控制合适的注温、注速等也是减少偏析的主要措施。

而以往人们关于防止 V 形偏析的经验大多是从生产实践中摸索出来的，现从糊状区对流理论进一步对这些研究加以分析、总结。糊状区中的流体稳定性取决于温度、浓度梯度相对于重力场的取向。显然，当温度、浓度稳定分布时，流体稳定（不考虑交互扩散）。另外，流体的稳定性可由 Ra 或 Gr 确定。对一定成分的合金，Ra 或 Gr 主要取决于糊状区渗透率及宽度。根据通道偏析的形成机理，最后也可用上述措施限制枝晶间局部流动，以防止 V 形偏析的形成。

8.1.2.3　带状偏析

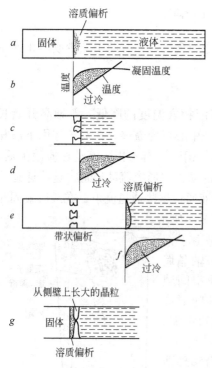

图 8-6　带状偏析形成机理图

带状偏析常出现在定向凝固的铸锭或厚壁铸件中，有时是连续的，有时则是间断的。带状偏析的形成特点是它总是和凝固的液—固界面相平行，并沿着凝固方向周期性地出现。

带状偏析的形成机理可用图 8-6 加以说明。当金属液中溶质的扩散速度小于凝固速度时，如图 8-6a 所示，在固—液界面前沿出现偏析层使界面处过冷度降低（见图 8-6b），界面生长受到抑制，但在界面上偏析度较小的地方晶体将优先生长穿过偏析层，并长出分枝，富溶质的液体被封闭在枝晶间。当枝晶继续生长并与相邻枝晶连接一起时，再一次形成宏观的平界面（见图 8-6c）。此时，界面前沿液体的过冷如图 8-6d 所示。平界面均匀向前生长一段距离后，又出现偏析和界面过冷（见图 8-6e、f），界面生长重新受到抑制。如此周期性地重复，在定向凝固的铸锭纵断面就

形成一条一条的带状偏析。此外，当固—液界面过冷度降低生长受阻时，如果界面前沿过冷度足够大，则可能由侧壁形成新晶粒，并在界面局部突出生长前很快长大而横穿富溶质带前沿，将其封闭在界面和新晶粒之间，于是也形成带状偏析，如图 8-6g 所示。

显然，带状偏析的形成与固—液界面溶质偏析引起的成分过冷有关。溶质偏析系数大，带状偏析越容易形成。如减少溶质的含量，采取孕育措施细化晶粒，加强固—液界面前的对流和搅拌，均有利于防止或减少带状偏析的形成。但对于

希望通过定向凝固以得到柱状晶组织的铸锭或铸件来说，应主要采用降低凝固速度和提高温度梯度等措施来防止或减少带状偏析。

8.1.2.4　重力偏析

在合金凝固过程中，如果初生的晶体与余下的溶液之间比重差较大，这些初生晶体在溶液中便会下沉或上浮。由此所形成的化学成分不均匀现象称为重力偏析，也称为比重偏析。

重力偏析是由于重力作用而出现的化学成分不均匀现象，通常产生于金属凝固前和刚刚开始凝固之际。当共存的液体和固体或互不相溶的液相之间存在密度差时，将会产生重力偏析。例如，Cu-Pb 合金在液态时由于组元密度不同存在分层现象，上部为密度较小的 Cu，下部为密度较大的 Pb，凝固前即使进行充分搅拌，凝固后也难免形成重力偏析。Sn-Sb 轴承合金也易产生重力偏析，铸件上部富 Sb，下部富 Sn。

防止或减轻重力偏析的方法主要有三种：

（1）加快铸件的冷却速度，缩短合金处于液相的时间，使初生相来不及上浮或下沉。

（2）加入能阻碍初晶沉浮的合金元素。例如，在 Cu-Pb 合金中加少量 Ni，能使 Cu 固溶体枝晶首先在液体中形成枝晶骨架，从而阻止 Pb 下沉。再如向 Pb-17Sn 合金中加入质量分数为 1.5% 的 Cu，首先形成 Cu-Pb 骨架，也可以减轻或消除重力偏析。

（3）浇注前对液态合金充分搅拌，并尽量降低合金的浇注温度和浇注速度。

8.2　凝固收缩及凝固组织致密度的控制

液态金属浇入铸型后，由于铸型的吸热，金属温度下降，空穴数量减少，原子间距离缩短，液态金属的体积减小。温度继续下降时，液态金属凝固，发生由液态到固态的状态变化，原子间距离进一步缩短；金属凝固完毕后，在固态下继续冷却时，原子间距离还要缩短。铸件在液态、凝固态和固态的冷却过程中，所发生的体积减小现象称为收缩。因此，收缩是铸造合金本身的物理性质。收缩是铸件中许多缺陷如缩孔、缩松、热裂、应力、变形和冷裂等产生的基本原因。因此，它是获得符合要求的几何形状和尺寸，以及致密优质铸件的重要铸造性能之一。

在铸锭中部、头部、晶界及枝晶间等地方，常常有一些宏观和显微的收缩孔洞，统称为缩孔。容积大而集中的孔洞称为集中缩孔；细小而分散的孔洞称为分散缩孔或缩松，其中出现在晶界或枝晶间的缩松又称为显微缩松。缩孔和缩松的形状不规则，表面不光滑，故易与较圆滑的气孔相区别。但铸锭中有些缩孔常为析出的气体所充填，孔壁表面变得较平滑，此时既是缩孔也是气孔。

集中缩孔是铸锭顺序凝固的条件下，由金属的体收缩（相变收缩和温度收缩的统称）引起的。因金属液态和凝固体收缩造成的孔洞得不到金属液的补充而产生，多出现在铸锭的中部和头部。图 8-7 是集中缩孔形成过程示意图。

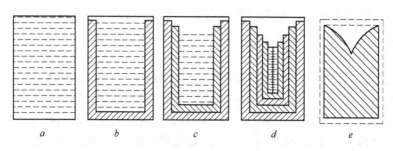

图 8-7　集中缩孔形成过程示意图

形成缩松的原因同于缩孔，但形成的条件有所不同。一般是在同时凝固的条件下，最后凝固的地方因收缩造成的孔洞得不到金属的补缩而产生。缩松分布面广，铸锭中轴线附近尤为严重。缩松的形成过程如图 8-8 所示。

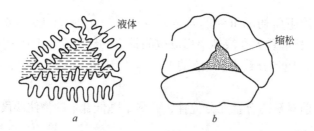

图 8-8　缩松形成过程示意图

任何形态的缩孔或缩松都会减小铸锭受力的有效面积，并在缩孔和缩松处产生应力集中，因而显著降低铸锭的力学性能。加工时缩松一般可以复合，但聚集有气体和非金属夹杂物的缩孔不能压合，只能伸长，甚至造成铸锭沿缩孔轧裂或分层，在退火过程出现起皮、起泡等缺陷，降低成材率和产品的表面质量。产生缩孔和缩松的最直接原因，是金属凝固时发生的凝固体收缩。因此，有必要了解收缩过程及其影响因素。

8.2.1　凝固收缩率

致密的凝固组织是优质铸件与铸锭的主要标准之一。导致凝固组织不致密的主要原因是缩松和气孔，二者通常是相互影响的。凝固收缩可能促使气孔的形成。凝固过程体积收缩的分析是研究凝固组织致密度的基础。凝固过程的收缩包括液相和固相冷却过程的冷缩以及液 → 固转变时的相变收缩。膨胀系数是表征液相及固相冷却过程收缩的基本参量。其线胀系数 α_l 和体胀系数 α_V 分别定义为：

$$\alpha_1 = \frac{1}{l_0} \frac{\mathrm{d}l}{\mathrm{d}T} \tag{8-3}$$

$$\alpha_V = \frac{1}{V_0} \frac{\mathrm{d}V}{\mathrm{d}T} \tag{8-4}$$

式中，l_0 为试样原始长度；T 为温度；V_0 为试样原始体积。

显然，α_1 只对固相才有意义。

对凝固组织致密度影响最大的是凝固过程的相变收缩，常用凝固收缩率 β 表征。

单质的凝固通常是在恒定的温度下完成的，凝固收缩率 β 定义为：

$$\beta = \frac{V_L - V_S}{V_L} = 1 - \frac{V_S}{V_L} \tag{8-5}$$

式中，V_L、V_S 分别为凝固前的液相和凝固后的固相的体积。

由于凝固过程中体系的质量不变，因此式（8-5）可写为：

$$\beta = 1 - \frac{\rho_{Le}}{\rho_{Se}} \tag{8-6}$$

式中，ρ_{Le}、ρ_{Se} 分别为在凝固温度下液相和固相的密度。

由于多元合金的凝固是在一定的温度范围内进行的，ρ_{Le}、ρ_{Se} 均为温度和溶质浓度的函数，并且析出固相又可能是多相的，因而式（8-6）不足以反映合金凝固收缩的实际情况，应当根据需要引入新的定义。凝固收缩率的定义可分为以下几种情况。

8.2.1.1 等温收缩率

图 8-9 所示为二元（A、B）共晶系合金凝固过程与成分的变化情况。溶质质量分数为 w_{C_0} 的合金在凝固温度范围内某一温度 T 下，析出的固相溶质质量分数为 w_S，这一过程的凝固收缩率定义为等温收缩率 β_T：

$$\beta_T = 1 - \left(\frac{\rho_L}{\rho_S}\right)_T \tag{8-7}$$

式中，ρ_L、ρ_S 为温度 T 下的液相和固相密度。

在封闭体系中，由于选择结晶导致固相和液相成分的变化，从而引起凝固温度的变化。因此，等温凝固仅在凝固体系有物质交换的开放体系中才能发生。

8.2.1.2 多相合金凝固收缩率

以共晶合金凝固为例，其凝固过程是在恒定的温度下同时析出 α 和 β 两相。设 α 和 β 相的密度分别为 ρ_α、ρ_β，固相平均密度则为：

$$\rho_{\alpha+\beta} = \rho_\alpha(1 - \varphi_\beta) + \rho_\beta \varphi_\beta \tag{8-8}$$

式中，φ_β 为 β 相的体积分数，可根据杠杆定律由相图确定。

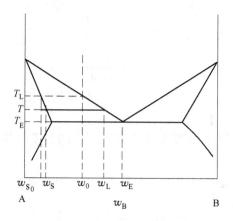

图 8-9 二元共晶系合金凝固过程与成分的变化情况

T_L —液相线温度；T_E —共晶温度；

w_{S_0} —与液相 w_0 平衡的固相溶质质量分数；w_S —在温度为 T 时与溶质质量分数；

w_L —液相平衡的固相溶质质量分数；w_E —共晶中溶质质量分数

因此共晶合金 w_E 凝固过程总的收缩率 β_E 为：

$$\beta_E = 1 - \frac{\rho_L}{\rho_{\alpha+\beta}} = 1 - \frac{\rho_L}{\rho_\alpha(1 - \varphi_\beta) + \rho_\beta\varphi_\beta} \tag{8-9}$$

8.2.1.3 实际凝固收缩率

在固溶体合金的实际凝固过程中温度和成分同时变化，除了凝固收缩外，还有冷却收缩的作用，整个凝固过程总的收缩率为：

$$\beta_\Sigma = \frac{\Delta V}{V_0} \tag{8-10}$$

式中，V_0 为在液相线温度下的液相总体积；ΔV 为整个凝固过程中的体积收缩，可采用式（8-11）估算：

$$dV = V_0[-\varphi_L\alpha_{VL}dT - (1 - \varphi_L)\alpha_{VS}dT + \beta_0 d\varphi_S] \tag{8-11}$$

式中，α_{VL}、α_{VS} 分别为液相和固相的体胀系数；φ_L、φ_S 分别为液相和固相的体积分数；β_0 为液固相变收缩率。

假定液相分数的变化可用 Scheil 方程计算，并且已知 $dT/dw_L = m_L$ 为液相线的斜率，式（8-11）可写为：

$$dV = V_0\left\{-m[\alpha_{VS} + (\alpha_{VL} - \alpha_{VS})\varphi_L] - \beta_0\frac{d\varphi_L}{dw_L}\right\}dw_L \tag{8-12}$$

式中，V 为体积；V_0 为合金液原始体积；m 为液相线斜率。

设合金为共晶系的端部固溶体，则初生固相的体积分数为：

$$\varphi_\alpha = 1 - \left(\frac{w_E}{w_{C_0}}\right)^{\frac{-1}{1-k}} \tag{8-13}$$

式中，w_{C_0} 为合金原始溶质质量分数。

在凝固温度范围内将 α_{VL}、α_{VS}、m、β_0 近似取为常数，则凝固过程总的体积收缩可通过对式（8-12）的积分得到：

$$\Delta V = V_0 \int_{w_{C_0}}^{w_L} \left\{ -m\left[\alpha_{VS} + (\alpha_{VL} - \alpha_{VS})\varphi_L \right] - \beta_0 \frac{d\varphi_L}{dw_L} \right\} dw_L + V_0 \beta_E \varphi_E$$

$$= -V_0 m \left\{ \alpha_{VS}(w_E - w_{C_0}) + (\alpha_{VL} - \alpha_{VS})\left(1 - \frac{1}{k}\right) \times \left[\left(\frac{w_{C_0}}{w_E}\right)^{\frac{k}{1-k}} - 1 \right] \right\} + V_0 \beta_E \varphi_E$$

$$(8\text{-}14)$$

此处假设合金为共晶系端部固溶体合金。式中 $-V_0 m \left\{ \alpha_{VS}(w_E - w_{C_0}) + (\alpha_{VL} - \alpha_{VS})\left(1 - \frac{1}{k}\right) \times \left[\left(\frac{w_{C_0}}{w_E}\right)^{\frac{k}{1-k}} - 1 \right] \right\}$ 为固溶体合金凝固过程的收缩率，第二项为残余共晶的凝固收缩率。由式（8-10）和式（8-14）可以进行凝固过程实际收缩率的计算。

8.2.2　缩松的形成与控制

除极少数金属以外，收缩是凝固过程伴随的必然现象，然而凝固收缩是否会导致缩松的形成则与凝固条件相关。凝固收缩若能得到液相的及时补充则可防止缩松的形成。凝固过程中的补缩通道是否畅通是决定缩松形成的关键因素。

在定向凝固过程中，如果凝固以平面状或胞状方式进行，液相的补缩通道始终是畅通的，凝固收缩得到液相的及时补充而不形成缩松。凝固在整个铸件中始终以糊状方式进行时，任何局部都得不到别处液相的补充，凝固收缩均以缩松的形式存于凝固组织中。实际凝固过程往往介于二者之间。在凝固过程中铸件截面上的状态如图8-10所示，液相分数自固相面向液相面逐渐增大，可划分为三个区域，在靠近液相区的部分（称为Ⅰ区），固相尚未形成骨架，凝固收缩通过液相的流动和固相的运动得到补缩。在中间区（称为Ⅱ区），固相虽已形成骨架而不能运动，但枝晶间液相的流动通道仍是畅通的，凝固收缩可以得到液相补充。在靠近固相的区域（称为Ⅲ区），液相被枝晶分割、封闭，其中的残余液相凝固产生的收缩得不到补充而形成孔洞（缩松）。显然，凝固区间越大，枝晶越发达，被封闭的残余液相就越多，形成的缩松就越严重。

缩松是铸件凝固组织中的一种重要缺陷，其严重程度的量化指标是其存在的区间大小和空隙的体积分数（空隙率）。设残余液相被隔离时的临界固相体积分数为 φ_S，凝固收缩率为 β，则可以求出缩松区的空隙率 η_S 为：

$$\eta_S = \beta(1 - \varphi_S) \tag{8-15}$$

决定缩松形成倾向和程度的主要因素是：

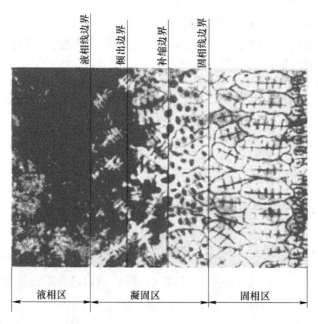

液相线边界

倾出边界

补缩边界

固相线边界

液相区　　凝固区　　固相区

图 8-10　铸件凝固过程中截面上的状态示意图

（1）凝固组织形态。当凝固以平面状或胞状方式逆热流方向进行时，利于液相的补缩。相反，当凝固以发达的枝晶进行时，补缩较困难。而当凝固以等轴晶方式进行时，补缩更难。

（2）凝固区的宽度。凝固区的宽度越大，补缩通道就越长，补缩的阻力也越大，补缩就越困难。

在小的生长速度和大的温度梯度下，可能获得胞状，乃至平面状凝固界面，利于液相的补缩。同时，在大的温度梯度下，凝固区窄，枝晶间距大，补缩通道短，利于补缩。在工程上可用凝固区的温度梯度作为判断缩松形成的条件，并可在经验的基础上找出定量规律。

（3）凝固方式。枝晶凝固过程的补缩条件还与铸件形状相关。对于图 8-11 所示的平板铸件两侧同时凝固的情况，自两侧生长的枝晶在铸件中心相遇时阻止了来自顶部液相的补缩。因此对于这种情况，控制不同高度处的凝固速率以保证补缩通道的畅通是很重要的。

（4）合金液中的气体。通常液态合金中存在着溶解的气体，这些气体在固相中的溶解度远小于其在液相中的溶解度。因而在凝固过程中将发生气体的析出，可能形成孔洞。枝晶间液相的凝固收缩产生的真空，促使液态金属补缩，然而，也会促使合金液中气体的析出。气体析出的条件是析出气泡内的各种气体的分压力总和 $\sum p_G$ 大于气泡外压力的总和 p_E，即

$$\sum p_G > p_E \tag{8-16}$$

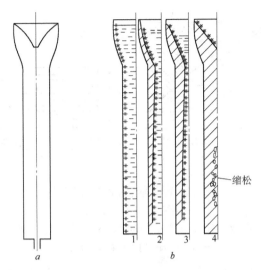

图 8-11 平板铸件凝固过程的补缩条件

a—铸件截面形状；*b*—凝固次序与缩松形成的关系

其中

$$p_E = p_\Sigma + \frac{2\sigma}{r} \tag{8-17}$$

式中，p_Σ 为各种外压力的总和；r 为气泡的半径；σ 为界面张力。

可以看出，控制液相中的气体含量可有效地控制缩松的形成。

为了提高凝固组织的致密度，除了采用各种精炼方法除气，降低合金液中的气体含量外，可采用压力下凝固的铸造方式抑制气体的析出。

8.2.3 强化补缩的方法——保温冒口与保温补贴

铸件的补缩主要是通过合理的冒口设计实现的。理想的冒口应该在铸件凝固过程中始终维持为液态，完成铸件的补缩后再发生凝固。然而，实际应用中的普通冒口很难做到这一点。普通冒口和理想冒口在铸件凝固补缩过程中的金属平衡图，如图 8-12 所示。缩小 S 区的尺寸，采用尽可能小的冒口获得尽可能大的补缩效果是铸造工艺设计追求的目标。实现这一目标的措施之一是采用保温材料制作冒口的型腔，以延缓冒口的凝固。对保温冒口的设计思路可作如下分析。

任何冒口应满足以下两个条件：

（1）冒口的凝固时间应大于铸件的凝固时间；

（2）冒口应有足够的金属补充铸件的凝固。

第一条件可通过采用修正的 Chvorinov 关系式，估算冒口的凝固时间和铸件的凝固时间来确定：

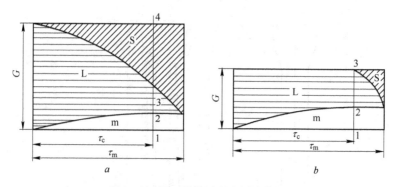

图 8-12　冒口补缩过程金属平衡图

a—普通冒口；b—理想冒口

G—冒口质量；τ_c—保温冒口开始凝固时间；τ_m—铸件凝固时间；L—液态；

S—固态；m—用于补缩铸件的金属

$$\tau = \left(\frac{M}{K}\right)^2 \mu_s \mu_h \mu_g \mu_{\Delta\tau} \tag{8-18}$$

式中，K 为凝固系数；M 为铸件或冒口的模数；μ_s、μ_h、μ_g、$\mu_{\Delta\tau}$ 分别为形状因数、过热因数、间隙因数和结晶温度间隔因数。

由于铸件和冒口都是同一合金浇注的，其结晶温度间隔因数相同，同时间隙因数也可近似取为 1。若以下标 r 表示冒口参数，c 表示铸件参数，则冒口设计的第一个条件可表示为：

$$\left(\frac{M_r}{K_r}\right)^2 \mu_{sr} \mu_{hr} \geqslant \left(\frac{M_c}{K_c}\right)^2 \mu_{sc} \mu_{hc} \tag{8-19}$$

由于 $M_r = V_{rf}/A_r$，$M_c = V_c/A_c$，$K_r \propto b_r$，$K_c \propto b_c$ 从而在式（8-19）中取等式得到冒口补缩的临界条件为：

$$\frac{V_{rf}}{A_r} = \frac{V_c}{A_c} \frac{b_r}{b_c} f_s f_h \tag{8-20}$$

式中，V_{rf} 为冒口残余金属体积；A_r 为冒口散热表面积；V_c 为铸件体积；A_c 为铸件散热表面积；b_r 为冒口蓄热系数；b_c 为铸型蓄热系数。

冒口必须满足的第二个条件的数学表达式为：

$$V_{rf} = V_r - \beta(V_r + V_c) \tag{8-21}$$

式中，V_r 为冒口的总体积。

综合式（8-20）和式（8-21）得到通用的冒口设计计算公式为：

$$(1 - \beta)\frac{V_r}{V_c} = \frac{A_r}{A_c} \frac{b_r}{b_c} f_s f_h + \beta \tag{8-22}$$

由式（8-22）可以看出，冒口的蓄热系数 b_r 与铸型的蓄热系数 b_c 的比值越小，补缩需要的冒口尺寸就越小。周尧和等提出上述保温冒口设计理论的同时，通过大量的实验和参数测定，选出适合于铝合金的保温冒口套材料及其主要参数，示于表8-1。采用这些材料制作冒口套可以节约大量的原材料、工时和能源。保温冒口现已成为铸钢、铸铝等铸造过程广泛采用的技术。

表8-1 冒口套材料及主要参数

材　料	热扩散系数 a /mm² · s⁻¹	蓄热系数 b /W · (mm² · K)⁻¹	质量热容 c /J · (g · K)⁻¹	热导率 λ /W · (mm · K)⁻¹	密度 ρ /g · mm⁻³
膨胀珍珠岩	0.5 ~ 0.583	(4.416 ~ 4.881) ×10⁻⁶	1.506 ~ 1.590	(1.860 ~ 2.092) ×10⁻⁴	(0.23 ~ 0.25) ×10⁻³
发泡石膏	0.278 ~ 0.472	(6.973 ~ 7.671) ×10⁻⁶	1.255 ~ 1.506	(2.441 ~ 3.022) ×10⁻⁴	(0.51 ~ 0.55) ×10⁻³
陶瓷棉	0.361 ~ 0.472	(3.487 ~ 4.068) ×10⁻⁶	1.548 ~ 1.674	(1.278 ~ 1.627) ×10⁻⁴	(0.21 ~ 0.23) ×10⁻³
湿砂型	0.194 ~ 0.361	(20.92 ~ 25.57) ×10⁻⁶	1.506 ~ 2.176	(6.509 ~ 8.252) ×10⁻⁴	(1.58 ~ 1.63) ×10⁻³

对于铸钢等铸造性能较差的合金，为了获得大的致密度，不但要有较大的冒口，而且经常需要设置补贴（见图8-13a 和 b）以造成向冒口的顺序凝固，这就使铸件更显得肥头大耳，而且铸件出品率低。金属补贴要经过氧气切割和机械加工去掉，从而耗费工时和能源。所以，用图8-13c 和 d 所示的保温方法取代金属补贴具有实际意义。为了获得理想的效果，保温补贴的位置、尺寸及厚度的选择需要通过合理的计算进行设计。

周尧和等在保温冒口的研究中采用的模数增大因数和表面因数计算有效模数的方法用于保温补贴的分析。模数增大因数 E 定义为：

$$E = \frac{M_i}{M} \quad (8\text{-}23)$$

式中，M_i 为保温后铸件的有效模数；M 为保温前铸件的有效模数。

表面因数 F 的定义为：

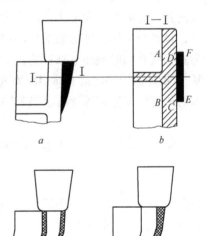

图8-13 保温补贴取代金属补
贴的示意图

a—金属补贴；b—图a的Ⅰ—Ⅰ面；
c—双面保温；d—单面保温

$$F = \frac{Q_{\mathrm{i}}}{Q_0} \tag{8-24}$$

式中，Q_{i} 为保温后铸件表面散热；Q_0 为保温前铸件表面散热。

可以看出，只要知道 E 和 F，就可以简单地通过铸件模数 M 计算出保温后铸件的有效模数。因此，保温补贴的计算归结为因数 E 和 F 的计算。

根据平方根关系式可以求出加保温补贴后的凝固时间 τ_{i} 和保温前的凝固时间 τ_{S} 分别为：

$$\tau_{\mathrm{S}} = \frac{M^2}{K^2} \tag{8-25}$$

$$\tau_{\mathrm{i}} = \frac{(EM)^2}{K^2} \tag{8-26}$$

式中，K 为凝固系数；M 为铸件模数；E 为保温补贴的模数增大因数，E 与保温补贴厚度 δ 之间的关系满足如下回归公式：

$$E = \frac{E_0}{1 + (E_0 - 1)\mathrm{e}^{-a\frac{\delta}{M}}} \tag{8-27}$$

式中，E_0、a 分别为与保温材料相关的常数，可通过实验方法确定；δ 为保温层厚度。

保温补贴层的设计原则以保证补贴部位顺序凝固所需要的温度梯度或铸件模数向冒口方向的增大率为基础。由于缺乏有关参数，通常以金属补贴的计算为基础，计算与金属补贴等效的保温层厚度。以图 8-11b 中的截面 Ⅰ—Ⅰ 为例，设 M_{p} 为有金属补贴时截面 $ABEF$ 的模数，M 表示去掉金属补贴时截面 $ABCD$ 的模数，M_{i} 表示加保温层之后截面 $ABCD$ 的有效模数。要使保温层和金属补贴等效，保温后的有效模数应等于有金属补贴时的模数，即

$$M_{\mathrm{i}} = M_{\mathrm{p}} \tag{8-28}$$

双面保温时，Ⅰ—Ⅰ 截面上所要求的模数增大因数 E，可用下式计算：

$$E = \frac{M_{\mathrm{i}}}{M} = \frac{M_{\mathrm{p}}}{M} \tag{8-29}$$

根据 E 和 M，借助式（8-27）可以算出保温层的厚度。取不同截面进行计算就可确定出保温层的截面形状。

单面保温时，截面 Ⅰ—Ⅰ 所要求的表面因数 F 为：

$$F = \frac{1}{P}\left(\frac{M}{M_{\mathrm{p}}} + P - 1\right) \tag{8-30}$$

式中，P 为截面的保温边长和散热边长之比。

同样，根据 F 和 M 可算出该截面处保温层的厚度。

根据式（8-27）、式（8-29）和式（8-30）可以得出保温层厚度 δ 的计算公式为：

双面保温

$$\delta = \frac{M}{a}\ln\frac{M_p(E_0 - 1)}{E_0 M - M_p} \tag{8-31}$$

单面保温

$$\delta = \frac{M}{a}\ln\frac{P(E_0 - 1)}{E_0\left(\dfrac{M}{M_p} + P - 1\right) - P} \tag{8-32}$$

8.3 裂纹的形成与控制

大多数成分复杂或杂质总量较高，或有少量非平衡共晶的合金，都有较大的裂纹倾向，尤其是大型铸锭，在冷却强度大的连铸条件下产生裂纹的倾向更大。裂纹的分类如下：（1）按裂纹产生的温度范围，裂纹可分为热裂纹和冷裂纹；（2）按裂纹存在的位置，可分为内裂纹和外裂纹；（3）按裂纹尺寸的大小，可分为宏观裂纹和微观裂纹；（4）按裂纹产生的次序，可分初生裂纹和二次裂纹。

裂纹是铸锭或加工制品成为废品的重要原因。由铸锭遗传下来的微裂纹，常常还是制品早期失效的根源之一，在使用中可能造成严重事故。产生裂纹最直接的原因是铸造应力的破坏作用。下面首先简要介绍铸造应力产生的原因。

8.3.1 铸造应力的形成

按照应力产生的原因，可将铸造应力分为热应力、机械应力和相变应力三种。

8.3.1.1 热应力

热应力是由于铸件壁厚不均或各部分冷却速度不同，使铸件各部分的收缩不同步而引起的。它在铸件落砂后仍然存在于铸件内部，是一种残留应力。

A 残留热应力的形成

现以框形铸件为例，分析残留热应力的形成过程。如图 8-14 中所示的框形铸件，由一根粗杆 I 和两根细杆 II 组成。假设铸件完全凝固后，两杆从同一温度 $T_{固}$ 开始冷却，最后达到同一温度 T_0，两杆的固态冷却曲线如图 8-15 所示。T_k 为临界温度，在此温度以上铸件处于塑性状态。在此状态下，较小的应力可使铸件发生塑性变形，变形之后应力可自行消除；在 T_k 温度以下，铸件处于弹性状态，在应力作用下将产生弹性变形，变形之后应力还继续存在。其中" + "表示拉应力，" – "表示压应力。

下面用图 8-15 所示的冷却曲线来分析热应力的形成过程。当铸件处于高温阶段（t_0—t_1）时，两杆都处于塑性状态，尽管此时两杆的冷速不同、收缩也不同步，但瞬时的应力可通过塑性变形来自行消失，在铸件内无应力产生；继续冷却，冷速较快的杆 II 进入弹性状态，粗杆 I 仍然处于塑性状态（t_1—t_2），此时由

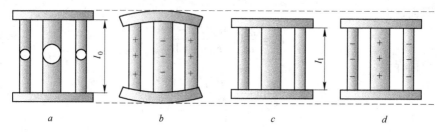

图 8-14　框形铸件热应力形成过程

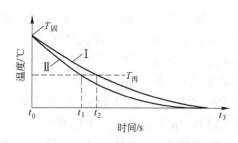

图 8-15　Ⅰ、Ⅱ杆固态冷却曲线

于细杆Ⅱ的冷速较快、收缩较大，所以细杆Ⅱ会受到拉伸，粗杆Ⅰ会受到压缩（图 8-14b），形成暂时内应力，但此内应力很快因粗杆Ⅰ发生了微量的受压塑性变形而自行消失（图 8-14c）；当进一步冷至更低温度时（t_2—t_3），两杆均进入了弹性状态，此时由于两杆的温度不同、冷却速度也不同，所以二者的收缩也不同步，粗杆Ⅰ的温度较高，还要进行较大的收缩，细杆Ⅱ的温度较低，收缩已趋于停止，因此粗杆Ⅰ的收缩必定受到细杆Ⅱ的阻碍，使其收缩不彻底，在中部产生拉应力；而杆Ⅱ则受到杆Ⅰ因收缩而施与的压应力（图 8-14d）。直到室温，残留热应力一直存在。

总之，铸件壁厚不均或各部分冷却速度不同使铸件的厚壁处或心部受拉应力、薄壁或表层受压应力，且随着铸件壁厚差的增大、各部分冷却速度差的不同、铸造合金线收缩率的提高以及其弹性模量的增大，铸件的热应力增大。

B　残留热应力的预防

预防铸件产生热应力的基本措施是减小铸件各部分之间的温度差，使其均匀冷却。具体为：

（1）选择弹性模量较小的合金作为铸造合金；

（2）设计铸件结构时，力求使其壁厚均匀。

应采用合理的铸造工艺，使铸件的凝固符合同时凝固原则。图 8-16 所示为同时凝固原则示意图。

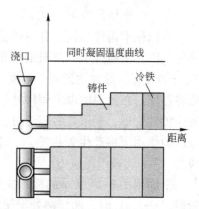

图 8-16　同时凝固示意图

具体方法是将内浇口开在铸件的薄壁处，以减缓其冷却速度；而在铸件的厚壁处放置冷铁，以加快其冷却速度。总之，铸件采用同时凝固原则可减小其产生应力、变形和裂纹的倾向；且不必设置冒口，使工艺简化，并节约了金属材料。采用同时凝固的缺点是在铸件的心部会产生缩孔或缩松缺陷，所以一般只用于普通灰铸铁和锡青铜铸件的生产。因为灰铸铁产生缩孔和缩松的倾向小；而锡青铜倾向于粗状凝固，即使采用顺序凝固原则也难于避免缩松缺陷；此外，壁厚均匀的薄壁件也常采用同时凝固原则。

C　残留热应力消除

消除铸件残留热应力的方法是对其进行去应力退火处理。即将此铸件加热到塑性状态，保温一定时间后，缓慢冷却至室温，可基本消除其残留铸造应力。

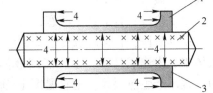

8.3.1.2　机械应力

机械应力是因铸件的收缩受到铸型或型芯等的机械阻碍而形成的应力，如图8-17所示。这种应力是暂时的，在铸件落砂后或机械阻碍消失后会自行消失。

图 8-17　机械应力形成图
1—铸件；2—型芯；3—铸型；4—阻力

8.3.1.3　相变应力

具有固态相变的合金，若各部分发生相变的时刻及相变程度不同，其内部就可能产生应力。这种应力称为相变应力。

钢在加热和冷却过程中，由于相变产物的比容不同，发生相变时其体积要变化。如铁素体或珠光体转变为奥氏体时，因奥氏体的比容较小，钢材的体积要缩小；而奥氏体转变为铁素体、珠光体或马氏体时，体积要膨胀。低碳钢的相变温度较高（600℃以上），发生相变时钢材仍处于塑性状态，故不会产生相变应力。而合金钢只有冷却到200~350℃时才发生奥氏体向马氏体的转变，并且马氏体的比容较大，因此马氏体形成后，将造成较大的应力。

一般来说，凡是在冷却过程中产生相变的合金，若新旧两相的比容相差很大，同时产生相变的温度低于塑性向弹性转变的临界温度，都会在工件中产生较大的相变应力，甚至引起开裂。但焊接高强度合金钢时，奥氏体分解所引起的体积膨胀，可减轻焊后收缩时产生的拉伸应力，反而会降低冷裂倾向。

8.3.2　热裂

8.3.2.1　热裂的形成

热裂形成的机理主要有液膜理论和强度理论。

A　液膜理论

研究表明，合金的热裂倾向性与合金结晶末期晶体周围的液体性质及其分布有关。铸件冷却到固相线附近时，晶体周围还有少量未凝固的液体，构成液膜。

温度越接近固相线，液体数量越少，铸件全部凝固时液膜即消失。如果铸件收缩受到某种阻碍，变形主要集中在液膜上，晶体周围的液膜被拉长。当应力足够大时，液膜开裂，形成晶间裂纹。

因此，液膜理论认为，热裂纹的形成是由于铸件在凝固末期晶间存在液膜和铸件在凝固过程中受拉应力共同作用的结果。液膜是产生热裂纹的根本原因，而铸件收缩受阻是产生热裂纹的必要条件。

但在铸件凝固过程中，为什么在"液膜期"合金产生热裂的可能性最大，则需进一步说明。为便于讨论，以成分为 C_0 的合金为例，将其结晶过程分成以下几个阶段（图8-18）：

第Ⅰ阶段：合金处于液态，可以任意流动，不会产生热裂。

第Ⅱ阶段：合金的温度已降到液相线以下，析出固相，初期固相枝晶悬浮在液体中，未连成骨架，固相能同液体一起自由流动，合金仍具有很好的流动能力，也不产生热裂纹。随着温度下降，固相不断增加，相邻晶粒之间开始接触，但液体在晶粒之间仍可以自由流动，若此时有拉应力存在，一旦产生裂纹，裂纹能被液体充填而愈合。此时合金处于液固态，也不产生裂纹。

第Ⅲ阶段：合金冷却到液相线以下某温度后，枝晶彼此接触，连成骨架，并不断挤在一起，晶间存在液相但很少，液体的流动发生困难。由于晶间结合力很弱，在拉应力作用下极易产生晶间裂纹，裂纹一旦产生又很难被液态金属弥合，因此，在该阶段产生热裂的几率最大。此时合金处于固液态。

第Ⅳ阶段：合金处于固态，在固相线附近合金的塑性好，在应力作用下，很容易发生塑性变形，形成裂纹的几率很小。

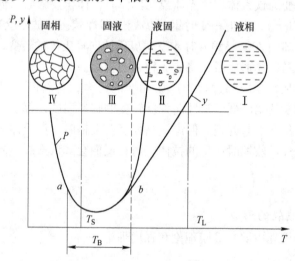

图 8-18　成分为 C_0 的合金的结晶过程

Ⅰ—液相区；Ⅱ—液固态区；Ⅲ—固液态区；Ⅳ—固相区；P—合金的变形能力；y—合金的流动性

　　合金热裂倾向与晶间液体的性质密切相关。晶间液体铺展液膜时，热裂倾向显著增大，若晶间液体呈球状而不易铺展时，合金热裂倾向明显减轻。

　　晶间液体的形态受晶界界面张力 σ_{SS} 和固液界面张力 σ_{SL} 的平衡关系式（8-33）支配：

$$\sigma_{SS} = 2\sigma_{SL}\cos\theta \tag{8-33}$$

式中，θ 为液体双边角。

　　当 σ_{SS}/σ_{SL} 具有不同的数值时，θ 可以从 $0°$ 变化到 $180°$。$\theta = 0°$，液体在晶间铺展成液膜；$\theta = 180°$，液体呈球状。

　　由于晶间液体存在的形态不同，热裂纹的形成过程可分为以下两种情况：

　　第一种情况：$\theta = 0°$，枝晶间的液体铺展成液膜，其界面张力将两侧的固体枝晶吸附在一起。液膜的结合力很低，合金呈脆性，很小的应力就可使晶间断裂，形成裂纹。

　　上述热裂的形成过程可用图 8-19 所示的模型加以解释。设晶间存在厚度为 T 的液膜，铸件收缩受阻时，液膜两侧的固相枝晶被拉开，如果晶间液体与外界液体相通，液膜端部始终呈平面，不会产生裂纹，如图 8-19a 所示。若液膜与外界液体隔绝（图 8-19b），液膜表面形成曲率半径为 r 的凹面，在表面张力作用下，始终存在一个与外界应力相平衡的附加应力 p，其表达式为：

$$p = -\sigma/r \tag{8-34}$$

式中，σ 为液体的表面张力；r 为液膜凹面的曲径半径。

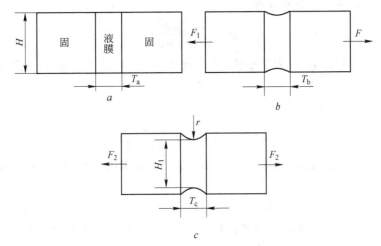

图 8-19　拉伸应力、表面张力与液膜厚度之间的关系

　　随着外界作用在晶粒上的应力增大，液膜不断被拉长，r 变小，由式（8-34）可知，附加应力 p 升高。当 r 等于液膜厚度一半时，r 最小，p 达到最大值。液膜再继续变形，r 再度变大，p 值下降，平衡条件遭到破坏，液膜两侧的晶粒急剧

分开，形成热裂纹。可见，晶间液膜的表面张力和其厚度对合金抗裂性的影响甚大。液膜的界面张力与合金化学成分有关，液膜厚度取决于晶粒的大小、铸件的冷却条件和低熔点组成物的含量。凡是降低晶间液膜表面张力的表面活性物质皆使合金的抗裂性下降。钢中的硫、磷为表面活性元素，故在一定范围内，随其含量的增加，钢的抗裂性下降。如果晶间存在大量低熔点物质，液膜变厚，且熔点下降，也容易产生热裂纹。

第二种情况：晶间残存着少量以孤立形式存在的液体。此时，热裂纹形成的机制是，在外力作用下，液体汇集部位产生应力集中，当该应力大于合金此时刻的强度时，形成微裂纹（图 8-20）。

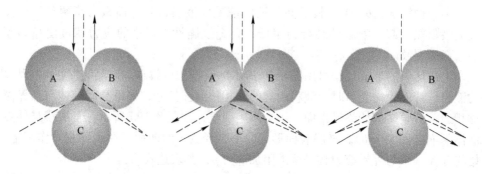

图 8-20　液体以孤立形式存在时的裂纹形成示意图

此时，裂纹的扩展应力为：

$$\sigma = \sqrt{\frac{8\mu W}{\pi(1-\nu)l}} \tag{8-35}$$

式中，μ 为切变模量；ν 为泊松比；l 为液珠长度；W 为裂纹扩展界面能（即内聚力）。

当裂纹尖端被液体润湿时：

$$W = 2\sigma_{SL} - \sigma_{SS} = \sigma_{SS}\left[\frac{1}{\cos(\theta/2)} - 1\right] \tag{8-36}$$

由上式可知，液体的双边角 θ 越小，裂纹扩展界面能 W 越小，合金则越呈现脆性。

从以上讨论可知，形成液膜的低熔点物质是产生热裂的主要根源，应采取各种措施消除它的有害作用。但实践发现，低熔点物质在合金中的数量超过某一界限以后，反而具有愈合裂纹的作用，即液体在毛细作用下可填补裂纹使其愈合，反而减轻热裂的倾向性。利用愈合现象以控制热裂纹的产生，尚须注意一点，即晶间存在较多易熔第二相时，常会增大合金常温脆性，因此，必须控制得当。

B　强度理论

铸件在凝固后期，固相骨架已经形成并开始线收缩，由于收缩受阻，铸件中产生应力和变形。当应力或变形超过合金在该温度下的强度极限或变形能力时，铸件便产生热裂纹。对合金高温力学性能的研究表明，在固相线附近合金的强度和断裂应变都很低，合金呈脆性断裂。

将合金液注入铸型中，待试样温度降到每个测温点时，保温 2min，做拉断试验，测量断裂强度。合金液冷却到液相线后，析出固相，但此时合金不具有强度，合金的这种状态称为液固态。随着温度的降低，固相增加，从某温度起，合金具有可测强度。图 8-21 为 Al-2% Cu 合金强度与温度的关系。高于 643℃ 时，不具有强度，643℃ 时，强度为 0.05MPa；随着温度的降低，强度缓慢增加，599℃ 时，强度为 0.94MPa；596℃ 时，强度急剧增加到 1.53MPa。合金刚刚具有可测强度的温度为热脆区上限，强度开始急剧增加的温度为热脆区下限。研究者把这个温度范围称为"热脆区"，并确认热裂就是在热脆区内形成的。热脆区的上限是枝晶彼此相连构成连续骨架的温度，下限则在固相线附近。图 8-22 是采用强度法测得的 Al-Cu 合金的热脆区。

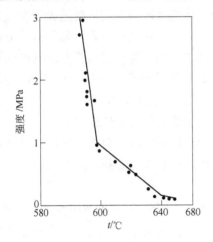 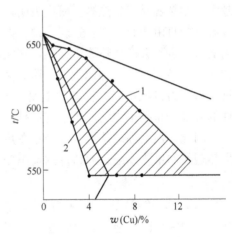

图 8-21　Al-2% Cu 合金强度　　　　图 8-22　Al-Cu 合金的热脆区
与温度的关系　　　　　　　　　　　1—热脆区上限；2—热脆区下限

合金的化学成分，晶间杂质偏析情况，晶粒尺寸、形状和液体在晶间的分布等影响热脆区的大小。例如，Al-1.5% Mn 合金的热脆区比 Al-1.5% Mn-0.2% Fe 的宽 13℃。这是因为含 Fe 的 Al-1.5% Mn 合金的晶界上存在高熔点的微细质点 Al_3Mn 和 $FeAl_3$，强化了晶界。热裂纹的产生主要决定于在热脆区 ΔT_B 内合金的断裂应变与铸件因收缩受阻所产生的应变之间的对比关系。产生热裂纹的条件可用图 8-23 描述。

横坐标为温度，纵坐标为铸件产生的应变 ε 和合金的断裂应变 δ。热脆区以 ΔT_B 表示。由图可知，合金在热脆区内的断裂应变随温度变化，即 $\delta = \varphi(T)$。铸件收缩受阻所产生的应变（ε）为温度的函数，即 $\varepsilon = f(T)$。当 ΔT_B 及 δ 一定时，

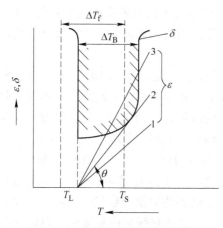

图 8-23　热裂的形成条件示意图

能否产生热裂纹取决于在 ΔT_B 中 ε 的变化情况。

如果应变 ε 按直线 1 变化 $\varepsilon < \delta$，不产生热裂纹；若为直线 2 时，$\varepsilon = \delta$，是产生热裂纹的临界条件；若为直线 3 时，$\varepsilon > \delta$，则必然产生热裂纹。图 8-23 中，刚好能产生热裂纹的临界应变增长率（即 $\tan\theta$）与材料的性质有关，它反映了材料的热裂敏感性。$\tan\theta$ 越大，材料的热裂敏感性越大。但是，合金的热裂倾向性最终是由 ΔT_B、δ 和 ε 的综合影响所决定的。热脆性区越大，金属处在低塑性区的时间越长，则越易形成热裂。在热脆区内金属的断裂应变越低，铸件的 ε 越大，则越容易产生热裂。研究表明，合金在热脆区内的断裂应变远大于合金在该温度的自由线收缩率。这就是说，即使铸件收缩受到刚性阻碍，如果铸件能均匀变形，也不会产生热裂。但是，在实际生产中，由于铸件结构特点或其他因素造成铸件各部分的冷却速度不一致，致使铸件在凝固过程中各部分的温度不同，抗变形能力也就不同。铸件收缩受阻时，高温区（热节）将产生集中变形；铸件的温度分布越不均匀，集中变形越严重，产生热裂的可能性就越大。

因此，强度理论认为，合金存在热脆区和在热脆区内合金的断裂应变低是产生热裂纹的重要原因，而铸件的集中变形是产生热裂纹的必要条件。

8.3.2.2　热裂的防止

（1）选择结晶温度范围窄的合金生产铸件，因为结晶温度范围愈宽的合金，其液、固两相区的绝对收缩量愈大，产生热裂的倾向也愈大。如灰铸铁和球铁的凝固收缩很小，所以热裂倾向也小；但铸钢、铸铝和可锻铸铁的热裂倾向较大。

（2）减少铸造合金中的有害杂质，如减少铁—碳合金中的磷、硫含量，可提高铸造合金的高温强度。

（3）改善铸型和型芯的退让性。退让性越好，机械应力越小，形成热裂的可能性越小。具体措施是采用有机黏结剂配制型砂或芯砂；在型砂或芯砂中加入木屑或焦炭等材料可改善退让性。

（4）减小浇、冒口对铸件收缩的阻碍，内浇口的设置应符合同时凝固原则。

8.3.3　冷裂

冷裂是铸件在较低的温度下，即处于弹性状态时形成的裂纹。其形状特征是：裂纹细小、呈连续直线状、裂纹表面有金属光泽或呈微氧化色。冷裂纹是穿晶而裂，外形规则光滑，常出现在形状复杂的、大型铸件的、受拉应力的部位，尤其易出现在应力集中处。此外，一般脆性大、塑性差的合金，如白口铁、高碳钢及一些合金钢等也易产生冷裂纹。

8.3.3.1 冷裂的形成

冷裂是铸件中应力超出合金的强度极限而产生的。冷裂往往出现在铸件受拉伸的部位，特别是有应力集中的部位和有铸造缺陷的部位。影响冷裂的因素与影响铸造应力的因素基本是一致的。

合金的成分和熔炼质量对冷裂有重要影响。例如，钢中的碳、铬和锰等元素，虽能提高钢的强度，却降低钢的导热性能。因而这些元素较高时，增大钢的冷裂倾向。磷增加钢的冷脆性，磷的质量分数大于 0.1% 时，其冲击韧性急剧下降，冷裂倾向明显增大。钢液脱氧不足时，氧化夹杂物聚集在晶界上，降低钢的冲击韧性和强度，促使冷裂的形成。铸件中非金属夹杂物增多时，冷裂的倾向性也增大。

铸件的组织和塑性对冷裂也有很大影响。如低碳镍铬耐酸不锈钢和高锰钢都是奥氏体钢，且都容易产生很大的热应力，但是镍铬耐酸钢不易产生冷裂，而高锰钢却极易产生冷裂。这是因为低碳奥氏体钢具有低的屈服极限和高塑性，铸造应力往往很快就超过屈服极限，使铸件发生塑性变形；高锰钢碳量偏高，铸件冷却时，在奥氏体晶界上析出脆性碳化物，严重降低了塑性，易形成冷裂。

铸钢件的冷裂经焊补后，铸件可以使用。有些合金焊接性差（如灰铸铁），铸件出现裂纹则要报废。

8.3.3.2 冷裂的预防

铸件产生冷裂和变形的原因是冷却过程中铸件各部分冷却速度不一致。因此，前面所述防止铸件产生铸造应力的方法都可用于防止铸件产生变形和冷裂。

此外，从工艺上防止变形还可以采取以下措施：

（1）提高铸型刚度，加大压铁重量可以减小铸件的挠曲变形量。

（2）控制铸件打箱时间。过早打箱，铸件温度高，在空气中冷却会加大内外温差，以致引起变形和开裂。适当延长打箱时间，可避免开裂和减小变形，但对于某些结构复杂的铸件，因铸型或型芯溃散性差，会引起冷裂。对易变形的重要铸件，可采用早打箱，并立即放入炉内保温缓冷的工艺。

（3）采取反变形措施。在模样上做出与铸件残余变形量相等、方向相反的预变形量，按该模样生产铸件，铸件经冷却变形后，尺寸和形状刚好符合要求。

（4）设置防变形筋。防变形筋能承受一部分应力，可防止变形。待铸件热处理后再将防变形筋去除。

（5）改变铸件的结构，采用弯形轮辐代替直轮辐，减小阻力，防止变形。

8.4　气孔的形成与控制

存在于液态金属中的气体，若凝固前气泡来不及排除，就会在金属内形成孔洞。这种因气体分子聚集而产生的孔洞称为气孔。气孔的内壁光滑、明亮或带有轻微的氧化色。铸件中产生气孔后，将会减小其有效承载面积，且在气孔周围会引起应力集中而降低铸件的抗冲击性和抗疲劳性。气孔还会降低铸件的致密性，致使某些要求承受水压试验的铸件报废。另外，气孔对铸件的耐腐蚀性和耐热性也有不良的影响。

8.4.1　气孔的分类

金属中的气孔按气体来源不同可分为析出性气孔、侵入性气孔和反应性气孔；按气体种类的不同又可分为氢气孔、氮气孔和一氧化碳气孔等。

8.4.1.1　析出性气孔

液态金属在冷却凝固过程中，因气体溶解度下降，析出的气体来不及逸出而产生的气孔称为析出性气孔。这类气孔主要是氢气孔和氮气孔。析出性气孔多为分散小圆孔，直径 0.5～2mm，或者更大，肉眼能观察到麻点状小孔，表面光亮。一般在铸坯断面上呈大面积、均匀分布，而在最后凝固的部位较多。气孔形状有团球形、裂纹多角形、断续裂纹状或混合型。当金属含气量较少时，呈裂纹状；而含气量较多时，气孔较大，呈团球形。往往一炉金属液中全部或多数出现这种气孔。析出性气孔主要是氢气孔，其次是氮气孔，氢气孔比氮气孔明亮。铝合金中最易出现析出性气孔，其次是铸钢件，铸铁件有时也会出现。

焊缝金属产生的析出性气孔多数出现在焊缝表面。氢气孔的断面形状如同螺钉状，从焊缝表面上看呈喇叭口形，气孔四周有光滑的内壁。氮气孔一般成堆出现，形似蜂窝。焊接铝、镁合金时，析出性气孔（如氢气孔）有时也会出现在焊缝内部。

8.4.1.2　侵入性气孔

侵入性气孔是铸型和型芯等在液态金属高温作用下产生的气体，侵入金属内部所形成的气孔，称为侵入性气孔。

侵入性气孔数量较少、体积较大、孔壁光滑、表面有氧化色，常出现在铸件表层或近表层。形状多呈梨形、椭圆形或圆形，梨尖一般指向气体侵入的方向。侵入的气体一般是水蒸气、一氧化碳、二氧化碳、氢气、氮气和碳氢化合物等。

8.4.1.3　反应性气孔

液态金属内部或与铸型之间发生化学反应而产生的气孔，称为反应性气孔。金属—铸型间反应性气孔常分布在铸件表面皮下 1～3mm 处，统称为皮下气孔，其形状有球状和梨状，孔径约 1～3mm。有些皮下气孔呈细长状，垂直于铸件表面，深度可达 10mm 左右。气孔内主要是 H_2、CO 和 N_2 等。液态金属内部合金元素之间或与非金属夹杂物发生化学反应产生的蜂窝状气孔，呈梨形或团球形均匀分布。碳钢焊缝内因冶金反应生成的 CO 气孔，则沿焊缝结晶方向呈条虫状分布。

8.4.2　气体的析出

气体从金属中析出有三种形式：

（1）扩散逸出；

（2）与金属内的某元素形成化合物；

（3）以气泡形式从液态金属中逸出。

气体以扩散方式析出，只有在非常缓慢冷却的条件下才能充分进行，实际生产条件下往往难以实现。

气泡的形成：气体以气泡形式析出的过程由三个相互联系而又彼此不同的阶段所组成，即气泡的生核、长大和上浮。

8.4.2.1　气泡的生核

液态金属中存在过饱和的气体是气泡生核的重要条件。在实际生产条件下，液态金属内部通常存在大量的现成表面（如未熔的固相质点，熔渣和枝晶的表面），这为气泡生核创造了有利条件。气泡依附于现成表面生核所需的能量 E 见式（8-37）：

$$E = -(P_h - P_L)V + \sigma A\left[1 - \frac{A_a}{A}(1 - \cos\theta)\right] \tag{8-37}$$

式中，P_h 为气泡内气体的压力；P_L 为液体对气泡的压力；V 为气泡核的体积；σ 为相间张力；A 为气泡核的表面积；A_a 为吸附力的作用面积；θ 为气泡与现成表面的润湿角。

由式（8-37）可知，A_a/A 值升高时，生核所需能量减少。可以认为，A_a/A 值最大的地方是气泡最有可能生核之处。相邻枝晶间的凹陷部位 A_a/A 值最大，故该处最易产生气泡核。此外，A_a/A 值一定时，θ 角越大，形成气泡核所需能量越小，气泡越易生核。

8.4.2.2　气泡的长大

气泡长大需要满足下列条件：

$$P_h > P_0 \tag{8-38}$$

式（8-38）中 P_h 是气泡内各气体分压的总和；P_0 是气泡所受的外部压力总和。P_h 和 P_0 分别如式（8-39）和式（8-40）所示。阻碍气泡长大的外界压力 P_0 由大气压 P_a、金属静压力 P_b 和表面张力所构成的附加压力 P_c 组成：

$$P_h = P_{H_2} + P_{N_2} + P_{CO} + P_{CO_2} + P_{H_2O} + \cdots \tag{8-39}$$

$$P_0 = P_a + P_b + P_c = P_a + P_b + \frac{2\sigma}{r} \tag{8-40}$$

式中，σ 为液态金属的表面张力；r 为气泡半径。

气泡刚刚形成时体积很小（即 r 小），附加压力 $2\sigma/r$ 很大。在这样大的附加压力下，气泡难以长大。但在现成表面生核的气泡不是圆形，而是椭圆形。因此可以有较大的曲率半径，降低了附加压力 $2\sigma/r$ 值，有利于气泡长大。

8.4.2.3　气泡的上浮

气泡形核后，经短暂的长大过程，即脱离其依附的表面而上浮。气泡脱离现成表面的过程如图 8-24 所示。

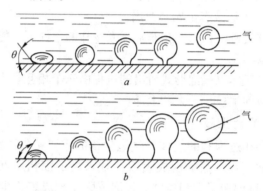

图 8-24　气泡脱离现成表面示意图

a—$\theta < 90°$；b—$\theta > 90°$

由图 8-24 可见，当气泡与现成表面的润湿角 $\theta < 90°$ 时，气泡尚未长到很大尺寸便完全脱离现成表面。当 $\theta > 90°$ 时，气泡长大过程中有细颈出现，当气泡脱离现成表面时，会残留一个透镜状的气泡核，它可以作为新的气泡核心。由于形成细颈需要时间，所以在结晶速度较大的情况下，气体可能来不及逸出而形成气孔。可见，$\theta < 90°$ 时有利于气泡上浮逸出。气泡在上浮过程中将不断吸收扩散来的气体，或与其他气泡相碰而合并，致使气泡不断长大，上浮速度也不断加快。气泡的上浮速度与气泡半径、液态金属的密度和黏度等因素有关。气泡的半径越小，液态金属的密度越小、黏度越大，气泡上浮速度就越小。若气泡上浮速度小于结晶速度，气泡就会滞留在凝固金属中而形成气孔。

8.4.3　气孔的形成机理

8.4.3.1　析出性气孔的形成机理

金属在凝固过程中，假定液相中的气体溶质只存在有限扩散，无对流、搅拌作用，而固相中气体溶质的扩散忽略不计，则固—液界面前沿液相中气体溶质的分布可用式（8-41）来描述，即

$$C_L = C_0 \left[1 + \frac{1 - k_0}{k_0} \exp\left(-\frac{Rx}{D} \right) \right] \tag{8-41}$$

式中，C_L 为固—液界面前沿液相中气体的浓度；C_0 为凝固前金属液中气体的浓度；k_0 为气体溶质平衡分配系数；D 为气体在金属液中的扩散系数；R 为凝固速度；x 为离液—固界面处的距离。稳定生长阶段界面前气体溶质的分布如图 8-25 所示。

由图 8-25 可知，即使金属中气体的原始浓度 C_0 小于饱和浓度，由于金属凝固时存在溶质再分配，在某一时刻，固—液界面处液相中所富集的气体溶质浓度也会大于饱和浓度而析出气体。晶间液体中气体的浓度随着凝固的进行不断增大，且在枝晶根部附近其浓度最大，具有很大的析出动力。同时，枝晶间也富集着其他溶质，容易生成非金属夹杂物，为气泡生核提供衬底；液态金属凝固收缩形成的缩孔，初期处于真空状态，也为气体析出创造了有利条件。因此，此处最容易形成气泡，而成为析出性气孔。

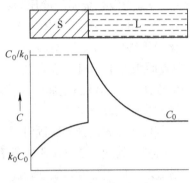

图 8-25　稳定生长阶段界面前气体溶质的分布

析出性气孔的形成机理为，结晶前沿，特别是枝晶间的气体溶质聚集区中，气体浓度将超过其饱和浓度，被枝晶封闭的液相内则具有更大的过饱和浓度和析出压力，而液固界面处气体的浓度最高，并且存在其他溶质的偏析，易产生非金属夹杂物，当枝晶间产生收缩时，该处极易析出气泡，且气泡很难排除，从而保留下来形成气孔。

8.4.3.2　侵入性气孔的形成机理

侵入性气孔主要是由铸型或砂芯在液态金属高温作用下产生的气体侵入到液态金属内部形成的。气孔的形成过程可大致分为气体侵入液态金属和气泡的形成与上浮两个阶段。图 8-26 为侵入性气孔的形成过程示意图。

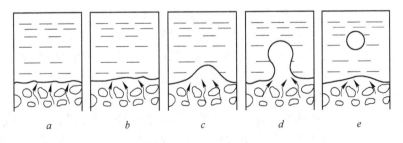

a　　　　　b　　　　　c　　　　　d　　　　　e

图 8-26　侵入性气孔的形成过程示意图

将液态金属浇入砂型时，砂型或砂芯在金属液的高温作用下产生大量气体，随着温度的升高和气体量的增加，金属—铸型界面处气体的压力不断增大。当界面上局部气体的压力 $P_气$ 高于外界阻力时，气体就会侵入液态金属，在型壁上形成气泡。气泡形成后将脱离型壁，浮入型腔液态金属中，当气泡来不及上浮逸出时，就会在金属中形成侵入性气孔。气泡形成的条件见式（8-42）：

$$P_气 > P_阻 + P_静 + P_腔 \tag{8-42}$$

式中，$P_静$ 为液态金属的静压力，$P_静 = h\rho g$，由液态金属的高度 h、密度 ρ 和重力加速度 g 决定；$P_阻$ 为气体进入液态金属的阻力，由液态金属的黏度、表面张力、氧化膜等决定；$P_腔$ 为型腔中自由表面上气体的压力。当液态金属不润湿型壁（即表面张力小）时，侵入气体容易在型壁上形成气泡，从而增大了侵入性气孔的形成倾向。当液态金属的黏度增大时，气体排出的阻力加大，形成侵入性气孔的倾向也随之增大。

气体在金属已开始凝固时侵入液态金属易形成梨形气孔，气孔较大的部分位于铸件内部，其细小部分位于铸件表面。这是因为气体侵入时铸件表面金属已凝固，不易流动，而内部金属温度较高，流动性好，侵入的气体容易随着气体压力的增大而扩大，从而形成外小内大的梨形。梨形尖端所指的方向即为气体的侵入方向。

8.4.3.3　反应性气孔的形成机理

A　金属与铸型间的反应性气孔

金属与铸型间的反应性气孔的形成与金属液—铸型界面处存在的气体密切相关。界面处的气相主要由 H_2、CO 和少量的 CO_2 组成。对于含氮的树脂砂型，铸型内还含有一定量的 N_2。皮下气孔是典型的金属—铸型间反应性气孔，其形成机理主要存在以下几种学说：

（1）氢气说。金属液浇入铸型后，由于金属液—铸型界面处的气相含有较高的氢，使金属液表面层氢的浓度增加。凝固过程中，液固界面前沿易形成过饱和气体和很高的气体析出压力，而金属液—铸型界面处的化学反应在金属液表面所产生的各种氧化物如 FeO、Al_2O_3、MgO 等，以及铸铁中的石墨固相，能使气体依附于它形成气泡。表面层气泡一旦形成，液相中的氢等气体就会向气泡扩散，并随着金属结晶而沿枝晶间长大，形成皮下气孔。

（2）氮气说。一些研究者认为，浇注后增加金属液的含氮量，使其达到一定浓度时，就会产生皮下气孔。铸型或型芯采用各种含氮树脂做黏结剂，均会造成界面处气相氮气浓度增加。提高树脂及乌洛托品（$CH_2)_6N_4$ 的含量，也会导致型内气相中氮含量增加。

（3）CO 说。一些研究者认为，金属—铸型表面处金属液与水蒸气或 CO_2 相互作用，使铁液生成 FeO，铸件凝固时由于结晶前沿枝晶内液相碳浓度的偏析，将产生下列反应：

$$[FeO] + [C] \longrightarrow [Fe] + CO \uparrow \qquad (8-43)$$

CO 气泡可依附晶体或非金属夹杂物形成，这时氢、氮均可扩散进入该气泡，气泡沿枝晶生长方向长大，形成垂直于铸件表面的皮下气孔。

皮下气孔的形状与结晶特点和气体析出速度有关。铸钢件表面层多为柱状晶，故易生成条状针孔；铸铁件凝固速度较慢，且初晶为共晶团，气泡成长速度较快，故呈球形或团形。

B 金属与熔渣间的反应性气孔

液态金属与熔渣相互作用产生的气孔称为渣气孔。这类气孔多数由反应生成的 CO 气体所致。钢铁凝固过程中，若凝固前沿液相区内存在含有 FeO 的低熔点氧化夹杂物，则其中的 FeO 可与液相中富集的碳发生反应：

$$(FeO) + [C] \longrightarrow Fe + CO \uparrow \qquad (8-44)$$

当碳和（FeO）的量较多时，就可能形成渣气孔。如果铁液中析出石墨相，将发生下列反应：

$$(FeO) + C \longrightarrow Fe + CO \uparrow \qquad (8-45)$$

上述反应生成的 CO 气体，依附在（FeO）熔渣上，就会形成渣气孔。

采用石灰石砂型时，若有砂粒进入钢液，也会产生渣气孔。反应式为：

$$CaCO_3 \longrightarrow CaO + CO_2 \uparrow \qquad (8-46)$$

$$CO_2 + Fe \longrightarrow FeO + CO \uparrow \qquad (8-47)$$

气孔内含有白色的 CaO 与 FeO 残渣，这是采用石灰石砂型常见的缺陷之一。

C 液态金属内元素间的反应性气孔

（1）碳—氧反应性气孔。钢液脱氧不足或铁液氧化严重时，溶解的氧将与液态金属中的碳反应，生成 CO 气泡。CO 气泡上浮中吸入氢和氧，使其长大。由于液态金属温度下降快，凝固时气泡来不及完全排除，最终在铸件中产生许多蜂窝状气孔（其周围出现脱碳层），而在焊缝中形成沿结晶方向的条虫状气孔。

（2）氢—氧反应性气孔。液态金属中溶解的 [O] 和 [H] 如果相遇就会产生 H_2O 气泡，凝固前若来不及析出，就会产生气孔。这类气孔主要出现在溶解氧和氢的铜合金铸件中。铜、镍焊接时也常产生水气孔。

（3）碳—氢反应性气孔。铸件最后凝固部位的偏析液相中，含有较高浓度的 [H] 和 [C]，凝固过程中将产生甲烷气（CH_4），形成局部性气孔。

8.4.4 防止气孔产生的措施

8.4.4.1 防止析出性气孔的措施

（1）消除气体来源。保持炉料清洁、干燥，焊件和焊丝表面无氧化物、水分和油污等；控制型砂、芯砂的水分，焊前对焊接材料（焊条、焊剂、保护气体等）进行烘干、去水或干燥处理；限制铸型中有机黏结剂的用量和树脂的含氮量；加强保护，防止空气侵入液态金属。

（2）采用合理的工艺。焊接时采用短弧焊有利于防止氮气孔；气体保护焊时用活性气体保护有利于防止氢气孔，选用氧化铁型焊条可提高抗锈能力；金属熔炼时，控制熔炼温度勿使其过高，或采用真空熔炼，可降低液态金属的含气量。

（3）对液态金属进行除气处理。金属熔炼时常用的除气方法有浮游去气法和氧化去气法。前者是向金属液中吹入不溶于金属的气体（如惰性气体、氮气等），使溶解的气体进入气泡而排除；后者是对能溶解氧的液态金属（如铜液）先吹氧去氢，再加入脱氧剂去氧。焊接时可利用焊条药皮或焊剂中的 CaF_2 和碳酸盐高温分解出的 CO_2 气体进行除氢。

（4）阻止液态金属内气体的析出。提高金属凝固时的冷却速度和外压，可有效阻止气体的析出。如采用金属型铸造、密封加压等方法，均可防止析出性气孔的产生。

8.4.4.2 防止侵入性气孔的措施

（1）控制侵入气体的来源；严格控制型砂和芯砂中发气物质的含量和湿型的水分。

（2）控制砂型的透气性和紧实度；砂型的透气性越差、紧实度越高，侵入性气孔的产生倾向越大。在保证砂型强度的条件下，应尽量降低砂型的紧实度。采用面砂加粗背砂的方法是提高砂型透气性的有效措施。

（3）提高砂型和砂芯的排气能力；铸型上排气孔帮助排气，保持砂芯排气孔的畅通，铸件顶部设置出气冒口。采用合理的浇注系统。

（4）适当提高浇注温度；提高浇注温度可使侵入气体有充足的时间排出。浇注时应控制浇注高度和浇注速度，保证液态金属平稳的流动和充型。

（5）提高液态金属的熔炼质量；尽量降低铁液中的硫含量，保证铁液的流动性。防止液态金属过分氧化，减小气体排出的阻力。

8.4.4.3 防止反应性气孔的措施

（1）采取烘干、除湿等措施，防止和减少气体进入液态金属。严格控制砂型水分和透气性，避免铸型返潮，重要铸件可采用干型或表面烘干型，限制树脂砂中树脂的氮含量。

（2）严格控制合金中强氧化性元素的含量。如球墨铸铁中的镁及稀土元素，钢中用于脱氧的铝等，其用量要适当。

（3）适当提高液态金属的浇注温度，尽量保证液态金属平稳进入铸型，减少液态金属的氧化。

（4）合理组合保护气体（或焊剂）与焊丝，以形成充分的脱氧条件，抑制反应性气孔的生成。如低碳钢 CO_2 焊时，采用含脱氧剂的 H08Mn2SiA 等可防止气孔。

（5）焊接时增大热输入和适当预热，可增大溶池的存在时间，降低反应性气孔倾向。

8.5 夹杂物的形成与控制

8.5.1 夹杂物的来源及分类

夹杂物是指金属内部或表面存在的和基本金属成分不同的物质，它主要来源于原材料本身的杂质及金属在熔炼、浇注和凝固过程中与非金属元素或化合物发生反应而形成的产物。

（1）按夹杂物化学成分，可分为：

氧化物——FeO、MnO、SiO_2、Al_2O_3；

硫化物——FeS、MnS、Cu_2S；

硅酸盐——$FeO \cdot SiO_2$、Fe_2SiO_4、Mn_2SiO_4、$FeO \cdot Al_2O_3 \cdot SiO_2$。

（2）按夹杂物形成时间，可分为初生夹杂物、次生夹杂物和二次氧化夹杂物。初生夹杂物是在金属熔炼及炉前处理过程中产生的；次生夹杂物是在金属凝固过程中产生的；二次氧化夹杂物是在浇注过程中因氧化而产生的。

（3）按夹杂物形状，可分为球形、多面体、不规则多角形、条状及薄板形、板形等。

氧化物一般呈球形或团状。同一类夹杂物在不同合金中有不同形状，如 Al_2O_3 在钢中呈链球多角状，在铝合金中呈板状；同一夹杂物在同种合金中可能存在不同的形态，如 MnS 在钢中通常有球形、枝晶间杆状、多面体结晶形三种形态。

夹杂物的存在破坏了金属本体的连续性，使金属的强度和塑性下降；尖角形夹杂物易引起应力集中，显著降低金属的冲击韧性和疲劳强度；易熔夹杂物（如钢铁中的 FeS）分布于晶界，不仅降低强度且能引起热裂。夹杂物也能促进气孔的形成，它既能吸附气体，又是气核形成的良好衬底。在某些情况下，也可利用夹杂物改善金属的某些性能，如提高材料的硬度、增加耐磨性以及细化金属组织等。

8.5.2 初生夹杂物

8.5.2.1 初生夹杂物的形成

在金属熔炼过程中及炉前处理时，液态金属内会产生大量的一次非金属夹杂物。这类夹杂物的形成大致经历了两个阶段，即夹杂物的偏晶析出和聚合长大。

夹杂物的偏晶析出：从液态金属中析出固相夹杂物是一个结晶过程，夹杂物往往是结晶过程中最先析出的相，并且大多属于偏晶反应。当对金属进行脱氧、脱硫和孕育处理时，由于对流、传质和扩散，液态金属内会出现许多有利于夹杂物形成的元素微观聚集区域。该区的液相浓度到达 L_1 时，将析出非金属夹杂物相，发生偏晶反应：

$$L_1 \xrightarrow{\quad T_0 \quad} L_2 + A_m B_n \tag{8-48}$$

即在 T_0 温度下，含有形成夹杂物元素 A 和 B 的高浓度聚集区域的液相，析出固相非金属夹杂物 $A_m B_n$ 和含有与其平衡的液相 L_2。L_1 与 L_2 的浓度差使 A、B 元素从 L_1 向 L_2 扩散，夹杂物不断长大，直到 L_1 达到 L_2 浓度为止。这样，在 T_0 温度下达到平衡时，只存在 L_2 与 $A_m B_n$ 相。

夹杂物的聚合长大：夹杂物从液相中析出时尺寸很小（仅有几个微米），数量却很多（数量级可达每立方厘米 10^8 个）。由于对流、环流及夹杂物本身的密度差，夹杂物质点在液态金属内将产生上浮或下沉运动，并发生高频率的碰撞。异类夹杂物碰撞后，可产生化学反应，形成更复杂的化合物，如：

$$3Al_2O_3 + 2SiO_2 \longrightarrow 3Al_2O_3 \cdot 2SiO_2 \tag{8-49}$$

$$SiO_2 + FeO \longrightarrow FeSiO_3 \tag{8-50}$$

不能产生化学反应的同种夹杂物相遇后，可机械粘连在一起，组成各种成分不均匀、形状不规则的复杂夹杂物。夹杂物粗化后，其运动速度加快，并以更高的速度与其他夹杂物发生碰撞。如此不断进行，使夹杂物不断长大，其成分或形状也越来越复杂。与此同时，某些夹杂物因成分变化或熔点较低而重新熔化，有些尺寸大、密度小的夹杂物则会浮到液态金属表面。

8.5.2.2　初生夹杂物的分布

（1）能作为金属非自发结晶核心的夹杂物　这类夹杂物因结晶体与液态金属存在密度差而下沉，故在铸件底部分布较密集，且多数分布在晶内。显然，冷却速度或凝固速度越快、铸件断面越小、浇注温度越低、液态金属内对流速度越小时，这些微小晶体下沉就越困难，夹杂物的分布就越均匀。

（2）不能作为非自发结晶核心的微小固体夹杂物　这类夹杂物的分布取决于液态金属 L、晶体 C 和夹杂物 I 之间的表面能关系。当凝固区域中的固态夹杂物与正在成长的树枝晶发生接触时，若 $\sigma_{IC} < \sigma_{LI} + \sigma_{LC}$，则微小夹杂物就会被树枝晶所黏附而陷入晶内，否则夹杂物就会被推开。显然，夹杂物被晶体黏附的先决条件是两者必须发生接触。夹杂物越小（运动速度越慢），晶体成长速度越快，两者越容易发生接触，夹杂物被晶体粘住的可能性越大。通常，陷入晶内的夹杂物分布比较均匀，被晶体推走的夹杂物常聚集在晶界上。

（3）能上浮的液态和固态夹杂物　液态金属不溶解的夹杂物也会产生沉浮运动，发生碰撞、聚合而粗化。若夹杂物密度小于液态金属的密度，则夹杂物的粗化将加快其上浮速度。铸件凝固后，这些夹杂物可能移至冒口而排除，或保留在铸件的上部及上表面层。

8.5.2.3 排除液态金属中初生夹杂物的途径

（1）加熔剂在液态金属表面覆盖一层能吸收上浮夹杂物的熔剂（如铝合金精炼时加入氯盐），或加入能降低夹杂物密度或熔点的熔剂（如球墨铸铁加冰晶石），有利于夹杂物的排除。

（2）过滤法使液态金属通过过滤器以去除夹杂物。过滤器分非活性和活性两种，前者起机械作用，如用石墨、镁砖、陶瓷碎屑等；后者还多一种吸附作用，排渣效果更好，如用 NaF、CaF_2、Na_3AlF_6 等。

（3）排除和减少液态金属中气体的措施，如合金液静置处理、浮游法净化、真空浇注等，同样也能达到排除和减少夹杂物的目的。

8.5.3 二次氧化夹杂物

8.5.3.1 二次氧化夹杂物的形成

在浇注及充型过程中，由于金属流动时产生的紊流、涡流及飞溅等，表面氧化膜会被卷入液态金属内部。此时因液体的温度下降较快，卷入的氧化物在凝固前来不及上浮到表面，从而在金属中形成二次氧化夹杂物。这类夹杂物常出现在铸件上表面、型芯下表面或死角处。二次氧化夹杂物是铸件非金属夹杂缺陷的主要来源，其形成与下列因素有关。

A 化学成分

液态金属含有易氧化的金属元素（如镁、稀土等）时，容易生成二次氧化夹杂物。氧化物的标准生成吉布斯能越低，即金属元素的氧化性越强，生成二次氧化夹杂物的可能性越大；易氧化元素的含量越多，二次氧化夹杂物的生成速度和数量就会越大。

B 液面条件

液态金属充填铸型时，铸型中的水分会产生蒸发，在液面形成氧化性气氛，从而加速液面的氧化，增大产生二次氧化夹杂物的倾向。液态金属表面若能逸出非氧化性气体，则能降低表面的氧分压，减少液态金属的氧化程度。逸出表面的气体若具有还原性，则可保护液态金属不被氧化。

C 液流特性

液态金属与大气接触的机会越多，接触面积越大，接触时间越长，产生的二次氧化夹杂物就越多。浇注时，液态金属若呈平稳的层流运动，则可减少二次氧化夹杂物；若呈紊流运动，则会增加液态金属与大气接触的机会。液态金属产生的涡流、对流和飞溅等容易将氧化物和空气带入金属液内部，使二次氧化夹杂物形成的可能性增大。

D 熔炼温度

金属熔炼温度低，易出现液态氧化物熔渣和固态熔渣；熔炼温度越低，金属流动性越差，金属氧化越严重，熔渣越不易上浮而残留在液态金属内，凝固后形成夹杂。

8.5.3.2　防止和减少二次氧化夹杂物的途径

（1）正确选择合金成分，严格控制易氧化元素的含量。

（2）采取合理的浇注系统及浇注工艺，保持液态金属充型过程平稳流动。

（3）严格控制铸型水分，防止铸型内产生氧化性气氛。还可加入煤粉等碳质材料，或采用涂料，以形成还原性气氛。

（4）在液态金属表面加入熔剂，促使氧化物夹杂的排除，保护型内金属表面不被氧化。

（5）对要求高的重要零件或易氧化的合金，可以在真空或保护性气氛下浇注。

8.5.4　次生氧化夹杂物

次生夹杂物是指合金凝固过程中，金属相结晶的同时所伴生的非金属夹杂物，其大小通常属于微观范畴。这类夹杂物的形成与合金凝固时液相中溶质元素的富集有着密切关系。由于这种夹杂物是从偏析液相中产生的，因此又称为偏析夹杂物。各枝晶间偏析的液相成分不同，产生的偏析夹杂物也就有差异。

和高熔点初生夹杂物一样，偏析夹杂物有的能被枝晶黏附而陷入晶内，其分布比较均匀；有的被生长的晶体推移到尚未凝固的液相内，并在液相中产生碰撞、聚合而粗化，凝固完毕时被排挤到初晶晶界上。

8.5.5　焊缝中的夹杂物

焊缝中的氮化物夹杂多在焊接保护不良时出现，对于低碳钢和低合金钢，主要的氮化物是 Fe_4N，它是焊缝在时效过程中从过饱和固溶体中析出的，并以针状分布在晶粒上或贯穿晶界。焊缝中的硫化物夹杂主要有 MnS 和 FeS 两种。FeS 通常沿晶界析出，并与 Fe 或 FeO 形成低熔点（988℃）共晶。低碳钢焊缝存在的氧化物夹杂主要是 SiO_2、MnO、TiO_2 和 Al_2O_3 等，一般以硅酸盐的形式存在。

防止焊缝产生夹杂物的最重要措施是：

（1）正确地选择原材料（包括母材和焊接材料），母材、焊丝中的夹杂物应尽量少，焊条、焊剂应具有良好的脱氧、脱硫效果。

（2）要注意工艺操作，如选择合适的工艺参数；适当摆动焊条以便于熔渣浮出。

（3）加强熔池保护，防止空气侵入；多层焊时清除前一道焊缝的熔渣等。

9 凝固新技术

9.1 定向凝固

　　定向凝固又称为定向结晶，是使金属或合金在熔体中定向生长晶体的一种工艺方法。定向凝固技术是在铸型中建立特定方向的温度梯度，使熔融合金沿着热流相反方向，按要求的结晶取向进行凝固铸造的工艺。它能大幅度地提高高温合金综合性能。

　　铸件中形成定向凝固的柱状晶组织需要两个基本条件：首先热流向单一方向流动并垂直于生长中的固—液界面；其次，晶体生长前方熔体中没有稳定的结晶核心。为此，在工艺上必须采取措施避免侧向散热，同时在靠近固—液界面的熔体中维持较高的温度梯度。图 9-1 是目前广泛使用的定向凝固装置示意图。

9.1.1 定向凝固工艺

　　定向凝固是在凝固过程中采用强制手段，在凝固金属样未凝固熔体中建立起沿特定方向的温度梯度，从而使熔体在气壁上形核后沿着与热流相反的方向，按要求的结晶取向进行凝

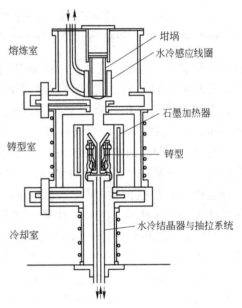

图 9-1　定向凝固炉示意图

固的技术。该技术最初是在高温合金的研制中建立并完善起来的。采用、发展该技术最初是用来消除结晶过程中生成的横向晶界，从而提高材料的单向力学性能。该技术运用于燃气涡轮发动机叶片的生产，所获得的具有柱状乃至单晶组织的材料具有优良的抗热冲击性能、较长的疲劳寿命、较高的蠕变抗力和中温塑性，因而提高了叶片的使用寿命和使用温度，成为当时震动冶金界和工业界的重大事件之一。图 9-2 是不同凝固速率的镍基单晶高温合金的凝固组织形貌。

　　目前，要得到单晶体或者具有特定方向性的组织结构，一般都采用定向凝固技术。特别是对于航空航天领域来说，普通的铸造方式已经无法满足发动机叶片

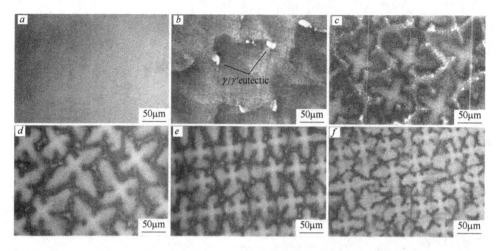

图 9-2   不同凝固速率制备的镍基单晶高温合金的凝固组织形貌

$a—R = 3.3\,\mu m/s$；$b—R = 10\,\mu m/s$；$c—R = 50\,\mu m/s$；$d—R = 100\,\mu m/s$；$e—R = 200\,\mu m/s$；$f—R = 500\,\mu m/s$

性能的要求了，而定向凝固技术所制备的金属基复合材料具备更优越的高温强度、热蠕变性、热疲劳和抗高温氧化等性能，使得定向凝固技术在该领域得以广泛应用。另外，定向凝固技术在制备一些特殊功能材料时也发挥了其独特的优势，这些特殊功能材料包括磁性晶体、红外晶体、激光晶体和单晶硅等。图 9-3 是采用定向凝固技术制备的棒状共晶经过湿法腐蚀以后得到的 Si-TaSi$_2$ 场发射阵列示意图。图 9-4 是 Nd-Fe-B 磁性材料的金相组织照片，其中枝晶相为 γ-Fe，黑色相为富 Nd 相，其余为 T$_1$ 相，T$_1$ 相的形态、取向、分布及相对含量对 Nd-Fe-B 材料的磁性能有至关重要的影响。

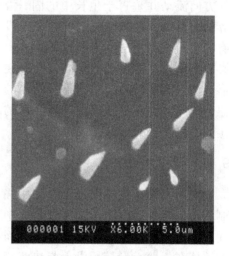

图 9-3   定向凝固技术制备的
Si-TaSi$_2$ 场发射阴极材料

　　定向凝固技术的最大优势在于，其制备的合金材料消除了基体相与增强相相界面之间的影响，有效地改善了合金的综合性能。同时，该技术也是学者们研究凝固理论与金属凝固规律的重要手段。

　　定向凝固技术的工艺参数主要有固—液界面前沿液相中的温度梯度 G_L 和固—液界面向前推进的速度即晶体生长速率 R。G_L/R 值是控制晶体长大形态的重要判据。在提高 G_L 的条件下增加 R，才能获得所要求的晶体形态，细化组织，改善

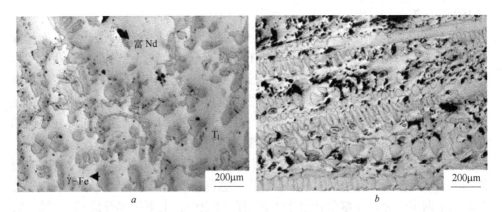

图 9-4　Nd13.5% Fe79.75% B6.75% 合金定向凝固金相照片 ($R = 2\mu\text{m/s}$)

a—横截面；b—纵截面

质量，提高生产率。

对一定成分的合金来说，从熔体中定向地生长晶体时，必须在固—液界面前沿建立必要的温度梯度，以获得某种晶体形态的定向凝固组织。温度梯度大小直接影响晶体的生长速率和晶体的质量。对于坩埚下降定向凝固法来说，其温度梯度可表示为：

$$G_{\text{L}} = \frac{\lambda_{\text{S}} G_{\text{S}}}{\lambda_{\text{L}}} - \frac{LR\rho_{\text{L}}}{\lambda_{\text{L}}} \tag{9-1}$$

式中，R 为凝固速率；L 为结晶潜热；ρ_{L} 为熔体的密度；λ_{S}、λ_{L} 分别是固体和液体的热导率；G_{S} 为固相温度梯度。

若 λ_{S}、λ_{L} 为常数，则在凝固速率一定时，G_{L} 与 G_{S} 成正比。通过增大 G_{S} 来增强固相的散热强度，这是获得大的 G_{L} 的重要途径。但是，固相散热强度的增大，在提高 G_{L} 的同时，也会使凝固速率 R 增大。因此，为提高 G_{L}，常用提高固—液界面前沿熔体的温度来达到。G_{L} 大时，有利于抑制成分过冷，从而提高晶体的质量。但是并不是温度梯度 G_{L} 越大越好，特别是制备单晶时，熔体温度过高，会导致液相剧烈地挥发、分解和受到污染，从而影响晶体的质量。固相温度梯度 G_{S} 过大，会使生长着的晶体产生大的内应力，甚至使晶体开裂。

根据工艺方法的不同，定向凝固装置多种多样，但其共同点是保证合金溶液的凝固方向与热流方向相反，从而得到具有一定方向性的层片或纤维状晶体。根据定向凝固技术发展阶段和工艺先进程度的不同，可将其分为常规定向凝固技术和新型定向凝固技术。

9.1.1.1　常规定向凝固技术

根据工艺方法和冷却方式，可以将常规的定向凝固技术分为以下几种：发热剂法（EP 法）、功率降低法（PD 法）、高速凝固法（HRS 法）、液态金属冷却法

（LMC 法）等：

（1）发热剂法。定向凝固技术发展的起步阶段就是发热剂法。该法的温度梯度由下向上，铸型上方冒口采用发热剂覆盖，下方装有一个冷却板，利用喷水冷却，这样就形成了具有固定方向的温度梯度，而合金溶液采用自上而下浇注方式进行凝固，在此过程中，铸型可以预热，也可以通过四周填充发热材料来保证侧向温度均匀。然而，该方法的主要缺点在于热流的单向方向性不能得到很好的保证，只能用于生产小型的、材料性能要求不高的简单铸件。

（2）功率降低法。功率降低法采用的感应线圈加热方式，通过控制感应线圈的电流来形成一个自下而上的温度梯度。感应线圈由两部分组成，分别位于铸型的上下两半部分，在熔融合金注入铸型的过程中，上下两部分线圈同时加热，在合金溶液浇铸完成后，下部感应线圈停止加热，而上部感应线圈适当的调节加热电流，在铸型底部采用水冷方式进行激冷，从而实现了合金溶液的定向凝固。该工艺的温度梯度只有 $9 \sim 11℃/cm$，并且所得到的合金材料柱状晶排列不够整齐，甚至会产生树枝晶，合金显微组织不够均匀。该工艺在以前有所应用，现今已被更为先进的定向凝固工艺所取代。

（3）高速凝固法。高速凝固法是在功率降低法基础上发展起来的新工艺，在工业生产中得到了一定的应用。该法有效地提高了温度梯度，特点在于：加热器和铸件在特制的液压移动装置作用下会产生相对移动，并且在铸型底部装有隔热垫片。在这里，隔热垫片的加入对于大幅度提高温度梯度起到了关键性的作用。在冷却方面，该法采取空冷方式，成功地避免了炉壁对铸件的影响。由于具备了以上优点，通过该法制备的合金材料层片或纤维组织结合比较紧密，晶体取向明确且均匀分布，从而使得材料综合力学性能大大增加。

（4）液态金属冷却法。液态金属冷却法出现于 20 世纪 70 年代中期，该法有效地使固—液两相之间的温度梯度得以提高并且使得熔体散热能力大大增加。该法已在工业领域得到广泛应用。其特点在于冷却方式，该法首次采用液态金属冷却液，熔融合金液被注入特制的模壳中，在保温环境中，通过液压或气压升降装置使得模壳直接浸入液态金属冷却液中。由于液态金属冷却液的冷却能力大大超越水冷或空冷，所以提高了散热能力，在炉体底部固液相之间具有很大的温度梯度，并且热平衡稳定。所得材料具备良好的综合力学性能。该法的核心在于液态金属冷却液的选择，选择标准为高热导率、低熔点和低蒸气压。

9.1.1.2 新型定向凝固技术

区别于传统定向凝固技术，新型定向凝固技术在提高冷却速率和温度梯度方面取得了较大的突破，主要包括连续定向凝固法（OCC）、区域熔化液态金属冷却法（ZMLMC 法）、深过冷定向凝固技术（SDS）、电磁约束成型定向凝固（EMCS）和二维定向凝固技术（BDS）：

（1）连续定向凝固法（OCC）。该工艺方法所提供的热流方向与晶体生长方向相反，合金熔体在离开结晶器的瞬间进行凝固。整个过程中，为防止合金溶液在铸型壁上形核，要使熔体温度低于结晶器温度。由连续定向凝固法所获得的合金材料组织细密、夹杂物和缩孔等缺陷较稀少，并且晶粒呈较长的层片或纤维状，有效地消除了横向晶界。目前，小尺寸的铜合金和铝合金铸件主要采用这种方式进行生产。

（2）区域熔化液态金属冷却法（ZMLMC 法）。为获得超细柱状晶体组织，区域熔化液态金属冷却法应运而生，该法在 20 世纪 90 年代，由西北工业大学的李建国等学者研制而成。其特点在于其加热方式，合金熔体凝固前沿，高频感应电场或电子束加热方式被采用。这样不仅提高了凝固速率，并且在凝固前沿小区域内得到了较高的温度梯度，最大 1300K/cm。由于凝固速率大大提高，在单向凝固过程中，晶体横向生长得到快速抑制，纵向生长在较高的温度梯度下快速进行，从而获得了超细柱状晶体组织。

（3）深过冷定向凝固技术（SDS）。西北工业大学李德林等人多年来致力于该方法的研究，成绩突出。该法的主要特点在于使熔体在形核过程中获得了较大的过冷度。在高的过冷度作用下，合金熔体凝固速率大幅提升，不仅使得合金综合力学性能大大提高，而且还提高了生产效率，有利于大规模工业应用。

（4）电磁约束成型定向凝固（EMCS）。该工艺方法的特点在于在合金熔体凝固过程中脱离了铸模对凝固过程的影响，纯粹依靠合金熔液表面张力和感应线圈所产生的电磁力来使得合金熔体在没有外界干扰的环境中自由定向形核长大，从而使得材料表面无污染、无表面裂纹等缺陷，其成材率大幅度提升。西北工业大学傅恒志等人在该工艺方法的研究上取得了可喜的成果。

（5）二维定向凝固技术（BDS）。该方法与上述所有定向凝固技术有所不同，上述方法都是控制热流沿着单一方向，使得合金材料沿热流反方向单向生长，从而得到具有单一方向的柱状晶组织结构，可以说是一维定向凝固技术。而在工业应用中，通常会需要一些具有高性能的圆盘状工件，一维定向凝固技术无法制备此类工件。由此，二维定向凝固技术得以发展。其特色在于热流方向的控制，对于圆盘状工件来说，热流要保证合金熔体由边部朝向中心生长，从而获得沿径向整齐分布的柱状晶体组织。在 20 世纪 80 年代末，学者们采用二维定向凝固技术（BDS）成功地制备出了高温 Ni 基复合材料和 Al 基复合材料。

9.1.2 定向凝固技术的应用

定向凝固技术常用于制备柱状晶和单晶。合金在定向凝固过程中，由于晶粒的竞争生长，形成了平行于抽拉方向的结构。最初产生的晶体，其取向呈任意分布。其中具有平行于凝固方向的晶体凝固较快，而其他取向的晶体，最后都消失了（见图9-5）。因此，存在一个凝固的初始阶段，在这个阶段柱状晶密度大，随着晶体的生长，柱状晶密度趋于稳定。因此，任何定向凝固铸件都有必要设置可以切去的结晶起始区，以便在零件本体开始凝固前就建立起所需的晶体取向结构。若在铸型中设置一段缩颈过道（晶粒选择器），在铸件上部选择一个单晶体，就可以制得单晶零件，如涡轮叶片等。

9.1.2.1　柱状晶的生长

柱状晶包括柱状树枝晶和胞状柱状晶。通常采用定向凝固工艺，使晶体有控制地向着与热流方向相反的方向生长，减少偏析、疏松等，

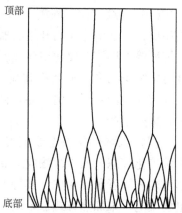

图9-5　定向凝固晶粒组织沿长度方向的变化示意图

形成取向平行于主应力轴的晶粒，基本上消除了垂直应力轴的横向晶界，使合金的高温强度、蠕变和热疲劳性能有大幅度的改善。

获得定向凝固柱状晶的基本条件是合金凝固时热流方向必须是定向的。在固—液界面应有足够高的温度梯度，避免在凝固界面的前沿出现成分过冷或外来核心，使柱状晶横向生长受到限制。另外，还应该保证定向散热，绝对避免侧面型壁生核长大，长出横向新晶体。因此，要尽量抑制液态合金的形核能力。提高液态合金的纯洁度，减少氧化、吸气所形成的杂质污染是用来抑制形核能力的有效措施。另外，还可以通过添加适当的元素或添加物，使形核剂失效。

G_L/R 值决定着合金凝固时组织的形貌，G_L/R 值又影响着各组成相的尺寸大小。由于 G_L 在很大程度上受到设备条件的限制，因此，凝固速率 R 就成为控制柱状晶组织的主要参数。

9.1.2.2　单晶生长

定向凝固是制备单晶体的最有效的方法。单晶在生长过程中要绝对避免固—液界面不稳定而长出胞状晶或柱状晶，因而固—液界面前沿不允许有温度过冷和成分过冷。固—液界面前沿的熔体应处于过热状态，结晶过程的潜热只能通过生长着的晶体导出。定向凝固满足上述热传输的要求，只要恰当地控制固—液界面前沿熔体的温度和晶体生长速率，是可以得到高质量的单晶体的。为了得到高质量的单晶体，首先要在金属熔体中形成一个单晶核，而后在晶核和熔体界面上不断生长出单晶体。20世纪60年代初，美国普拉特·惠特尼公司用定向凝固高温合金制造航空发动机单晶涡轮叶片，与定向柱状晶相比，在使用温度、抗热疲劳强度、蠕变强度和抗热腐蚀性等方面都具有更为良好的性能。

（1）单晶生长的特点。单晶体是从液相中生长出来的，按其成分和晶体特征，可以分为三种：

1）晶体和熔体成分相同。纯元素和化合物属于这一种。

2）晶体和熔体成分不同。为了改善单晶材料的电学性质，通常要在单晶中掺入一定含量的杂质，使这类材料实际上变为二元或多元系。这类材料要得到均匀成分的单晶困难较大，在固—液界面上会出现溶质再分配。因此熔体中溶质的扩散和对流对晶体中杂质的分布有重要作用。

3）有第二相或出现共晶的晶体。高温合金的铸造单晶组织不仅含有大量基体相和沉淀析出的强化相，还有共晶析出于枝晶之间。整个零件由一个晶粒组成，晶粒内有若干柱状枝晶，枝晶是"十"字形花瓣状，枝晶干均匀，二次枝晶干互相平行，具有相同的取向。纵截面上是互相平行排列的一次枝干，这些枝干同属一个晶体，不存在晶界。严格地说，这是一种"准单晶"组织，与晶体学上严格的单晶是不同的。由于是柱状单晶，在凝固过程中会产生成分偏析、显微疏松及柱状晶间小角度取向差（2°~3°）等，这些都会不同程度地损害晶体的完整性，但是单晶体内的缺陷比多晶粒柱状晶界对力学性能的影响要小得多。

（2）单晶生长的方法。根据熔区的特点，单晶生长的方法可以分为正常凝固法和区熔法：

1）正常凝固法。正常凝固法制备单晶，最常用的有坩埚移动、炉体移动及晶体提拉等定向凝固方法。

坩埚移动或炉体移动定向凝固法的凝固过程都是由坩埚的一端开始，坩埚可以垂直放置在炉内，熔体自下而上凝固或自上而下凝固，也可以水平放置。最常用的是将尖底坩埚垂直沿炉体逐渐下降，单晶体从尖底部位缓慢向上生长；也可以将"籽晶"放在坩埚底部，当坩埚向下移动时，"籽晶"处开始结晶，随着固—液界面移动，单晶不断长大。这类方法的主要缺点是晶体和坩埚壁接触，容易产生应力或寄生成核，因此，在生产高完整性的单晶时，很少采用。

晶体提拉是一种常用的晶体生长方法，又称为 Czochralski 法。它能在较短时间里生长出大而无位错的晶体。将欲生长的材料放在坩埚里熔化，然后将籽晶插入熔体中，在适当的温度下，籽晶既不熔掉，也不长大；然后，缓慢向上提拉和转动晶杆。旋转一方面是为了获得好的晶体热对称性，另一方面也搅拌熔体。用这种方法生长高质量的晶体，要求提拉和旋转速度平稳，熔体温度控制精确。单晶体的直径取决于熔体温度和拉速；减少功率和降低拉速，晶体直径增加，反之直径减小。提拉法的原理图如图9-6所示。

提拉法的主要优点是：

① 在生长过程中，可以方便地观察晶体的生长状况。

②晶体在熔体的自由表面处生长，而不与坩埚接触，显著减少晶体的应力，并防止坩埚壁上的寄生成核。

③可以以较快的速度生长，具有低位错密度和高完整性的单晶，而且晶体直

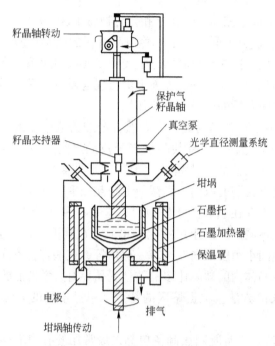

图 9-6　TDR-40A 单晶拉制设备简图

径可以控制。

2）区熔法。区熔法可分为水平区熔法和悬浮区熔法。水平区熔法制备单晶是将材料置于水平舟内，通过加热器加热，首先在舟端放置的籽晶和多晶材料间产生熔区，然后以一定的速度移动熔区，使熔区从一端移至另一端，使多晶材料变为单晶体。该法的优点是减小了坩埚对熔体的污染，降低了加热功率，另外区熔过程可以反复进行，从而提高了晶体的纯度或使掺杂均匀化。水平区熔法主要用于材料的物理提纯，也可用来生产单晶体。

悬浮区熔法是一种垂直区熔法，它是依靠表面张力支持着正在生长的单晶和多相棒之间的熔区，由于熔硅有较大的表面张力和小的密度，所以该法是生产硅单晶的优良方法，该法不需要坩埚，免除了坩埚污染。此外，由于加热温度不受坩埚熔点限制，因此可用来生长熔点高的单晶，如钨单晶等。电子束悬浮区熔炼设备采用电子束加热，主要用来对高熔点金属棒材进行浮区熔炼以及复合材料的定向凝固。图 9-7 是电子束悬浮区域熔炼的示意图。用来进行悬浮区熔炼的棒料是垂直安装在带有上夹钳和下夹钳的夹持结构中，下夹钳可使试样在一定的范围内左右上下调整，

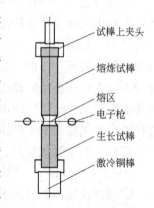

图 9-7　电子束悬浮区
熔炼示意图

环形阴极能借助于传动机构以一定的速度沿试样上下移动。电子束环形阴极是由环形钨丝和静电聚焦系统组成，聚焦系统位于环形阴极周围。在工作时，阴极接负高压，夹持的试样在系统中接地，作为阳极。在高压电源接通时，阴极发射出的电子被加速，轰击试样，其动能转化为热能。如果电子束的能量足够高，试棒被加热到白热化而熔化。随着电子枪的向上移动，试样也发生了自下而上的熔化与凝固。

9.1.2.3　定向凝固合金的力学行为

多晶材料在高温下的断裂，一般起始于垂直于主应力的横向晶界。如果这些有害的横向晶界的密度可以通过定向凝固制取柱状晶来减少，或者通过制取单晶部件来消除，那么断裂会受到抑制，某些力学性能，尤其是塑性将得到改善。定向凝固所得到的力学性能的改善，是定向凝固对材料微观组织的影响的结果。

（1）弹性各向异性。普通铸造合金在宏观上显示各向同性的弹性及塑性，这是由于组成材料的晶粒的取向是随机分布的。在单晶状态下，力学性能取决于应力施加的方向，并反映出结晶学上的对称性。定向凝固获得的柱状晶组织，具有介于等轴晶和单晶之间的力学行为，表现在凝固方向与横向之间有差异，但在横向上是各向同性的。

（2）塑性各向异性。不同取向的单晶高温合金的拉伸试验表明，温度低于760℃时，变形特性有很强的各向异性，在较高温度下则显示各向同性。低温下的各向异性及缺少加工硬化均与单滑移系易产生滑移有关。温度高于980℃时，所有取向急剧变为各向同性变形，这意味着在高温下其他的滑移系被激活了。在定向凝固生产的柱状晶中，应力相当均匀地分布在不同晶粒上，使各晶体在相同应变下产生屈服。因此，在定向凝固材料变形时产生的内应力小，这可用材料塑性高来解释。这与普通铸造高温合金中的低塑性正好相反。

（3）蠕变特性。研究表明，高温合金定向凝固材料的蠕变伸长率大为增加，断裂韧度提高。在因定向凝固而额外增加的断裂韧度中，大部分是由于第三阶段蠕变延长的结果，不是由于蠕变强度提高的结果。

（4）循环形变。定向凝固高温合金沿生长轴的弹性模量低，在应变控制条件下，应力范围就低于普通铸造的同一合金。在温度循环中，一个部件上冷却速率及加热速率不同的部位会引起应变控制的热疲劳，沿生长轴取向的晶体的弹性模量低而断裂性能好，就保证在稳态负荷和热疲劳方面比普通铸造合金高。在应力控制的高循环疲劳条件下，沿生长轴取向的晶体的性能低于普通铸造合金，但是定向凝固材料塑性的提高有可能克服低模量的缺点，从而使疲劳寿命有显著的改进。定向凝固的 MarM200 沿纵向受力时，其 10^7 循环疲劳极限大约比普通铸造合金高10%，而横向受力时其疲劳极限与普通铸造合金相当。

（5）断裂。等轴晶高温合金的蠕变断裂一般与晶界有关。蠕变裂纹一般都沿垂直于外加应力方向的晶界扩展。定向凝固组织中基本消除了横向晶界，所以沿晶界开裂的机制不会发生，裂纹是穿晶而不是沿晶扩展的。

总之，与普通铸造合金相比，定向凝固合金在弹性、塑性、抗蠕变性、抗疲劳性等方面都具有突出特点，在高温耐热合金方面有广泛应用。

9.2　优质铸件凝固

优质铸件凝固是材料成型加工的基础。90%以上的金属结构材料经铸造、锻压、焊接加工成型，所有铸件、锻坯、焊材均需经过"凝固过程"。中国铸件年产量 1200 万吨，居世界第二，但质量不高，优质铸件仅为 20.7%（美国 40.7%）。航空航天熔模精铸件，世界销售额 52.3 亿美元，美国占 47.4%（24.8 亿元），中国占 3.4%（1.8 亿元）。我国铸件重量平均比国外重 10%~20%。

因此优质铸件凝固加工的发展目标是净/近净终形——精确控形，和组织结构的可测与可控——精确控构。而其发展趋势为：一是采用新的凝固加工工艺即挤压铸造、调压铸造、半固态铸造、连续铸轧、精密铸造、自蔓延高温合成熔铸等；二是精确控制凝固过程即纯净化、均质化、细晶化、净终形；三是凝固加工过程的模拟仿真。

自从 1962 年丹麦学者首次用有限差分法计算凝固过程温度场以来，模拟与仿真已相当成熟并且应用广泛，不断发展。据美科学研究院工程技术委员会测算，通过对铸件的模拟仿真可以提高产品质量 5 ~ 15 倍；增加材料利用率 25%；降低技术成本 13%~30%；降低人工成本 5%~20%；提高设备利用率 30%~60%；缩短产品周期 30%~60%；提高分析深度及广度能力 3 ~ 3.5 倍。

9.3　深过冷凝固

材料在大过冷度下的凝固是一种极端非平衡凝固。一般它是借助于快速凝固和熔体净化的复合作用而得到的。快速凝固通过改变溶质分凝（溶质捕获），液、固相线温度及熔体扩散速度等使合金达到深过冷状态。熔体净化则通过消除异质核心，使熔体达到过冷状态。图 9-8 说明合金深过冷与快速凝固和熔体净化的关系，以及通过深过冷凝固可能获得的组织结构。为了获得大块非晶及准晶材料还必须借助于合金系的正确选择和成分设计使合金材料具有较高的玻璃化转变温度和强的非晶形成能力。

图 9-9 是将深过冷与定向凝固技术相结合，在很低的温度梯度下获得的 Ni-Cu 合金的定向凝固组织，可以看出，其一次枝晶间距比在超高梯度快速定向凝固下获得的组织还要细密。

图 9-10 是 Al-Cu-V 合金凝固过程的 *TTT* 曲线。可见在较小冷速 v_3 下合金的

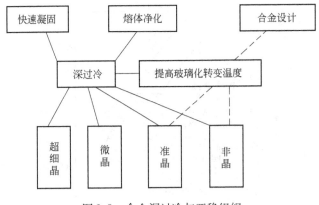

图 9-8 合金深过冷与亚稳组织

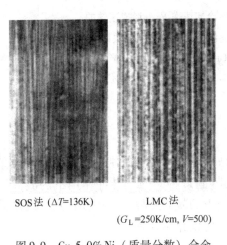

SOS 法 (ΔT=136K) LMC 法
(G_L=250K/cm, V=500)

图 9-9 Cu-5.0% Ni（质量分数）合金
两种不同凝固工艺

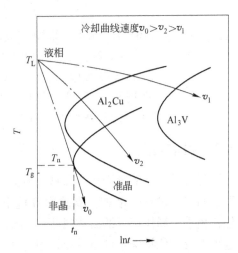

图 9-10 $Al_{75}Cu_{15}V_{10}$ 合金凝固
过程的 TTT 曲线

凝固组织为 $Al_2Cu + Al_3V$。如冷速加大到 v_2，凝固组织为 Al_2Cu 和准晶的混合物，当冷速超过 v_0，则得到完全的非晶合金。图 9-11 则是不同合金系及不同成分合金的玻璃转化温度（T_g/T_m）和形成非晶的临界冷却速率的关系。如 $Pd_{40}Cu_{30}Ni_{10}P_{20}$ 合金以 0.6K/s 的冷速就可使 100mm 尺度的块材料得到非晶，比非晶 Ni 基合金的临界冷速降低 6~7 个数量级。

迄今为止，凝固理论和技术的进展主要涉及近平衡低速、正温度梯度和小过冷度下的凝固问题，对在负温度梯度，尤其是在大过冷度下材料的凝固特性，了解和掌握得很不够，它更直接地涉及熔体结构和材料本身的物性问题，应是今后着重研究的一个领域。同时，将深过冷技术与合金设计结合，开创了更为广阔的非晶材料领域的开发。

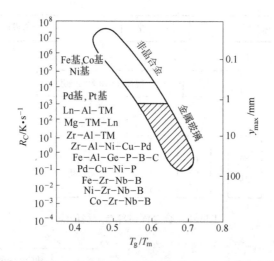

图 9-11　大块金属玻璃形成临界冷却速率 R_C，形成玻璃的

最大厚度 y_{max} 和约化玻璃转变温度 T_g/T_m 之间的关系

（1. 阴影部分为大块金属玻璃合金：Ln-Al-TM，Mg-TM-Ln，Zr-Al-TM，

Zr-TM-Be。冷速：$0.1 \sim 10^3$ K/s，尺度：$1 \sim 100$ mm；2. $Pd_{40}Cu_{30}Ni_{10}P_{20}$

在 0.1 K/s，100 mm 条件下，R_S 下降 $6 \sim 7$ 个数量级；3. T_g/T_m 大时 GFA 大）

9.4　超常凝固

超常条件下的凝固指在某些特殊条件或特殊环境下，区别于一般公认常规条件下的凝固过程。诸如，微重力环境下的凝固过程，强电脉冲作用下的凝固过程，超重力场作用下的凝固过程，高压环境下的凝固过程，电磁场作用下的凝固过程以及其他特殊条件下的凝固过程等。在此仅介绍几种。

9.4.1　微重力下的凝固

9.4.1.1　在微重力下的凝固特点

在微重力（太空失重）下液态金属具有以下特点：

（1）液态金属中因重力引起的对流几乎消失。

（2）液态金属中由于不同物质密度差引起的下沉、上浮以及分层偏析现象几乎消失。

（3）液体表面张力和润湿作用变得突出。

（4）可在高真空条件下凝固，在距地球表面 500km 的太空轨道飞行器上，真空度可达到 1333.32×10^{-8} Pa。在如此高真空下，可排除金属材料中的气体，制取高纯度材料。

（5）可在液态急冷条件下凝固。在轨道飞行器的向阳一面有很高的温度，而在其背阴面却有极低的温度（ - 200℃），由此可实现液态金属的快速凝固。

重力是系统中引起自然对流的重要驱动力之一，常规重力场下熔体对流常常造成铸件及晶体缺陷：成分不均匀性及结构不完整性，诸如偏析、位错、空洞、杂晶、条带等。图 9-12 是不同对流传输条件下溶质浓度的分布。可以看出，减小或基本消除对流影响，使纯扩散占主导地位，必须减少重力加速度，一般当重力加速度小于 $10^{-4}g$，才会产生明显效果。图 9-13 是分别在地面与空间条件进行的 Al-Cu 合金的定向凝固实验结果。与前图比较可看出，在微重力条件下，基本可以得到纯扩散的凝固条件，完全消除沿试样的纵向偏析。

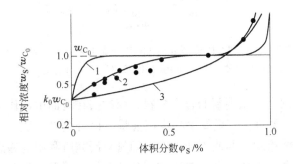

图 9-12　不同传输条件下，Te 在 GaSb 定向凝固试样中分布曲线
1—纯扩散的计算结果；2—对于底部籽晶的典型竖直 Bridgeman 条件的测量结果；3—强对流混合

在 Ge 晶体中掺杂 Ga，由于重力引起的对流效应，使晶体内往往有宏观的沿径向的区域偏析，而在微重力条件下，Ga 的径向分布就比较均匀。另外，重力场引起的对流影响液/固界面扰动临界波长，导致界面失稳，破坏平界面形态生长条件。而在空间环境中微重力却增大生长界面的稳定性，促使平界面生长，从而使保持平界面稳定生长的临界溶质浓度成倍增大，这就允许在增加掺杂元素含量的同时仍保持平界面生长。图 9-14 是一定温

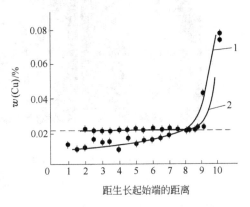

图 9-13　Al-Cu 合金中的轴向偏析分布曲线
1—地面条件下凝固；2—空间条件下凝固

度梯度下，微重力与常规重力条件对 Pb 中 Sn 的临界溶质浓度（保持平界面生长）的比较，显示在微重力条件下，所实验的凝固速率范围，Sn 的 I 临界浓度约 10 倍于常规重力。

利用微重力制备难混溶偏晶合金是当前微重力技术应用于材料领域的一个重

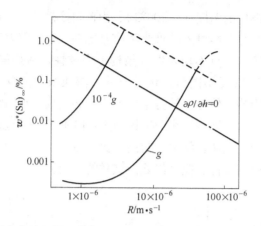

图9-14　微重力条件和凝固速率 R 对 Pb 中 Sn 的临界质量分数 $w(Sn)$ 的影响
（当溶质质量分数超过此值时，对于一定的液相温度梯度 G_{TL}，不稳定性随生长速率 R 变化）

要方面，可能发展出一系列新的合金材料，而过去在地面由于比重差异导致合金严重分层。Co-Cu 系合金有重要潜在应用前景。该合金具有亚稳不混溶间隙，难以得到均匀的混溶组织。西北工业大学空间材料研究所利用电磁悬浮及落管技术研究了在微重力条件下该合金的凝固和相分离规律，得到了富 Co 相在富 Cu 基体均匀弥散分布的样件。图9-15 是 3 种状态下获得的凝固组织。

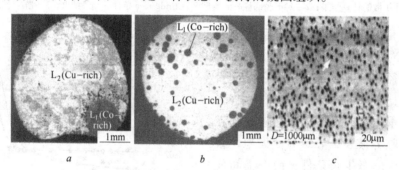

图9-15　$Cu_{84}Co_{16}$ 合金在不同条件下获得的相分离凝固组织
a—DAT；b—电磁悬浮；c—落管

9.4.1.2　微重力（太空失重）下的材料加工

（1）非晶、微晶材料加工。在空间微重力条件下，可实现无容器的悬浮熔炼，消除坩埚壁对液态金属的污染，避免非均质形核，实现深过冷，获得非晶、微晶材料。

（2）金属基复合材料。在太空失重条件下，可使金属基体和加入的金属氧化物颗粒或短纤维混合均匀，如用 TiC 与镍复合，其硬度可比地面制作的高两倍，强度由 1.3GPa 提高到 4GPa。

（3）偏晶合金材料。Pb-Al合金在液态658℃以上时形成两个相，这是由密度相差太大所致。但是，在微重力条件下，则得到混合均匀的组织。美国宇航局（NASA）已在微重力条件下制出Pb-Al合金，用于发动机防震轴承。

（4）多孔泡沫材料。在空间微重力条件下，在液态金属中引入气体或发泡物质，在凝固过程中不易上浮，从而均匀分布在凝固后的金属中。例如，在地面上向铝合金液体中通入0.3～0.5Pa压力的氢气，快速凝固，然后在太空失重的条件下重熔并缓慢冷却，结果在铝合金中形成均匀的气泡，密度只有原来铝合金的1/3。

（5）磁性材料。通过空间悬浮熔炼和定向凝固，由于纯净度提高，使材料的磁性得到明显改善。例如，在空间实验室制作的铋—锰共晶磁性合金，其固有的矫顽力接近其理论值的97%。

（6）新型金属成型工艺。利用液态金属在微重力下的特殊性质，可开发新型金属成型工艺，制作出新型制品：

1）扩展铸造工艺。将液态金属送至特制的铸型表面，通过液体的润湿使其扩展到铸型的表面和弯曲处，待冷却后，可在第一层金属表面涂挂第二层金属，由此可制作不同材料、任意形状、任意层次、多层结构的精密复合材料铸件，这种铸件具有耐磨、耐蚀等优异的力学性能和物理化学性能。

2）皮壳铸造工艺。在精密铸件的表面涂以10～100μm的壳层，然后在微重力条件下重熔和凝固，以改善材料的组织结构和力学性能，这种工艺特别适用于涡轮叶片。

3）空间拉拔成型工艺。在地面上生产金属丝、金属箔和金属板材，通常需要轧制和拉拔工艺；在微重力条件下，利用液体金属表面张力和内聚力的特殊性质，可把液体金属直接拉制成细金属丝或薄带而不会中断。这些制品的组织均匀、厚度和直径尺寸也很均匀，在功能元件方面有广泛的用途。

4）空间钎焊工艺。在空间进行的焊接试验表明，空间钎焊工艺远优于地面，它具有异乎寻常的间隙充填能力，这与微重力条件下润湿和毛细管现象的加剧有密切关系。

9.4.2　声悬浮技术

声悬浮技术是进行材料无容器凝固研究的一种特殊条件。西北工业大学空间材料科学实验室建立了单轴式声悬浮过程的优化设计理论，解决了单轴声悬浮过程中悬浮力小和悬浮稳定性差的难题，在国际上首次成功地悬浮起自然界中密度最大的固态物质铱（密度22.6g/cm³）和液态物质汞（密度13.6g/cm³），证明了声悬浮可以在地面条件下悬浮起任何固体和液体。图9-16为Pb-Sn共晶合金分别在常规条件和声悬浮条件下的凝固组织形态。

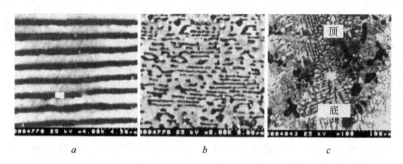

图 9-16　Pb-Sn 共晶合金在静态和声悬浮条件下的凝固组织

a—静态；b—声悬浮（$\Delta T = 17\mathrm{K}$）；c—声悬浮（$\Delta T = 38\mathrm{K}$）

9.4.3　高压凝固

压力下凝固也是当前人们关注的热点之一。压力对液/固相变的影响可归结为：降低形核激活能（ΔG_p），增大扩散激活能（$\Delta G_\mathrm{p}''$），而高压（超过某极值）下，可提高非晶形成能力 $T_\mathrm{p}/T_\mathrm{m}$（$T_\mathrm{p}$ 为高压下非晶形成温度，T_m 为熔点）。

利用压力对相变影响的特点（促使形核及抑制生长）可制备纳米晶体材料，并可通过调整压力，实现对晶粒度的控制，使得在较低冷却速率下，获得纳米晶块体材料。表 9-1 为由面心立方 Pd(Cu) 和亚稳 Pd_4Si 相组织的平均晶粒度与压力的关系，压力越高，晶粒越小。

表 9-1　**Pd-Si-Cu 压淬样品平均晶粒度**

压力/GPa	Pd(Cu) 固熔体/d·nm^{-1}	Pd_4Si-Ⅱ/d·nm^{-1}
2	11.6	36
4	9.0	25
5	8.4	17
6	8.0	13

利用高压下快速凝固制备非晶材料，也是人们所关注的。高压作用下，相当多材料更易于获得亚稳组织，也就是说，可以在较常压更小的冷速获得非晶。

9.5　快速凝固

传统的凝固理论与技术的研究主要围绕铸锭和铸件的铸造过程进行。其冷却速率通常在 $10^{-3} \sim 10\mathrm{K/s}$ 的范围内。大型铸锭的冷却速率约为 $10^{-2}\mathrm{K/s}$，中等铸件的冷却速率约为 $1\mathrm{K/s}$，特薄的铸件压铸过程的冷却速率可能达到 $10^2\mathrm{K/s}$。更高的冷却速率则需要采用特殊的快速凝固技术才能获得。快速凝固定义为：由液相到固相的相变过程进行得非常快，从而获得普通铸件和铸锭无法获得的成分、相结构和显微结构的过程。Duwez 及其同事于 1959 ~ 1960 年首次采用溅射法获得快速凝固组织，开始了快速凝固研究的历史。此后，快速凝固技术与理论得到迅速发展，成为材料科学与工程研究的一个热点。

在快速凝固条件下，凝固过程的各种传输现象可能被抑制，凝固偏离平衡，经典凝固理论中的许多平衡条件的假设不再适应，成为凝固过程研究的一个特殊领域。

9.5.1　快速凝固方法

通常可通过以下三种途径实现快速凝固：

（1）激冷法。凝固速率 R 是由凝固潜热及物理热的导出速率控制的。通过提高铸型的导热能力，增大热流的导出速率可使凝固界面快速推进，实现快速凝固。在忽略液相过热的条件下，单向凝固速率 R 取决于固相中的温度梯度 G_{TS}：

$$R = \frac{\lambda_S G_{TS}}{\rho_S \Delta h} \tag{9-2}$$

式中，λ_S 为固相热导率；Δh 为凝固潜热；ρ_S 为固相密度；G_{TS} 为温度梯度，是由凝固层的厚度 δ 和铸件与铸型的界面温度 T_i 决定的。参考图 9-17，对凝固层内的温度分布作线性近似，得出：

$$R = \frac{\lambda_S}{\rho_S \Delta h} \left(\frac{T_k - T_i}{\delta} \right) \tag{9-3}$$

选用热导率大的铸型材料或对铸型强制冷却以降低铸型与铸件界面温度 T_i 均可提高凝固速率。快速定向凝固、焊接及激光等高能束的表面处理是实现快速凝固的实用技术。由于凝固层内部热阻随凝固层厚度的增大而迅速提高，导致凝固速率下降，快速凝固只能在小尺寸试件中实现。

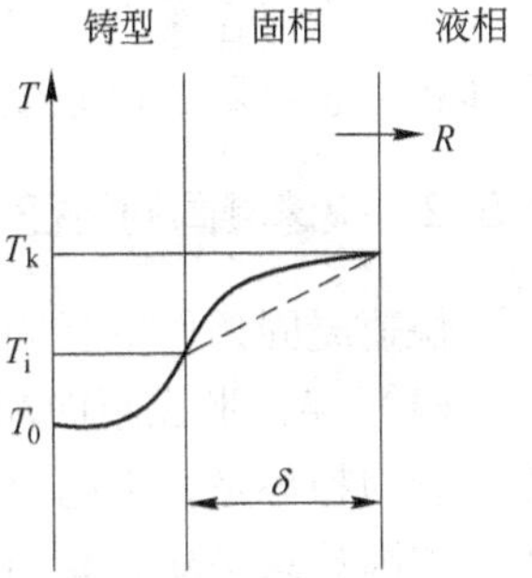

在雾化法、单辊法、双辊法、旋转圆盘法、纺绩法及锤砧法等非晶、微晶材料制备过程中，试件的尺寸足够小，以至于内部热阻可以忽略（即温度均匀），界面散热成为控制环节。通过增大散热强度，使液态金属以极快的速率降温，可实现快速凝固。对于双面散热，则在不发生凝固的冷却过程中热平衡条件为：

$$\rho c y dT = 2\alpha \Delta T d\tau \tag{9-4}$$

图 9-17　单向凝固速率
与导热条件关系

δ—凝固层厚度；

T_i—铸件与铸型的界面温度；

T_k—凝固界面温度

式中，y 为液膜厚度；ΔT 为合金液与冷却介质的温度差；ρ 为合金液密度；α 为界面传热系数；τ 为时间；c 为合金液的比热容。

由此推出的冷却速率 v 估算公式为：

$$v = \frac{dT}{d\tau} = \frac{2\alpha \Delta T}{\rho c y} \tag{9-5}$$

该式反映了冷却速率 $v = dT/d\tau$ 与界面传热系数 α、合金热物理参数（比热容 c）、冷却条件 ΔT 及试件厚度 y 的关系。冷却速率随试件厚度的增大而减小。α 与 ΔT 反映了试件的冷却条件，其值越大，冷却速率也越大。而 c 反映了合金本身的性质，不同合金可获得的冷却速率不同。

（2）深过冷法。上述快速凝固方法是通过提高热流的导出速率实现的。然而由于试样内部热阻的限制，只能在薄膜及小尺寸颗粒中实现。减少凝固过程中的热流导出量是在大尺寸试件中实现快速凝固的唯一途径。通过抑制凝固过程的形核，使合金液获得很大的过冷度，从而凝固过程释放的潜热 Δh 被过冷熔体吸收，可大大减少凝固过程需要导出的热量，获得很大的凝固速率。过冷度为 ΔT_S 的熔体凝固过程中需要导出的实际潜热 $\Delta h'$ 可表示为：

$$\Delta h' = \Delta h - c\Delta T_S \tag{9-6}$$

在式（8-2）及式（8-3）中用 $\Delta h'$ 取代 Δh 可知，凝固速率随过冷度的增大而增大。

当 $\Delta h' = 0$，即

$$\Delta T_S = \Delta T_S^* = \frac{\Delta h}{c} \tag{9-7}$$

时，凝固潜热完全被过冷熔体所吸收，试件可在无热流导出的条件下完成凝固过程。由式（9-7）定义的过冷度 ΔT_S^* 称为单位过冷度。

深过冷快速凝固主要见于液相微粒的雾化法快速凝固和经过特殊净化处理的大体积液态金属的快速凝固。

9.5.2　快速凝固的特征

快速凝固条件下凝固过程表现出的主要特征在于：

（1）偏析形成倾向减小。随着凝固速率的增大，溶质的分配因数将偏离平衡。总的趋势是，不论溶质分配因数 $k > 1$ 还是 $k < 1$，（k 的定义未给出）实际溶质分配因数总是随着凝固速率的增大向 1 趋近，偏析倾向减小。通常当凝固速率达到 1m/s 时实际溶质分配因数将明显偏离平衡值。

（2）非平衡相的形成。在快速凝固条件下，平衡相的析出可能被抑制，析出非平衡的亚稳定相。

（3）细化凝固组织。大的冷却速率不仅可细化枝晶，而且由于形核速率的增大而使晶粒细化。随着冷却速率的增大，晶粒尺寸减小，获得微晶，乃至纳米晶。

（4）微观凝固组织的变化。定向凝固过程中，冷却速率的变化对凝固组织的影响已经在前面提及。当达到绝对稳定的凝固条件时，可获得无偏析的凝固组织。除此之外，大冷却速率还可使析出相的结构发生变化。随合金类型与成分的变化，相同成分的合金在不同冷却速率下可获得完全不同的组织。

（5）非晶态的形成。当冷却速率极高时，结晶过程将被完全抑制，获得非晶态的固体。玻璃态金属是快速凝固技术应用的成功实例，它不仅具有特殊的力学性能，同时也可获得特殊的物理性能，如超导特性、软磁特性及抗化学腐蚀特性。其中非晶玻璃作为磁屏蔽材料和变压器机芯材料得到工业上的应用。用非晶材料取代硅钢片制作变压器可使其内耗大大减小，解决了变压器在特殊条件下使用时的发热问题。非晶态材料成为材料科学研究的前沿领域之一。

9.6 半固态金属的特性及半固态铸造

在合金凝固过程中，有相当长的时间是处于液固共存状态，即半固态。半固态金属具有典型的流变学特性，其变形的切应力不仅取决于固相体积分数，同时与固相的生长形态密切相关。在一般铸件或铸锭的凝固过程中，当固相体积分数达到15%左右时，固相开始形成枝状骨架，产生变形阻力，金属已不能流动，其表观动力黏度随固相体积分数的增大而迅速增大。如果采用某些特殊工艺使枝晶破碎、球化，则可使合金在很大的固相体积分数下仍保持良好的流动性。用该半固态金属进行铸件的生产具有以下特点：

（1）由于大部分金属在铸造前已经是固相，因而铸件凝固收缩率小，利于提高铸件的尺寸精度。

（2）半固态金属凝固过程中不会发生长程的枝晶间液相流动，因而不形成宏观偏析。

（3）利于减轻铸件的缩松，当半固态金属在压力下凝固时，抑制缩松的效果更佳。

（4）半固态金属充型温度低，对铸型的热冲击小，有利于提高铸型寿命。

由于半固态金属铸造的以上优点，它已成为生产高质量铸件的新技术，并在发达的工业化国家中得到应用。对半固态金属特性的研究是发展半固态铸造技术的基础，自20世纪70年代以来，引起人们的广泛兴趣。

9.6.1 半固态金属的特性

在枝晶凝固过程中，液固共存的两相区中存在着一系列同时发生的现象，这些现象包括液相的结晶，溶质的再分配，固相的熟化，枝晶间液相的流动及固相的运动。这些现象决定着凝固组织中的偏析、缩松、枝晶间距、相间距等凝固组织特征和缺陷，其相关的理论已在有关章节中作了较详细的描述。与半固态铸造技术相关的性质则是其流变学特性。

在等轴晶凝固过程中，开始析出的固相随机地分布在液相中并可自由运动，合金表现出液态的特性，其屈服强度几乎为零。当固相体积分数达到10%~20%时，自由生长的枝晶互相搭接，形成骨架，获得一定的强度。显然该临界值的大

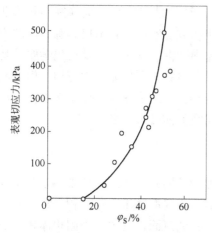

图 9-18　半固态 Sn-15% Pb
（质量分数）合金等温剪切强度
（切应力是在剪切速率为
0.16s^{-1}时测出的最大值）

小取决于固相的生长形态。Flemings 等对铝合金的实验及 Spencer 等对质量分数为 Sn-15% Pb 合金的实验表明，该临界固相体积分数为 20%，大于此值时，半固态合金的切应力随固相分数的增大而迅速增大（见图 9-18）。

除了固相体积分数外，其切应力的大小还与剪切变形量相关，随着变形量的增大，切应力开始增大，逐渐达到最大值。但随着变形量的继续增大，切应力又逐渐减小。该最大值随着固相分数的增大而升高。显然，切应力的升高阶段与固体的变形特性一致。当变形量超过一定的临界值时，枝晶骨架逐渐断裂，从而变形阻力（切应力）减小。由于半固态金属的变形阻力是由枝晶骨架的变形阻力造成的，控制晶体以细小的等轴晶生长将提高合金的流变性。

9.6.2　连续搅拌对半固态金属凝固的影响

测定半固态金属流变学特性时，首先使熔体在静态条件下冷却，然后施加切应力。Spencer 于 1971 年前后在 Sn-15% Pb （质量分数）合金的实验中，在液相线温度以上就开始搅拌，发现当固相体积分数达到 40% 时合金仍具有很好的流动性，其表观动力黏度仅为枝晶凝固时的千分之一。Spencer 采用的半固态金属剪切变形的实验方法如图 9-19 所示。这一典型的实验研究引起人们的重视，为后来半固态铸造技术的发展作了奠基性的工作。

图 9-19　Spencer 实验
方法原理图

半固态铸造在强烈搅拌下枝晶形态变化过程如图 9-20 所示，枝晶被破碎，并开始以枝晶方式生长；随着时间的延长并在切应力的作用下发生熟化，形成菊花状枝晶；随着熟化过程的继续，进而形成球状。这一变化过程清楚地表现在图 9-21 所示的 Sn-15% Pb （质量分数）在不同固相分数下的液淬组织中。具有这样内部组织的合金表现出高黏度流体的流体力学特性，可称为糊状金属。糊状金属的内部组织参数是固相的尺寸，表观参数则是其变形过程中的动力黏度。

糊状金属中的固相尺寸主要是由冷却速率决定的，它随着冷却速率的增大而减小，但显然还需要一定的搅拌强度来保证。表观动力黏度取决于合金的冷却速率和剪切速率。随着剪切速率的增大，表观动力黏度减小，并且糊状金属可在更大的固相分数下维持较好的流动性。减小冷却速率可获得与增大剪切速率相似的效果。典型的实验结果如图 9-22 及图 9-23 所示。

根据流变学理论，糊状金属表现出伪塑性的特性，其动力黏度 η 与剪切速率 γ 之间满足指数定律：

$$\eta = j\gamma^{n-1} \tag{9-8}$$

式中，j 为稠度因数；n 为指数，n 越大，表明伪塑性越明显。

增大剪切速率或降低冷却速率均可加速球化过程，抑制菊花状晶体的形成。球化的程度越高，表观动力黏度则越小。半固态铸造下剪切速率与表观动力黏度及对

增大剪切速率
延长变形时间
减小冷却速率

图 9-20 强烈搅拌下枝晶形态变化示意图

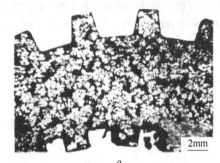

2mm

a

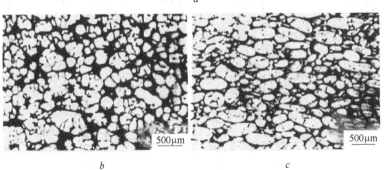

500μm

b

500μm

c

图 9-21 Sn-15%Pb（质量分数）合金在剪切变形
过程中不同固相体积分数下的液淬组织

a—低剪切速率（$20s^{-1}$），$\varphi_S = 35\%$；b—剪切速率仍为 $20s^{-1}$，$\varphi_S = 50\%$；

c—剪切速率为 $200s^{-1}$，$\varphi_S = 50\%$

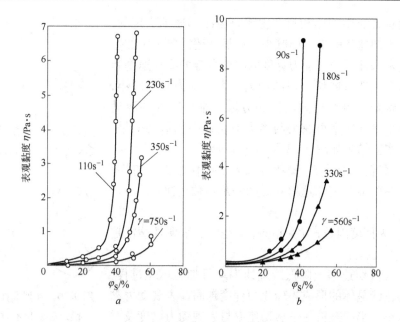

图 9-22　剪切速率对半固态合金表观动力黏度的影响

a—质量分数为 Sn-15%Pb，$v = 0.0055\text{K/s}$；b—质量分数为 Al-4.5%Cu-1.5%Mg，$v = 0.03\text{K/s}$

v—冷却速率；γ—剪切速率

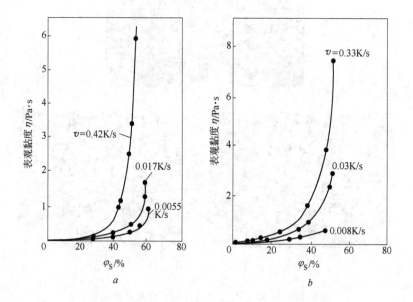

图 9-23　冷却速率对半固态合金表观动力黏度的影响

a—质量分数为 Sn-15%Pb，$\gamma = 750\text{s}^{-1}$；b—质量分数为 Al-4.5%Cu-1.5%Mg，$\gamma = 330\text{s}^{-1}$

v—冷却速率；γ—剪切速率

应的凝固形态示于图9-24。该图是在Al-6.5%Si（质量分数）合金的实验中获得的，但在定性上其他固溶体型合金应具有与之相同的变化趋势。

自从20世纪70年代初Spencer在Sn-15%Pb（质量分数）合金系进行的研究工作以来，凝固过程流变学特性的研究已被扩展到多种轻合金系，包括Al-Cu、Al-Si及其三元合金、Al-Pb、Al-Ni、Bi-Sn、Al-Zn、Zn-Al，以及铜合金、铸铁、镍基高温合金、不锈钢、低合金钢等，所有这些合金均表现出相同的流变学特性。

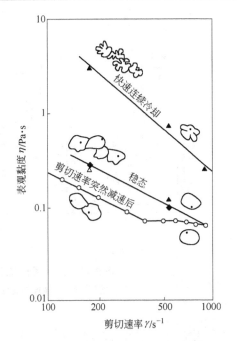

图9-24　不同剪切速率下动力黏度及其对应组织

▲—连续冷却0.075K/s；△—连续冷却0.008K/s；
◆—稳态；○—剪切速率从900s^{-1}减到该值黏度

9.6.3　半固态铸造

半固态铸造技术以对半固态金属流变学特性的研究为基础，通过各种方法保证合金中的固相球化，使其在较大固相体积分数下仍表现出很好的流动性，然后用此糊状金属进行铸造。

半固态铸造的第一步是获得流动性好的糊状金属，它是通过从凝固过程一开始就施加强制对流实现的。可采用图9-25示意的几种方法制备无枝晶组织。图9-25a所示为简单搅拌的方法，不需要复杂的设备，但只能间断进行。图9-25b所示为采用内轴旋转产生的摩擦力使枝晶破碎并球化，进行糊状金属连续生产的方法。图9-25c所示则是采用电磁搅拌方法进行铸锭连续生产。

由于糊状金属的流动性远低于液态合金，自然充型难以实现，需要在一定的压力下充型，如离心力充型和射型。

另一方法是将糊状金属浇注成锭材，并从锭材中切坯，然后将其加热到固液两相区，使其获得一定的流动性，并挤压成型。其成型方法可采用图9-26所示的压铸法和图9-27所示的直接挤压法。美国已于1986年将半固态挤压法用于汽车零件及电器设备连接件的生产，使铸造生产率得到提高。

一个类似于半固态铸造的方法称为应变感应熔化活化法，简称SIMA法（Strain-induced melt activation）。该方法直接对以枝晶生长方式凝固的铸锭进行挤压变形，然后进行再加热退火使初生相球化，并在初生相之间形成低熔点共晶。

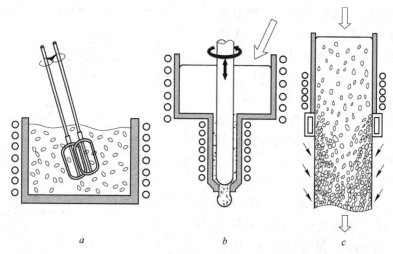

图 9-25　制备无枝晶组织几种方法示意图

a—熔槽搅拌；*b*—机械搅拌连续生产；*c*—电磁搅拌连续生产

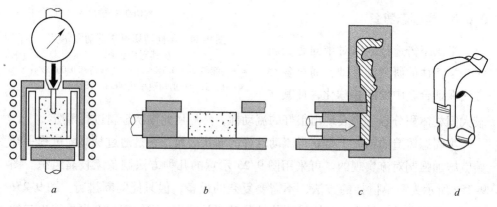

图 9-26　半固态压铸法

a—加热到半固态；*b*—将半固态坯料置入压铸机；*c*—压铸；*d*—成品

具有这一组织结构的铸锭被加热到两相区时形成糊状金属，然后可进行半固态铸造或半固态挤压，制成工件。其组织球化的情况及组织形态与变形量及处理温度和时间相关。

　　另一近似的方法是电磁流变铸造，可获得细小的等轴晶组织。

　　关于半固态金属工艺，Flemings 归纳出表 9-2 所示的主要特性、优点及其应用。

　　同时，预言半固态技术将会进一步发展，并可利用半固态合金的特性开发出更多的应用领域，其中包括连铸连轧技术、半固态提纯技术及其在复合材料制备中的应用。

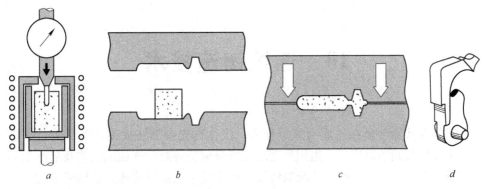

图 9-27 半固态挤压法

a—加热至半固态；*b*—将半固态坯料置入铸型；*c*—挤压；*d*—成品

表 9-2 半固态合金的特征、优点及其应用

特 征	优点及其应用
热容量低于液相	高速进行零件成型，高速连铸，对铸型热蚀小，能耗低，可对黑色或其他高熔点合金成型
黏度高于液相，并且黏度可控制	充填平稳，减小氧化倾向，改善加工性能，减小气体的卷入，提高致密度，减小黏膜倾向，可高速成型，降低表面粗糙度，可实现自动化，开发其他新工艺
充填时已有固相存在	铸造收缩率低，缩孔少，补缩要求低，低偏析，细化晶粒
半固态合金变形力小	可进行复杂件成型，进行高速成型，成型成本低，高速连续锻压成型
可与其他材料复合	制造复合材料
可进行固、液相分离	进行提纯

10　连续铸造技术

钢材及其他合金在完成冶炼过程后，往往首先要浇注成锭，然后进行深加工。铸锭的凝固组织形态、组织致密度及成分偏析等对后续加工工艺及最终的制件质量具有决定性的影响。传统的铸锭生产主要采用锭模铸造。连续铸造技术在钢铁生产中的应用是钢铁冶金工业的一次技术革命。它不仅大大提高了生产效率，减少了材料的消耗和浪费，而且使材料的内部冶金质量得到极大的提高。近年来，随着人们对铸锭凝固过程认识的不断深入，连续铸造技术得到很大发展，许多技术手段被用于连铸过程的质量控制，使得连铸钢锭的质量不断提高。同时连续铸造技术的应用领域不断扩大，已从钢的生产扩展到铝合金、铜合金、铸铁等材料的生产领域。此外，还出现了一些先进的综合技术，如连铸连轧技术、铸轧技术、O.C.C.技术等。

采用锭模铸锭的生产过程是非连续的。铸锭的内部冶金质量取决于凝固过程的传热与对流条件，并受与合金成分相关的溶质再分配条件的影响。从锭头到锭尾其凝固组织是不均匀的。对于多组元的合金液，析出固相的成分不同于液相，自由固相的下落及液相流动将导致铸锭中成分的不均匀，形成各种偏析。

此外，锭模铸锭的头部保温条件总是有限的，很难实现理想补缩，凝固收缩引起锭头形成集中缩孔。同时由于在锭头附近补缩压力很低，容易形成缩松。

因此锭模铸锭的凝固组织、成分及致密度在轴向和径向上都是不均匀的。并且由于锭头及锭尾的各种缺陷，需要切头去尾，使得铸锭的实际利用率降低。通常铸钢锭的实际利用率仅为90%左右。

为了克服上述不足之处，人们试图采用各种工艺措施进行改进，这些措施包括：

（1）对铸钢锭凝固过程温度场的模拟及形状的优化设计。

（2）采用机械振动方法进行枝晶破碎以获得更多的等轴晶组织。

（3）进行合金成分优化，抑制对流，提高铸锭成分的均匀性。

（4）进行铸锭的倾斜浇注以改变合金液的重力状态，达到抑制对流，控制凝固组织的目的。

（5）添加变质合金，消除有害元素 S、P 等的影响，控制凝固组织。

然而，上述工艺措施的作用往往是有限的。此外，某些措施还可能带来负面影响。如调整合金成分或添加合金元素，将会改变合金的成分设计。采用振动进行晶粒细化在促使等轴晶形成的同时，大量的"晶雨"导致轴向铸锭成分偏析的增大。因此，锭模铸锭的一系列不足之处很难通过工艺措施消除。同时，锭模铸锭生产率低，能源消耗与原材料的浪费严重。正因为如此，连铸技术在钢铁等原材料生产中的应用得到广泛重视。

10.1　连铸技术的发展现状

连铸的概念早在 19 世纪已经提出。20 世纪 30 年代，连铸技术在德国已经被用于铜铝合金的生产过程。进入 20 世纪 50 年代，钢的连铸进入工业实验阶段。目前，连铸钢材占钢材总产量的比重成为衡量一个国家钢铁工业水平的重要标志。

连铸取代模铸是炼钢生产流程中一次巨大技术变革。在 1965 年前绝大部分连铸机比较简单且为立式连铸机，在 1975 年 80% 板坯、70% 大方坯和小方坯采用弧形连铸机生产，到 1984 年已有 30% 板坯、20% 大方坯采用连续弯曲矫直的立弯式连铸机生产。目前世界上有不少产钢国家连铸比已接近饱和程度。连铸机机型已基本定型化，目前改进的方向是使连铸机的结构和辅助设备具有更高的综合性能，操作过程自动化、可控性和安全性达到更高的水平。其目的在于进一步发挥连铸机的生产潜力和进一步提高铸坯质量，提高连铸机生产率。在过去 10 年间，连铸机平均年产量显著提高。

10.1.1　连铸技术的发展史

钢水凝固成型有两种方法：传统的模铸法和连续铸钢法。连续铸钢是一项把钢水直接浇铸成型的新工艺。它的出现从根本上改变了一个世纪以来占统治地位的钢锭—初轧工艺。液体金属连续铸钢的概念早在 19 世纪中期就已提出。1840 年美国塞勒斯（Sellers）获连铸铅管专利。1846 年转炉的发明者贝塞麦（Bessemer）使用水冷旋转双辊式连铸机生产锡箔、铅板和玻璃板。1872 年美国戴维尔提出移动结晶器连续浇注的概念。1886～1889 年提出垂直浇注的立式连铸机的设计。1921 年皮尔逊提出结晶器振动概念，使铸坯与结晶器之间做连续相对运动。1933 年，连铸的先驱德国人容汉斯（Junghans）建成了第一台 1700t/月立式带振动结晶器的连铸机，首先浇注铜铝合金获得成功，使有色金属连续浇注于 20 世纪 30 年代就应用于生产。

1943 年，由容汉斯在德国建成第一台浇注钢水的试验性连铸机。当时已提出振动的水冷结晶器、浸入式水口、结晶器上部加保护渣等技术，这些为现代连铸机奠定了基础。随后，在美国、英国、奥地利、日本等国相继建成了中间性试验连铸机。在 20 世纪 50 年代，连续铸钢进入工业应用阶段，有多台连铸机相继建成。其中有代表性的钢厂有：1951 年在苏联的红十月冶金厂建立了第一台不锈钢板坯连铸机，生产断面 180mm×180mm，产量为 36000t/a；1952 年在英国的巴罗（Barrow）工厂，建成第一台小方坯连铸机，浇注碳钢和低合金钢，断面为 50mm×50mm～100mm×100mm。

与此同时，德国人斯莎贝尔（O. Schacber）提出了弧形连铸机的专利。容汉斯和斯莎贝尔提出了连铸电磁搅拌的设计。1965 年 4 流圆坯弧形连铸机在德国埃斯维特尔钢厂（Eschweiter）建成投产。1967 年高生产率的板坯连铸机在美国的盖里（Gary）钢厂建成投产，并与在线轧制相连。1968 年第一台弧形结晶器 4 流板坯连铸机在美国的国家钢铁公司（National Steel）建成，用于生产镀锡板。同年，加拿大阿尔果马钢厂投产一台工字梁连铸机。1969 年有 4 台板坯连铸机投产。第一台离心式旋转连铸机由法国的瓦卢埃克公司（Vallourec）建成投产。

20 世纪 70 年代以后为连铸大发展时期。连铸机已具备与大型氧气转炉相配合进行工业生产的可能性。连铸设备和工艺技术日益完善，促进了连铸的迅速发展。其中有代表性的技术有：钢包回转台以实现多炉连浇；快速更换中间包以提高连铸生产率和连浇炉数；纵向切割板坯，以把更换结晶器的次数减到最少，提高生产率；结晶器液面控制以保持稳定的浇注速度；结晶器在线调宽技术，以提高生产率；多点弯曲和矫直技术，以提高铸坯质量；钢包—中间包—结晶器全程保护浇注；冷中间包的应用；电磁搅拌的应用；汽—水冷却以改善冷却的均匀性，提高铸坯质量；压缩浇注技术，以适应高速浇注，改善铸坯内部质量；轻压下技术，改善铸坯中心偏析；整个浇注过程用计算机控制技术。

从 20 世纪 80 年代以来，世界各产钢国家连铸技术的发展非常迅速。1964 年全世界仅有 80 多台连铸机，总生产率为 700 万吨/年；1970 年有 325 台连铸机，生产能力 2600 万吨/年；1974 年有 550 台连铸机，生产能力 1.4 亿吨/年；1985 年有 1318 台连铸机，生产能力 3.3 亿吨/年；1990 年 1360 台连铸机，生产能力 5.58 亿吨/年。据 1991 年统计，全世界已有 26 个国家和地区钢产量的连铸比超过 90%。全世界钢产量的平均连铸比已由 1981 年的 33.8% 增到 1991 年的 62.9%。由于连铸工艺与钢锭—初轧工艺相比具有极大的优越性，因此，近年来，连续铸钢在特殊钢厂也得到广泛应用。

应该指出，从世界主要产钢国家发展连铸的历程看，前苏联在连铸技术的研究方面起步较早，对连铸理论、工艺、设备和品种质量等进行了大量研究工作，在 1970 年以前居世界领先地位。然而，由于前苏联炼钢生产一直以平炉为主，氧气转炉炼钢发展迟缓，因此限制了连铸的发展。在 20 世纪 70 年代后，日本、美国、法国、德国等工业发达国家后来居上。尤其是日本，在 20 世纪 60 年代后期才从苏联等国引进连铸技术，由于重视消化和开发研究，促进了连铸技术的应用。日本在 1970 年以前，连铸机主要设置在电炉钢厂，以生产小方坯为主。1970 年连铸比仅为 5.6%。但 20 世纪 70 年代后的两次能源危机，促使连铸技术得到了迅速发展。1980 年日本连铸比增加到 59.5%，1991 年日本四家最大的钢铁公司连铸比达到：新日铁 98.9%、日本钢管 98.7%、川崎 97.7%、住友 94.9%，基本上实现了全连铸。目前日本的连铸设备已趋近饱和程度。

美国的连铸技术是与瑞士康卡斯特公司和日本厂家合作发展起来的。80 年代以前发展缓慢。1980 年以后，增加了连铸投资，把重点放在大型钢厂建设板坯、大方坯及组合式连铸机上，到 1991 年连铸比提高到 75.1%，随之也出现了一些全连铸工厂。据统计，1992 年全世界产钢国家中，已有 30 多个大型钢厂实现了全连铸。

还应特别注意到，近几年接近于成品尺寸的薄板坯连铸连轧工艺技术有了重大突破，人们认为这是当前钢铁工业发展中的一项重大高新技术。传统的生产热轧薄板的工艺是连铸板坯（厚 150～250mm）粗轧机组（轧成 40～70mm）—精轧机组—板卷（2～10mm）。而薄板坯连铸连轧工艺是薄板坯（40～70mm）—精轧机组—板卷。与传统工艺相比，这种新工艺流程短、设备简化，建设投资低，成材率高、能耗降低，生产成本大幅度下降，经济效益十分明显。国外现已有多家公司竞相研究开发，如德国的西马克（SMS）公司开发的 CSP（Compact Strip Production）工艺，曼内斯曼·德马克（MDS）公司开发的 ISP（Inline Strip Production）工艺，意大利的达涅利（Danieli），奥地利的沃斯特、阿尔卑里（Voest-Alpine）等公司各自开发出新的工艺。美国的纽柯（Nucor）公司，意大利的阿维迪（Arvedi）公司已采用此种新工艺建成了完整的生产线，取得很好的效果。人们预计，采用熔融还原、超高功率电炉（直流电弧炉）、炉外精炼、薄板坯连铸和紧凑式热轧机组的新型的钢厂将在世界上不断涌现。

10.1.2 我国连铸技术的发展现状

中国是世界上研究和应用连铸技术较早的国家。从 20 世纪 50 年代起，就开始了连铸技术的研究，60 年代初，进入到连铸技术工业应用阶段。但是，从 60 年代末到 70 年代末，连铸技术几乎停滞不前。1982 年统计数字表明，世界平均连铸比为 30% 左右，而我国的连铸比仅为 6.2%。80 年代后，我国连铸技术进入新的发展时期，从国外引进了一批先进水平的小方坯、板坯和水平连铸机。80 年代中期，我国拥有了第一个全连铸钢厂——武钢第二炼钢厂。近年来，我国连铸技术飞速发展，到 2005 年，全国除海南、宁夏、西藏外，其他各省（市、自治区）都有了连铸生产，连铸比已经达到了 97.5%。目前，我国的钢铁冶金工艺水平达到了世界中上等水平。

最近十几年，我国的连铸技术的飞速发展，使连铸技术达到了很高的水平，而且已经在国外（越南、伊拉克等）得到了应用。但还存在很多不足，和发达的工业国家相比有很大的差距，具体体现在：

（1）目前，国外的常规连铸生产已趋成熟，连铸机的作业率普遍大于80%，大型板坯连铸机连铸约100万~200万吨钢才漏钢一次，已基本可生产无缺陷铸坯（包括合金钢）。而我国连铸机生产稳定性较差，事故相对较多，作业率还偏低，铸坯质量还有一定的差距。

（2）近终形连铸连轧技术在国外已实现产业化或正加快实现产业化步伐。目前，国外已投产和在建中的薄板坯连铸连轧生产线约有50多套，薄带连铸已建多台工业试验机组并实现产业化。而我国已建和在建的13流生产线均由国外引进，自主研发总体上还处于实验室阶段。

（3）国外高效连铸技术发展很快，低碳板坯拉速普遍大于2.0m/min，最高可达3.0m/min；130mm×130mm和150mm×150mm低碳方坯最大拉速分别超过4.0m/min和3.5m/min，连铸机生产效率大大提高，而我国还存在较大差距。

（4）国外的连铸生产自动控制水平提高迅速，已普遍采用结晶器液面检测与控制技术、计算机铸坯质量跟踪和判定技术、漏钢预报警与控制技术，此外，智能化技术也有了很大发展（如智能化二冷段），而我国自行设计的连铸机总体自动控制水平还较低。

（5）国外精炼比迅速提高，相关配套技术同步发展。目前，国外精炼比已超过70%，中间包耐火材料寿命一般可达30h/包，最高约100h/包。虽然国内大中型钢铁企业炼钢系统已基本配备了不同形式的炉外精炼设备，但总体上看，钢水精炼水平还比较低，已经明显地影响了连铸生产的优化和完善，成为我国关键钢种生产的一个瓶颈。

（6）国外合金钢连铸比较高，一般已达到80%以上，最高可达92%。而我国低于这个水平。

10.2　连铸的基本方法

连续铸造过程的基本方法如图10-1所示。图10-1a为圆钢的连铸方法，图10-1b为扁钢的连铸方法。两者除截面的形状不同外其基本原理与方法是相同的。在连铸过程中，熔化的钢液连续浇入水冷的激冷铸型（结晶器）中，在铸型的激冷作用下迅速形成凝固壳层后从结晶器的下方拉出。利用该凝固壳层的强度维持钢锭的外部形状，进而通过向钢锭表面喷水进行二次冷却，使钢锭在铸型外完成凝固过程。结晶器通常为水冷的铜模，为了防止凝固层与结晶器的黏连而使钢锭拉裂，结晶器具有一定的倒锥度，并且需要施加振动。

除了钢锭截面形状变化外，连铸技术通常是按照连铸机的结构分类的。根据凝固区的凝固特性可将连铸过程分为垂直连铸、水平连铸和弧形连铸。

10.2.1　立式连铸机

垂直的连铸设备称为立式连铸机。图10-1所示的两种方法均为垂直连铸方

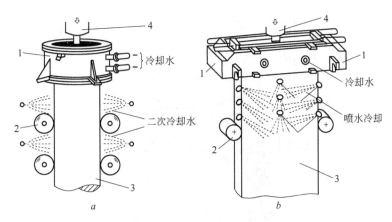

图 10-1　连续铸造过程凝固区的结构示意图
a—圆锭；b—扁锭
1—铸型；2—导辊；3—钢锭；4—水口

式，图 10-2 为立式连铸机的示意图。其特点是结晶器垂直放置，合金液从上方浇入，而钢锭从结晶器的下方垂直拉出，钢锭在完成凝固过程后从底部截断，维持钢锭生产过程的连续进行。

　　垂直连铸法利于凝固过程的补缩和夹杂物的上浮。同时，由于钢锭无弯曲变形，因此可以防止钢锭表面和内部裂纹，并且可以进行各种界面形状钢锭的连铸。然而，立式连铸机的浇注系统、结晶器、二次冷却系统、拉坯及引锭装置、切割等是排在一条垂直线上的，虽然占地面积小，但铸机过高，建设费用昂贵。

　　为了避免上述不足，在立式连铸机的基础上发展了立弯式连铸设备，如图 10-3 所示。钢锭在连铸过程中经历三个过程。首先按照立式连铸的方式浇注并凝固；其次，在凝固过程基本完成之前

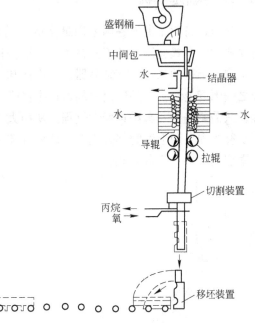

图 10-2　立式连铸机示意图

进行弯曲变形；最后经过一个矫直过程使钢锭水平拉出。该方法保留了垂直凝固过程的优点，同时避免了其不足。但连铸过程中钢锭的弯曲变形将可能导致裂纹的形成。

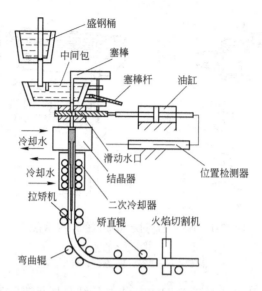

图 10-3　立弯式连铸机示意图

10.2.2　弧形连铸机

弧形连铸机是世界各国采用最多的连铸机型，其示意图如图 10-4 所示。它与立式和立弯式连铸机的不同在于弧形连铸机的结晶器本身不是直的，而是具有一定曲率半径的弧形。其结晶器、二次冷却装置和拉矫设备均布置在一个圆的四分之一弧度上。自结晶器出来的钢锭本身带有一定的弧度，减少了弯曲变形的过程，只需要进行一次矫直变形过程。从而大大减小了裂纹形成倾向。同时保留了利于补缩和夹杂上浮的部分优点。此外补缩压头小，可以防止钢液的静压力引起凝固层的变形（鼓肚缺陷）。

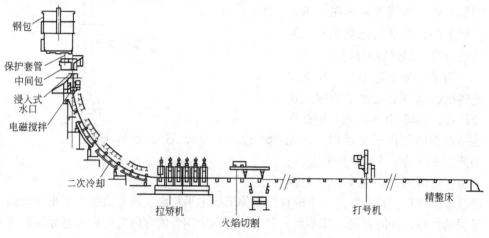

图 10-4　常用弧形连铸机示意图

椭圆连铸机是弧形连铸机的一种形式,其二次冷却区是由不同曲率半径的几段弧组成的。它与弧形连铸机相比高度略低,钢液的静压力小,从而鼓肚变形倾向小,但夹杂物的上浮机会减少。

弧形连铸机中钢液的凝固过程与立式连铸过程的区别在于,后者凝固过程两个侧面的凝固条件是非对称的,同时与形状相关的对流条件也将有较大的区别,夹杂物的上浮条件恶化。

10.2.3　水平连铸机

水平连铸机是所有的设备均排列在一个水平面上,其示意图如图 10-5 所示。该方法在凝固过程中补缩压头小,补缩条件差;夹杂物不能上浮,而倾向于在钢锭的上表面附近聚集。同时,如果钢锭的厚度较大,液相对流引起铸锭上下两侧导热条件的不对称,从而导致凝固组织及成分分布的不对称。因此,水平连铸对于厚大钢锭的凝固是不利的,只适用于薄锭的连铸。

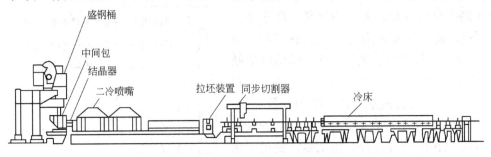

图 10-5　水平连铸机示意图

10.3　连铸过程凝固组织特点及质量控制

10.3.1　连铸过程凝固特点

连铸是衔接炼钢与轧钢之间的一项特殊作业。钢水在连铸机内的凝固成型过程是炼钢生产流程中非常重要的环节,直接影响企业生产效率、产品质量和经济效益。在连铸技术发展过程中,为了达到连铸机高生产率、产品高质量和低成本,人们对连铸机设备、工艺过程的基础研究日益深化,为连铸机设备的改进,制定合理的工艺操作提供了理论依据;为提高铸机生产率和铸坯质量采用技术对策指明了思路。而连铸设备和工艺技术的发展是与连铸坯凝固过程的特点紧密相关的。

与钢锭浇注相比,连铸过程有以下特点:

(1) 连铸坯凝固实质上是动态传热过程。连铸分为结晶器、二冷和辐射三个传热区,铸坯边运行边放热边凝固形成了很长的液相穴。

（2）连铸坯凝固实质上是沿液相穴在凝固温度区间把液体转变为固体的加工过程。连铸坯运行过程中坯壳所承受的外力作用（如热应力、钢水静压力、弯曲矫直力等），对铸坯裂纹的形成有决定性影响。

（3）连铸坯是分阶段凝固过程。即结晶器形成初生坯壳，二冷区接受喷水冷却坯壳稳定生长，液相穴末端凝固结束。因此，为分区域采用不同的技术控制铸坯质量提供了条件。

（4）已凝固坯壳在连铸机运行过程中接受喷水冷却，同时液芯热量又传给坯壳，故可把凝固坯壳看成经历"形变热处理"的过程，因此相变和质点 AlN、Nb(CN) 在晶界的析出对铸坯裂纹有重要影响。

最终产品质量决定于所提供的铸坯质量。根据产品用途，提供合格质量铸坯，这是生产中所考虑的主要目标之一。从广义来说，连铸坯质量是指铸坯的洁净度（钢中总氧含量，夹杂物数量、尺寸和形态），铸坯表面缺陷（如表面纵裂纹、横裂纹、星状裂纹、夹渣等），铸坯内部缺陷（如内部裂纹、中心疏松、缩孔、偏析等）。连铸过程质量控制如图 10-6 所示。

钢水的洁净度主要决定于钢水进入结晶器之前的处理过程，也就是说要把钢水搞"干净"些，必须在钢水进入结晶器之前的各工序下工夫。根据产品质量要求，应选用合适的炉外精炼工艺。连铸与模铸

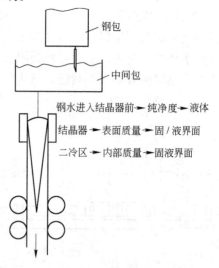

图 10-6　连铸过程与质量控制示意图

的不同之处在于，由于连铸使用了中间包，严格的钢流保护以防止二次氧化，充分发挥中间包分离夹杂物的潜力就显得更为重要。

现在人们把中间包作为钢水凝固之前进一步净化钢液的最后一个冶金反应器，因而提出了中间包冶金概念。钢水经过炉外精炼后已处理得很"干净"了。但如果钢包—中间包—结晶器的保护浇注搞得不好，钢水又重新污染，则炉外精炼的效果前功尽弃。因此对连铸来说，保护浇注和中间包冶金是提高铸坯洁净度的有效措施，必须给予足够重视。

铸坯表面质量主要决定于钢水在结晶器内的凝固过程。铸坯的表面缺陷（如夹渣、裂纹）是与结晶器内初生坯壳的形成、保护渣、浸入式水口、液面的稳定性等因素有关的：如果铸坯表面质量不好，应从结晶器内找原因。必须严格控制影响表面质量各工艺参数在合理的目标值之内以生产无缺陷铸坯，这是铸坯热送热装和直接轧制的前提。

铸坯内部质量（如低倍结构、疏松、裂纹等）主要决定于二次冷却区喷水冷却系统和铸坯支撑导向系统的合理性。为了获得良好的铸坯质量，可以根据钢种和产品不同的要求，在连铸的不同段（如钢包、中间包、结晶器、二冷区），从铸机设备和连铸工艺两方面，采用不同的技术对策对连铸机的生产率和铸坯质量进行有效控制。

10.3.2　连铸凝固组织、缺陷

10.3.2.1　连铸钢锭的凝固过程与组织

连铸钢锭的凝固过程与组织如图 10-7 所示。在铸钢锭的横截面上截取某一单元并放大，可以获得图 10-7b 或图 10-7c 所示的凝固方式。实际凝固过程通常也要经历三个阶段。首先在结晶器的表面激冷作用下形成表面结晶区。随后，各个晶粒竞争生长并在近似一维的温度场控制下发生定向凝固，形成柱状晶。在凝固后期，由于钢液过热的热散失和在液相区非自发晶核的形成而发生等轴晶的凝固。其最终的凝固组织中包含着三个晶区（见图 10-7e）。如果钢锭的厚度尺寸很小，或在有限的凝固时间内达不到内生形核的条件，则柱状晶凝固贯穿整个凝固过程，最终获得完全由柱状晶组成的穿晶组织。如果钢液温度低，内生形核条件

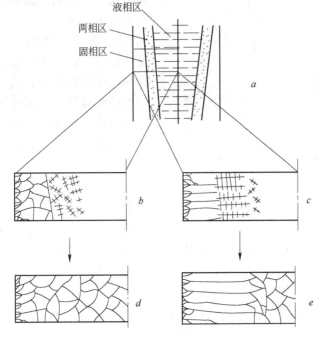

图 10-7　连铸过程的凝固方式与凝固组织

a—钢锭凝固方式；b，c—凝固过程中钢锭截面凝固方式的局部放大；

d，e—钢锭截面的凝固组织

好，则形成全部为等轴晶的组织（见图10-7d）。

在钢锭凝固过程中，钢液释放的热容量非常大，凝固过程进行得非常缓慢，钢锭内部的液相区可能长达十余米，补缩角非常小。在钢锭的横截面上的局部区域内凝固过程几乎是一维的。但该一维凝固过程与定向凝固的区别在于：

（1）钢锭连铸过程中液相区及两相区内存在较强烈的液相流动。该流动对凝固组织形态及溶质的再分配将产生很大的影响，有明显的宏观偏析形成倾向。

（2）由于对流传热作用使得凝固界面附近的温度梯度较低，凝固界面前的液相中可能存在游离晶的形核与生长条件，从而凝固未必始终以定向方式进行，在钢锭内部可能形成等轴晶。

显然液相区和两相区的对流是与钢液的密度变化及钢锭尺寸条件相关的。而密度的变化则取决于温度的分布和溶质的再分配。随着钢锭尺寸的增大，钢液的对流强度将增大。

固相的生长方式取决于钢液的过热度及钢液内部的形核条件。当钢液中存在大量异质晶核时，这些晶核的长大将阻止定向枝晶的生长，形成等轴晶。浇注过程的冲击液流可能引起大量枝晶的破碎和游离，促进等轴晶的形核。

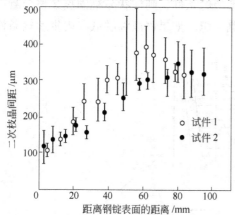

图 10-8　二次枝晶间距随距钢锭
表面距离的变化情况

凝固组织中的二次枝晶间距是由凝固速率决定的。随着距钢锭表面距离的增大，凝固速率将显著减小，从而发生枝晶间距的增大。图10-8为厚度200mm的低碳钢钢锭连铸组织中二次枝晶间距随距钢锭表面距离的变化情况的实验结果。可见在钢锭的截面上微观凝固组织是不均匀的。钢锭内部的二次枝晶间距几乎是表面枝晶间距的三倍。

在垂直连铸过程中，虽然凝固过程的补缩压头非常大，但狭长的凝固区造成补缩距离很大而补缩角非常小，仍给钢锭的补缩带来很大困难。特别是在等轴晶凝固的条件下，在凝固末期形成骨架的枝晶使得补缩液流受到很大的流动阻力，补缩非常困难。因此需要采取轧制变形等措施提高凝固组织的致密度。

10.3.2.2　防止连铸坯缺陷和提高连铸坯质量技术

A　提高铸坯表面质量技术

铸坯表面质量的好坏是影响金属收得率和成本的重要因素。生产无缺陷铸坯，在热加工之前，铸坯表面不精整，这是铸坯热送热装和直接轧制的前提条件。

铸坯表面缺陷的产生原因是极其复杂的，要针对缺陷的类型具体分析。不过总的可以说，表面缺陷主要是受钢水在结晶器凝固过程控制的。如图10-9所示，铸坯表面缺陷一般可分为表面夹渣、表面纵裂纹、横裂纹、角裂、星状裂纹等。为消除铸坯的表面缺陷，保证良好的铸坯表面质量，一般采用以下技术：

（1）结晶器钢液稳定性控制技术。浇注时保持结晶器钢液面稳定是防止铸坯表面缺陷的一个重要条件。钢液面波动原因是：1）水口结瘤；2）水口凝钢；3）中间包液面不稳定；4）液面控制系统失灵。钢液面波动会把渣子卷入到坯壳，使产品表面条状缺陷增加。试验指出：

钢液面波动在±20mm，皮下夹渣深度<2mm；

钢液面波动在±40mm，皮下夹渣深度<4mm；

钢液面波动>40mm，皮下夹渣深度<7mm。

图10-9皮下夹渣深度≤2mm，铸坯加热时可消除，夹渣深度在2～5mm，就必须进行表面清理。保持钢液面波动在±10mm，就可消除铸坯皮下夹渣。

因此要选择灵敏可靠的液面控制系统，保护液面波动在允许的范围内。现在有的液面波动可控制在±3mm范围内，这对保证铸坯表面质量是非常重要的。

液面控制的方法有：同位素法、热电偶法、电磁涡流法、浮子法、红外线法等。常用的是同位素法和电磁涡流法。

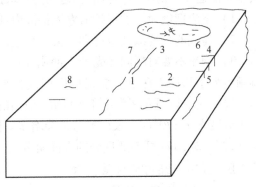

图10-9　铸坯表面缺陷示意图

1—表面纵裂纹；2—表面横裂纹；3—网状裂纹；

4—角部横裂纹；5—边部纵裂纹；6—表面夹渣；

7—皮下针孔；8—深振痕

（2）结晶器振动技术。在结晶器弯月面区钢水形成初生坯壳，由于结晶器的振动，使弯月面的坯壳形成了"振动痕迹"的振痕深浅是与钢水成分有关的。如$w(C) = 0.10\%$或$w(Ni)/w(Cr) = 0.55\%$的不锈钢，由于弯月面坯壳强烈收缩，振痕深度最大。它对表面质量带来的危害是：1）振痕波谷处是表面横裂纹的发源地；2）波谷处是气泡、渣粒的聚集区。因此必须减小振痕深度。为此采用高频率（最高可达400次/min）和小振幅（2～3mm）液压驱动的结晶器振动机构。由于采用液压驱动，可实现频率和振幅在线可调，可以保持正弦振动，也可实现非正弦振动。精确的导向和可调的振动参数使弯月面坯壳仅受较小的应力，有利振痕深度变浅，改善了铸坯对横裂纹的敏感性。同时选用与拉速相适应的保护渣黏度，也可以减小振痕深度。

（3）结晶器坯壳生长的均匀性。结晶器内初生坯壳不均匀，会导致铸坯表面纵裂或凹陷，严重者会造成拉漏。坯壳生长的均匀性决定于：

1）钢的化学成分：如 $w(C) = 0.12\%$ 时，结晶器导出热流最低，此时坯壳最薄，必须要特别当心拉漏。

2）合适的结晶器设计：要选择结晶器合适的长度、厚度和材质。

3）结晶器合适的锥度：结晶器锥度应与凝固坯壳的收缩相适应，减少气隙，均匀导热。

4）选择合适的保护渣：保护渣要有合适的熔化性能和黏度，能均匀填充到坯壳与铜壁之间的气隙中，渣膜稳定均匀，起良好的润滑作用。

5）结晶器液面的稳定性。

（4）结晶器内钢液流动状况控制。中间包注流动能引起了结晶器内钢水的强制对流运动。对结晶器钢液流运动的要求是：

1）不应把液面上的保护渣卷入钢液内部。

2）注流的穿透深度应有利于夹杂物上浮。

3）钢流不要对凝固坯壳产生冲刷作用。结晶器钢水的运动决定于浸入式水口倾角大小和插入深度。应根据模型试验来进行选择。对板坯结晶器的试验指出：浸入式水口插入深度小于 50mm，液面的渣会卷入到凝固壳，形成皮下夹渣。插入深度大于 170mm，表面夹渣也会增多。因此认为水口倾角为 25°，插入深度为 (125 ± 25) mm 可得到良好的表面质量。

B　提高铸坯内部质量技术

a　连铸坯凝固结构控制

与钢锭相比，连铸坯低倍结构与钢锭无本质上差别，但连铸坯低倍结构有以下特点：

（1）连铸坯相当于高宽比相当大的钢锭凝固，边运行边凝固的过程中，液相穴很长，钢水补缩不好，易产生中心疏松和缩孔。

（2）钢水分二阶段凝固。结晶器形成初生坯壳，二冷区喷水冷却完全凝固。二冷区坯壳温度梯度大，柱状晶发达，但凝固速度快，晶粒较细。

连铸坯凝固结构控制的主要任务是：控制柱状晶与等轴晶的比例，获得没有内部缺陷（如疏松、缩孔、偏析）的致密的凝固组织。

对弧形连铸机，铸坯低倍结构具有不对称性，即内弧侧柱状晶比外弧侧要长，所以内裂纹常出现在内弧侧。

连铸坯柱状晶发达，柱状晶使材料呈各向异性，使裂纹容易扩展。因此抑制铸坯中柱状晶生长而扩大等轴晶区，这是改善铸坯质量的重要任务。常用技术有：

（1）控制钢水过热度。铸坯中柱状晶和等轴晶区的相对大小主要取决于浇注温度。浇注温度高，柱状晶区就宽，因此在接近钢中的液相线浇注是扩大等轴晶区最有效的手段。但是要钢水过热度控制在小于20℃，在操作上有一定困难，搞得不好，会使水口冻住，且会使铸坯中夹杂物增多。因此为保持过热度大于30℃浇注，扩大中心等轴晶区，开发了专门的技术。

（2）采用电磁搅拌（EMS）。打碎柱状晶，增加等轴晶，控制柱状晶生长，消除凝固桥，增加等轴晶率（图10-10）。

（3）加入微型冷却剂。在结晶器内加入铁屑或薄钢带，消除钢水过热度，使其在液相线温度凝固，增加等轴晶。

（4）加入形核剂。如 Ti、B、Zr、Al 等元素以增加形成等轴晶的非自发核心。

（5）采用强化加速凝固工艺（FAST 法）。即把包有固体铁粉或其他元素的包芯线，从中间包塞杆喂入结晶器，控制钢水过热度和铸坯的初生凝固结构。

（6）热交换水口技术。比利时和英国的钢厂开发了水冷热交换器，安装在中间包和结晶器之间的浸入式水口上（图10-11）。注流经过热交换器移走的热量在 $0.6 \sim 2MW/m^2$，到结晶器钢水过热度为5℃，接近于液相线温度凝固，等轴晶区明显增加，中心偏析明显减少。在板坯和大方坯连铸不锈钢和高碳钢时都取得了明显效果。

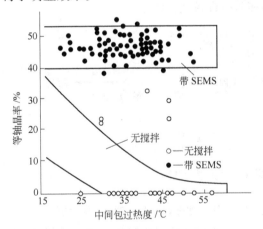

图 10-10　钢水过热度与等轴晶率关系

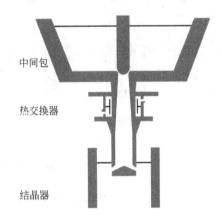

图 10-11　热交换水口示意图

b　连铸坯裂纹控制技术

铸坯裂纹是影响铸坯质量的重要缺陷。据统计，铸坯各种缺陷中约50%为裂纹。裂纹分为表面裂纹和内部裂纹两大类：

表面裂纹有表面纵裂、表面横裂、网状裂纹等（见图10-12）。结晶器内凝固坯壳厚度的不均匀性，可以说是表面裂纹产生的根源。尤其是 $w(C) = 0.1\% \sim$

0.12% 或 $w(\mathrm{Ni})/w(\mathrm{Cr})=0.55$ 的不锈钢坯壳厚度不均匀性更为明显，应力集中在坯壳的薄弱处，当应力超过钢的高温允许强度就产生了裂纹，裂纹常常位于板坯宽面中心附近或靠近角部，严重者会造成拉漏。铸坯在二冷区的不均匀冷却，会促使裂纹的扩展。因此，保证结晶器合理的工作参数（如冷却均匀、振动、刚性、锥度等）和浇注工艺条件（注温、注速、水口结构、保护渣润滑等）的协调一致，是避免表面裂纹的重要条件。

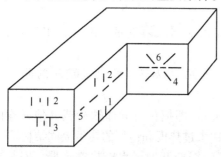

图 10-12　铸坯内部裂纹示意图

1—角裂；2—中间裂纹；3—矫直裂纹；
4—皮下裂纹；5—中心线裂纹；6—星状裂纹

铸坯内部裂纹有中间裂纹、矫直裂纹、皮下裂纹、中心线裂纹和角部裂纹等（图 10-12）。铸坯产生的内裂纹，并伴随有偏析线，即使轧制时能焊合，还有微观化学成分的不均匀性留在产品上，使力学性能降低。

铸坯裂纹的形成是一个非常复杂的过程，是传热、传质和应力相互作用的结果。带液芯的高温铸坯在连铸机内运行过程中，各种力的作用是产生裂纹的外因，而钢对裂纹敏感性是产生裂纹的内因。铸坯是否产生裂纹（图 10-13）取决于钢高温力学性能，凝固冶金行为和铸机设备运行状态。

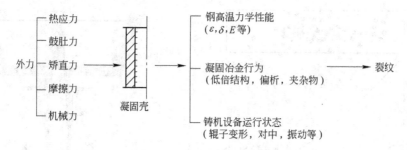

图 10-13　裂纹产生因素示意图

铸坯凝固过程固—液界面所承受的应力（如热应力、鼓肚力、矫直力等）和由此产生的塑性变形超过了所允许的高温强度和临界应变值，则形成树枝晶间裂纹，柱状晶越发达，则越有利于裂纹的扩展。

人们发现，钢的高温力学性能与铸坯裂纹直接关系，铸坯凝固过程坯壳所受各种力的作用是外因，而钢对裂纹敏感性是内因。由 Gleeble 热模拟试验机测定的高温延性示意图（图 10-14）可知：

Ⅰ区：熔点脆化区。从 1300℃ 开始延性突降，到熔点附近，延性为零。此时两相区的变形大于 0.15%~0.2% 就易产生裂纹。

Ⅱ区：1300～900℃是奥氏体稳定区，延性最大。但硫化物在晶界析出会呈现出晶界脆性。

Ⅲ区：900～700℃是脆性口袋区。它的深度取决于钢中 Al、V、N 含量。AlN、Nb(C，N) 质点在晶界沉淀，或沿奥氏体晶界生成的薄膜状铁素体造成了脆性，这是铸坯产生表面裂纹的原因。

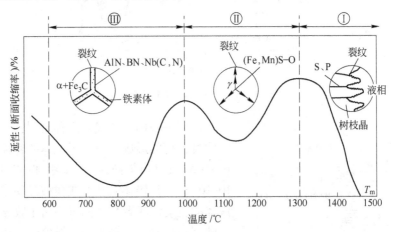

图 10-14　钢的高温延性示意图

因此用 Gleeble 热模拟机测定不同钢的脆性曲线，制定适合于钢的高温塑性变化的二冷制度。铸坯在外力作用下，使铸坯表面温度处于良好塑性变形区，即使有外力作用也能防止裂纹的形成。

总之，要减少铸坯发生裂纹的几率，就必须采取措施使作用于铸坯上应力的总和达到最小程度，因此必须保证有良好的设备设计、设备维修和操作工艺条件。为此主要采用以下技术：

（1）弧形连铸机采用多点矫直或连续矫直技术。

（2）对弧准确，防止坯壳变形，如采用辊缝仪测量调整使支承辊间隙误差小于1mm，在线对弧误差小于0.5mm。

（3）采用多节辊技术，防止支承辊变形，提高铸坯质量。

（4）采用压缩浇注技术，防止带液芯矫直时固液界面产生内裂。

（5）采用喷雾冷却和气水冷却的二冷动态控制系统，优化二冷区水量分布，使铸坯表面温度分布均匀，提高铸坯质量。

c　铸坯中心致密度及偏析控制技术

铸坯中心致密度决定了中心疏松和缩孔的严重程度。而中心疏松缩孔伴随有严重的中心偏析，它是厚板的力学性能恶化、管线用钢氢脆和高碳硬线脆断的原因。

偏析可分为显微偏析和宏观偏析两种。连铸坯中的宏观偏析主要表现为中心偏析。如图 10-15 所示。

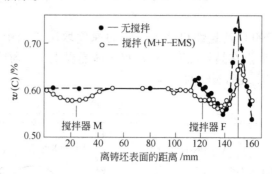

图 10-15　铸坯中心偏析示意图

图 10-16　凝固桥示意图

铸坯中心偏析形成有两种机制：一是液相穴内凝固桥的形成，阻止了液体的补缩，形成中心缩孔和疏松，导致中心偏析（图 10-16）；二是铸坯鼓肚造成树枝晶间富集溶质液体的流动，或者是凝固末期由于收缩使凝固末端富集杂质，使钢水补缩导致中心偏析。可见凝固时树枝晶间富集溶质的残余母液的流动是造成中心偏析的主要原因。

在连铸钢锭中的典型偏析形式是轴线上的正偏析（中心偏析）和 V 形偏析。连铸钢锭中的中心偏析是一个被大量实验和实际生产过程充分证明了的事实。在连铸钢锭的中心线上存在分配因数小于 1 的合金元素及杂质元素的正偏析（富集）。图 10-17 是低碳钢等轴晶区大小与溶质沿钢锭厚度的变化情况，该实验的铸钢锭厚度为 250mm。在两侧的柱状晶接合处发生溶质元素的富集。当凝固过程以几乎全部为柱状晶的方式进行时，中心偏析比较严重。而当凝固以等轴晶方式进行时，中心偏析的情况得到很大改善，偏析强度降低，偏析区扩大，有限的溶质富集分散在一个较宽的范围内。

中心偏析的形成是由凝固过程的枝晶生长方式决定的。在钢锭两侧形成的定向凝固条件，使得合金元素的再分配过程按照定向枝晶凝固进行。在小尺寸定向凝固试样中，溶质元素的偏析情况是由合金元素的扩散和补缩流动两个过程控制的，当扩散溶质通量大于补缩液流的溶质通量时，合金元素将发生正常偏析，在最后凝固的位置富集。相反，如果前者小于后者，则在最后凝固的位置发生负偏析。因此对于扩散系数很大的 C、S 等合金元素及杂质将倾向于形成正偏析，在

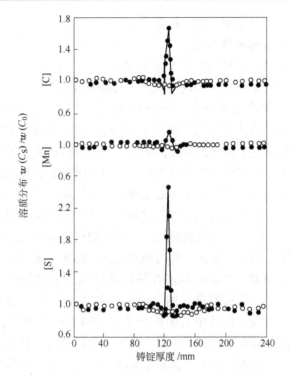

图 10-17　低碳钢等轴晶区大小与溶质分布沿钢锭厚度的变化

○—等轴晶区占 44%；●—等轴晶区占 15%；$w(C_0)$—合金元素的原始质量分数；

$w(C_S)$—合金元素的实际测定质量分数

最后凝固的位置富集，发生中心偏析。而对于连铸钢锭，除了扩散和补缩引起的溶质再分配外，两相区及液相区的对流将导致液相区 $k<1$ 的溶质元素富集，促进正常偏析的形成，增大中心偏析的形成倾向。

当钢锭凝固以等轴晶的方式进行时，两相区扩大，补缩液流通量也随之增大，定向凝固的倾向变得不明显，在最后凝固的区域发生体积凝固，从而可抑制中心偏析的形成。控制凝固方式可以达到控制中心偏析的目的。

V 形偏析是厚大钢锭立式连铸过程中的另一种非常典型的偏析形式，属于沟槽偏析，其分布形式如图 10-18 所示。在呈 V 形分布的偏析带中发生 S、C 等合金元素的正偏析。V 形偏析的形成与等轴晶生长、凝固收缩引起枝晶骨架撕裂和枝晶间钢液的流动相关。其形成过程是：

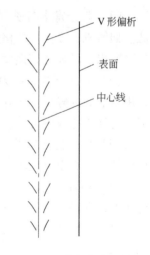

图 10-18　连铸钢锭中心线附近的 V 形偏析

（1）枝晶生长到接近中心线的位置。

（2）在柱状晶前形成等轴晶。

（3）凝固收缩引起柱状晶区呈 V 形撕裂。

（4）富集溶质的钢液在裂缝内流动，进行凝固补缩。

（5）钢液在 V 形撕裂带中流动引起枝晶的进一步重熔，导致撕裂带的变宽。

（6）在凝固末期富集溶质的钢液在 V 形撕裂带中凝固形成偏析带。

由此可见，首先发生柱状晶凝固，随后在中心线附近形成等轴晶，是 V 形偏析形成的必要条件。而在中心线附近的两相区内凝固收缩引起的撕裂条件及方式则是理解 V 形偏析形成的关键。对中心等轴晶凝固区的应力分析可以证明：实际钢锭中观察到的 V 形偏析带分布是和该区域内应力的分布对应的。

为减少铸坯中心疏松、缩孔和偏析，一是抑制柱状晶生长，扩大铸坯中心等轴晶区，二是抑制液相穴末端富集溶质的残余液的流动。采用以下技术措施：

（1）低温浇注技术。控制柱状晶和等轴晶比例的关键是减小过热度。过热度增加柱状晶发达中心偏析严重（图 10-15）。如过热度大于 25℃，铸坯柱状晶发达甚至形成穿晶结构，而使中心偏析严重；过热度小于 15℃，铸坯中心为等轴晶区，而元素被分散在等轴晶区之间，几乎无中心偏析。但是采用过热度小于 15℃ 的低温浇注，操作很难控制，容易冻水口。在生产上一般控制中间包钢水过热度大于 30℃ 条件下进行浇注。但应设法尽量降低钢水过热度。

（2）减少易偏析元素含量，如采用铁水预处理和钢包脱硫等措施把钢中 $w([S])$ 降到小于 0.01%。

（3）阻止富集溶质残余钢水的流动，为此必须防止在凝固过程中坯壳的鼓肚。如铸机二冷夹辊严格对弧、减少凝固终点附近的辊距、防止夹辊变形，加强二冷效果以增强坯壳强度等措施。

（4）轻压下技术：为防止凝固收缩而产生负压引起液体流动，在凝固末端采用带液芯的轻压下技术。试验指出：轻压下率为 $0.75 \sim 1.0$ mm/min 时，高温浇注铸坯中心偏析可减少 $1/2 \sim 1/3$。

（5）电磁搅拌技术，采用电磁搅拌，能扩大等轴晶区，健全内部组织。电磁搅拌方式有以下几种：

1）结晶器搅拌（M-EMS）：目的是改善铸坯表面质量和皮下质量，提高钢的纯净度，促进等轴晶的发展和组织细化，消除中心偏析。

2）二冷区搅拌（S-EMS）：打碎树枝晶，抑制柱状晶的发展，扩大中心等轴晶区。

3）凝固末期搅拌（F-EMS）：凝固末期钢液搅动能减少中心疏松和缩孔。

4）根据钢种和产品质量要求，可以是单独搅拌，也可以是联合搅拌。

（6）凝固末端强冷技术。铸坯中心偏析是与凝固末期液相穴末端糊状区的体积有关，在凝固末端设置喷水冷却区压实铸坯芯部，防止坯壳鼓胀，阻止液体流动、减轻中心偏析，其效果不亚于轻压下技术。

不少研究者从金属高温变形理论出发，提出了弹性、塑性和蠕变理论，分析坯壳应力场的变化结合钢的高温性能，来预见铸坯中的裂纹形成，为铸机工作状态的诊断和冷却制度的改进提供依据。另外从钢凝固理论出发，提出了晶界脆性、晶体移动、质点沉淀、柱状晶体的"切口效应"等理论，来阐明钢凝固过程中裂纹产生机理。

过去人们称钢锭中的偏析裂纹为鬼线（ghost line）。所谓鬼线是形容偏析线裂纹是时隐时现。在实际生产中也常碰到这样的情况，有时铸坯产生了裂纹，但过几天工艺条件也无多大变化，铸坯裂纹也消失了。这说明裂纹产生的原因是极其复杂的，是多种力和物理现象的综合作用结果。在工艺条件一定的情况下，连铸机设备工作情况是防止产生裂纹的基础。因此，应像对待精密仪器一样来维护连铸设备，这是保证铸坯质量的基础。

C 连铸钢锭的变形

厚大的连铸钢锭在凝固过程中，钢锭自结晶器拉出十余米后其中心液相的凝固仍可能尚未完成。凝固速率受表面散热速度的控制，凝固层的温度变化及厚度发展相对缓慢，强度较低。此时，在钢液静压力的作用下可能发生变形，形成"鼓肚"（如图 10-19 所示）和菱形等缺陷。"鼓肚"缺陷是和钢锭的拉出速度密

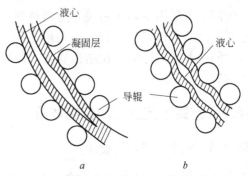

图 10-19　钢锭连铸过程中两种"鼓肚"的形式
a—形式一；b—形式二

切相关的。为了防止"鼓肚"，乃至钢液的漏出，应对拉出速度加以限制。对此可按照以下思路分析：

（1）据界面散热条件估算凝固速率、凝固层的厚度及温度分布随凝固时间的变化。

（2）根据凝固层的厚度和温度确定凝固层的屈服强度随凝固时间的变化。进而根据钢锭的拉出速度将上述关系换算成强度与钢锭拉出距离的关系。

（3）根据钢液的压头确定钢锭受到的静压力与拉出距离的关系。

（4）将静压力与钢锭凝固层的屈服强度进行比较，判断凝固层的变形情况或根据判断结果进行钢锭拉出速度的修正。

菱形（脱方）缺陷与钢水在结晶器内的凝固特性有关。连铸时钢水的凝固是在结晶器开始的，钢水在结晶器内与铜壁接触形成一个半径很小的弯月面，在弯月面根部，由于冷却速度很快（100℃/s），凝固成初生坯壳。形成的初生坯壳

由于发生 δ→γ 的相变而收缩，使坯壳脱离铜壁，形成气隙，而钢水静压力又使坯壳向外膨胀。随着坯壳的下移，坯壳表面开始回热，坯壳温度升高，强度变低，钢水的静压力使坯壳变形。在结晶器的角部区域，由于是二维传热，坯壳凝固最快，收缩最早，气隙首先形成，随后传热减慢，凝固速度下降。随着坯壳的下移，气隙从角部扩展到面部。此时铸坯面部中心部位的气隙比角部小，角部坯壳热流最小，坯壳较薄，在钢水静压力的作用下，容易产生变形，成为菱形缺陷形成的根源。

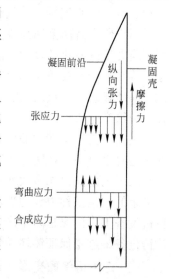

图 10-20 是摩擦导致凝固壳的应力分布。一般说来，菱形的形成有两种机理，一种认为脱方与坯壳的四个面凝固不均匀有关，另一种认为脱方与坯壳的四个角凝固不均匀有关。这两种理论的共同点是脱方都是由于坯壳凝固不均匀形成的，也就是说脱方的根本原因是铸坯在结晶器或二冷区冷却时的不均匀。

图 10-20　结晶器凝固壳断面应力分布

10.4　连铸工艺过程的控制环节

10.4.1　结晶器的结构设计

结晶器的主要作用是对钢液均匀而快速的冷却，促使钢液的快速凝固，形成均匀的凝固壳层。结晶器的各种热阻所占的比例分别为：凝固层 25%，气隙 71%，结晶器壁 1%，结晶器与冷却水的界面 2%。可见，气隙是连铸过程冷却效果的控制环节。

结晶器的形状可以有三种情况：

（1）结晶器型腔的横截面从上到下按非矩形截面逐渐减小的漏斗形结晶器。

（2）结晶器从上到下均为等矩形。

（3）结晶器自上到下大部分按矩形截面逐渐缩小的楔形结晶器。

其中最后一种情况更利于控制气隙，提高冷却效果。

为了减少气隙厚度，控制其不良影响，结晶器可设计成与钢液的凝固收缩相适应的倒锥度。根据合金的凝固特性，结晶器的内截面形状可为双锥度、三锥度及抛物线形倒锥度。其中以抛物线形倒锥度的工艺效果最佳。结晶器的长度设计原则是保证凝固坯离开结晶器以前获得一定的坯壳强度，避免钢液泄漏。

10.4.2 结晶器振动

结晶器的振动是连铸工艺过程的一个关键环节，其目的是防止钢液对结晶器的黏结而引起钢液泄漏。其振动参数的选择是极其重要的。

典型的结晶器振动方式为正弦波振动。在该条件下钢锭的负滑脱时间 τ_N 和正滑脱时间 τ_P 的计算公式为：

$$\tau_N = \frac{1}{\pi f} \arccos\left(\frac{u}{2\pi A f}\right) \tag{10-1}$$

$$\tau_P = \frac{1}{f} - \tau_N \tag{10-2}$$

式中，A 为振幅；f 为振动频率；u 为拉速。

对于连铸，负滑脱时间是不可缺少的。振动参数应随拉速增加而增大。

10.4.3 连铸速率的控制

大的连铸速率有利于提高连铸过程的生产效率，使连铸过程追求高效的目标，然而连铸速率应与铸坯的凝固进程相匹配。

连铸速率是由钢液的过热及凝固潜热的导出速率控制的。热量的导出分两个阶段，即结晶器内的一次导热凝固及冷却水的二次冷却。其中凝固壳层的形成是在第一阶段完成的。连铸速率主要由第一阶段的冷却条件控制。在铸坯离开结晶器之前应获得足够高的强度，以防止铸坯的"鼓肚""菱形"等变形或钢液泄漏。增大连铸速率，应以增大结晶器的冷却速率为前提。其他控制环节包括结晶器的振动方式及保护渣的物理化学性能等。

保护渣的主要作用是在结晶器和铸坯凝固壳层之间形成连续而稳定的保护渣膜，保证结晶器的均匀传热和稳定润滑。保护渣的黏度及其随温度的变化是控制保护渣作用效果的关键因素。实现高效连铸应采用低熔点、低黏度、高熔化速度的保护渣。

10.4.4 铸坯的弯曲与矫直

对于立弯式连铸，铸坯首先要经历一个弯曲过程，然后在凝固后期再进行矫直。由于弯曲过程是在铸坯内部仍处于液相的条件下进行的，变形过程容易实现。矫直过程的应力状态分析对于工艺过程控制极为重要。在弧形连铸机的连铸过程中同样存在矫直的问题。

铸坯出结晶器后弯曲，然后矫直，会造成很大的应变，出现表面裂纹或内裂纹。如弧形半径为 10.5mm，$u = 1m/min$，铸坯厚度为 250mm，在弯曲或矫直点，铸坯表面变形率不大于 1.2%，表面温度大于 900℃，就可避免产生表面横裂。根据钢种不同，坯壳凝固交界面的变形率小于 0.1%～0.5%，就可避免产生内裂。

　　铸坯带液心矫直时受到 3%～4% 的压下作用，就会形成与拉辊接触面垂直的内裂纹。铸坯在矫直点已完全凝固时，拉辊压力过大，如钢已处于非塑性区，也可产生裂纹。因此，要调整好合适的拉辊压力保持正确操作。

10.5　连铸连轧新技术

　　连铸连轧是把连铸和连轧两种工艺衔接在一起的钢铁轧制工艺。连铸连轧的全称是连续铸造连续轧制（Continue Casting Direct Rolling，简称 CCDR），是把液态钢倒入连铸机中轧制出钢坯（称为连铸坯），然后不经冷却，在均热炉中保温一定时间后直接进入热连轧机组中轧制成型的钢铁轧制工艺。这种工艺巧妙地把铸造和轧制两种工艺结合起来，相比于传统的先铸造出钢坯后经加热炉加热再进行轧制的工艺，具有简化工艺、改善劳动条件、增加金属收得率、节约能源、提高连铸坯质量、便于实现机械化和自动化等优点。

10.5.1　薄板坯连铸连轧技术

　　薄板坯连铸连轧是 20 世纪 80 年代末开发成功的新技术。自 1989 年美国纽柯克拉兹维莱钢厂世界第一条薄板坯连铸连轧 CSP 生产线投产以来，该项技术发展很快，至今已建成和在建的薄板坯连铸连轧生产线（含中厚板坯连铸连轧）近 30 条，生产能力达 4000 万吨以上，占热轧带钢总产量的 12%。薄板坯连铸连轧技术除 SMS 开发的 CSP 外，还有 Demag 的 ISP、住友的 QSP、Damieli 的 FTSR 和 VAI 的 CONROLL 等共 5 种类型。

　　实践证明，薄板坯连铸连轧工艺具有三高（装备水平高、自动化水平高、劳动生产率高）、三少（流程短工序少、布置紧凑占地少，环保好污染少）和三低（能耗低、投资低、成本低）等优点。和传统工艺相比，薄板坯连铸连轧工艺还具有以下一些特点：

　　（1）由于板坯厚度薄，它在结晶器内冷却强度大，柱状晶短，铸态组织晶粒细化。

　　（2）直接轧制，取消了相变温度区的中间冷却，热轧变形在粗大奥氏体组织上直接进行，避免合金元素在板坯冷却过程中析出，从而使成品组织得到弥散硬化并可获得更精细、更均匀的金相组织。

　　（3）均热工艺、辊底炉式均热炉保证了板坯在轧制过程中头尾温度的均匀和稳定，从而使带钢全长的力学性能和厚度公差均匀一致。

　　（4）强力高压水除鳞，保证带钢表面质量。

　　（5）高精度动态液压压下厚度自动控制（HACC）、板形和平直度自动控制（PCFC）、精确的宽度和温度自动控制，使带钢几何尺寸精度达到最高水平。

（6）较高的轧制温度，进精轧的开轧温度一般控制在 1100～1500℃，比常规轧机高 100～150℃。因此，即使精轧机机架数少，也能更易轧制超薄热轧带钢。

（7）由于薄板坯连铸连轧生产线的小时产量主要取决于连铸机的拉速和板坯宽度，因此轧制薄规格带钢不会像传统轧机那样受到很大影响。

10.5.1.1　薄板坯连铸连轧的工艺特点

薄板坯连铸连轧的工艺特点如下：

（1）整个工艺流程是由炼钢—炉外精炼—薄板坯连铸—物流的时间节奏与温度衔接—热连轧 5 个单元工序组成，将原来的炼钢厂和热轧厂紧凑地压缩，有机地组合在一起。

（2）整个工序流程中炼钢炉、薄板坯连铸机和热连轧机是刚性较强的工艺装置，特别是薄板坯连铸机目前只能在 3～6m/min 的拉速范围内浇铸。

（3）在薄板坯连铸连轧工艺中，热连轧是决定规模和投资的主要因素，充分发挥热连轧机组的能力应是整个工程建设中考虑的要点之一，炼钢炉、炉外精炼装置、薄板坯连铸机及铸机与轧机间的缓冲、衔接装置的设计、选择应以充分发挥热连轧机组的效率为主要前提。

（4）基于薄板坯连铸机装置的刚性较强，按平均拉速 4.5m/min 计算，为了稳定地连续浇铸，对于宽度 1350～1600mm 的薄板坯，转炉容量以 100t 以上为宜。

10.5.1.2　薄板坯连铸连轧的关键技术

随着薄板坯连铸连轧技术的不断发展，出现了许多种类的薄板坯连铸连轧生产工艺，虽然众多的生产线显示各自不同特点的关键技术，但归纳起来，主要集中在以下几个方面：

（1）合理的薄板坯厚度选择。厚度的选择必须综合分析，充分考虑到社会分工原则和本地的实际情况，没有必要条条生产线均具备生产全部品种和规格的能力。西马克公司开发的 CSP 工艺选择厚度的原则是能满足省略粗轧机机架而直接进行精轧要求的必需厚度，坯厚小于 70mm；德马克开发的 ISP 工艺，随着结晶器的不断发展和优化，厚度基本控制在 50～90mm；奥钢联认为厚度保持在 70～120mm 并采用平行板形结晶器有利于液面平稳，防止卷渣，减少铸坯缺陷。此外，厚度选择还必须结合结晶器内钢水流量、生产成本、铸坯能耗等多种因素，也要考虑市场的需求。

（2）结晶器形状、液芯压下、固相轧制、二次冷却制度等相关技术。特别是结晶器形状，薄板坯连铸对结晶器有特殊的要求，其设计需注意，要使结晶器不对凝固壳产生过大的应力，以减少坯壳表面缺陷和裂纹缺陷，要易于设计、加工和容纳浸入式水口，并使浸入式水口具有较长的使用寿命，要有足够的化渣面积。常见的结晶器的实际形状归为平行板形、漏斗形和全鼓形 3 种 。

（3）其他相关技术。如结晶器材质、浸入式水口、结晶器振动装置、连铸保护渣、高压水除鳞、轧辊在线磨削技术的成功应用，有力地支持了薄板坯连铸连轧工艺的发展。

（4）成功实现了薄板坯连铸机与热连轧机组的有效连接和协调匹配技术，为该工艺的贯通奠定了基础 。

10.5.2　连铸 CSP 新技术

连铸 CSP 技术（Compact Strip Production）又称"紧凑式带钢工艺"，是薄板坯连铸连轧技术的一种，最早由德国施勒曼·西马克公司开发，是 20 世纪末世界钢铁工业最重要的技术进步之一。该技术的最大特点是在"一火"条件下完成了钢带和钢板的冶炼、铸造、轧制和在线组织性能控制等诸多繁杂的冶金过程。

1989 年 9 月在美国纽柯（Nucor）公司首次投产。生产实践表明，该技术在缩短生产周期、节约能源、减少基建投资及降低成本等方面有明显的优点 ，因此，薄板坯连铸连轧技术得到了全面的发展。目前全世界已建成投产的 CSP 生产线有 30 余条，其产能已超过 5000 万吨/年，其中国内有 7 条（珠钢、邯钢、包钢、马钢、涟钢、酒钢、武钢），年生产能力已突破 1500 万吨，产能占热轧板材的 15% 。

近年来，对 CSP 工艺生产热轧带钢的研究主要集中在薄板坯在热连轧中的动态再结晶规律、连铸坯及其在热变形中夹杂物和第二相粒子的析出行为，以及针对 CSP 工艺特点开发高品质钢种等。

10.5.2.1　CSP 生产线的主要技术参数

CSP 生产线由 SMS 公司开发的一种薄板坯连铸连轧新工艺，图 10-21 所示为 CSP 生产线示意图，该技术采用常规工艺设备，主要由薄板坯连铸机、加热均热炉 、精轧机组、层流冷却与输送辊道、卷取机等组成。

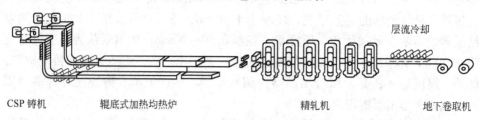

图 10-21　CSP 生产线示意图

A　CSP 铸机

CSP 铸机，即薄板坯连铸机，一般为立弯式，主要浇注碳素结构钢、优质碳素结构钢和低合金钢，表 10-1 为邯钢 CSP 厂的两台薄板坯连铸机主要技术参数。

表 10-1 连铸机主要技术参数

项　　目	参　　数
铸机形式	立弯式
台数	2 台（流间距 26000mm）
浇铸断面	宽度 900 ~ 1680mm
结晶器出口厚度	90mm
铸坯厚度	65 ~ 80mm
结晶器液面控制	Co^{60} 自动控制系统
浇铸速度	$v_{min} = 2.8$m/min，$v_{max} = 4.8 ~ 5.5$m/min
浇铸周期	30 ~ 50min/炉
二次冷却	喷水冷却，动态控制
结晶器形式	直漏斗型
弯曲半径	3250mm
产量	20.5 万吨/月

CSP 铸机的结晶器采用的是漏斗型直结晶器，是铸机的关键部分，也是 CSP 技术工艺的核心。其主要部分如下：

（1）漏斗型直结晶器与浸入式水口，如图 10-22 所示。

漏斗型直结晶器是 CSP 生产线的核心。结晶器顶部的漏斗形状可以容纳大直径的浸入式水口。一般结晶器顶部漏斗中心宽为 170mm（或 190mm），边部上口 50mm（或 70mm），下部出口 50mm（或 70mm），坯壳形成后在向下拉坯过程中逐步变形，形成 50mm（或 70mm）厚薄板坯。

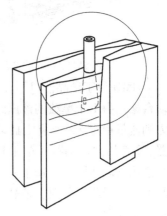

图 10-22 CSP 结晶器

漏斗形状是与坯壳的收缩成比例关系的，并提供足够的空间防止坯壳与水口之间形成搭桥。结晶器内的曲线保证了拉坯过程中坯壳的无应力凝固，获得良好的表面质量。此外，由于这种漏斗型结晶器的钢水容量大，可以减少结晶器内的卷渣现象及增加坯的润滑。

CSP 结晶器的最大优点是可采用大直径的浸入式水口，水口壁厚在 20mm 以上，其寿命在 10h 以上可以提高连浇炉数。据相关了解，目前一般连浇炉数为 12 炉，最高可达 18 炉。

（2）结晶器振动装置。CSP 连铸机结晶器振动（简写 HMO）系统主要由振动台架、带伺服阀、压力和位置传感器的振动油缸、结晶器锁紧装置、液压站系统构成。结晶器振动装置示意图如图 10-23 所示。

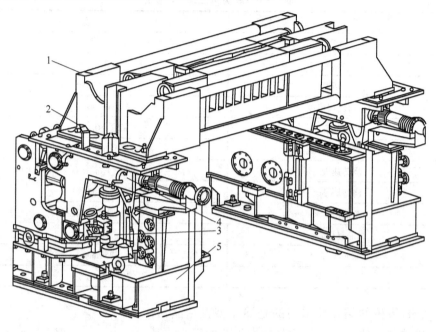

图 10-23　结晶器振动装置图

1—结晶器；2—结晶器锁紧装置；3—振动油缸；4—振动台架；5—振动底座

HMO 位于结晶器以下，由 2 个垂直位置的液压缸驱动提升装置和结晶器振动台架，由 1 个单独的液压站给液压缸提供动力，并配有蓄能器，以保证液压压力和流量稳定。2 个液压缸装备有集成的带 SSI 接口（异步串行）的位置传感器、2 个压力传感器（A 和 B）和带活塞监控的伺服阀，活塞监视器用来控制 2 个液压缸动作同步。每个液压缸都装了数字监控油过滤器及双向压力传感器（A 和 B）用于压力监控。结晶器安装在振动台架上，由结晶器锁紧装置使结晶器固定在振动台架上。

2 台液压缸推动结晶器做周期性的运动，使用伺服阀对液压缸进行控制，而对伺服阀的控制在 HMO 内以软件的形式来执行。HMO 内存储不同拉速的振动曲线以用作伺服阀输入量设定点的设置。每 1 个液压缸的位置参考值同实际位置每隔 1ms 进行比较。1 个内部的比例控制器使用位置信号（来自 SSI 位置传感器）和液压缸速度产生伺服阀的参考值。在浇铸过程中，振动周期（频率）及振幅（振动大小）均可自动匹配拉速，随拉速的变化而改变。

（3）铸机导向段（带液芯压下）。CSP 分 1、2、3 段，采用直型导向以支承坯壳和达到最佳冷却效果。上部设计成水冷格栅，采用小辊径密排及分节辊，以使辊子挠度小和避免坯壳鼓肚。1 段装在振动器框架上，以防止与结晶器不对中，结构简单，便于维修，并可与结晶器一起快速更换。1 段设计为钳式结构，可以满足将来液芯压下的需要。2、3 段的辊缝可调。液芯压下原理如图 10-24 所示。

B   加热均热炉

CSP 连接段为辊底式加热均热炉，分加热、均热、运输和储存各段，由计算机在线控制各段炉温与燃烧。采用光电管控制，防止板坯跑偏；另还用光电管跟踪板坯信号。

炉辊有绝热层是否脱落。当脱落到一定程度可以由专用更换设备，在生产进行中在线抽换炉辊，不影响生产。

C   精轧机组

CSP 精轧机组一般由 5（或 6）机架四辊式 CVC 轧机组成。轧机的所有机架都配备有液压 AGC 厚度自动控制，工作辊轴向移动装置（CVC）及工作辊弯辊装置（WRB），以及各机架间有液压活套。

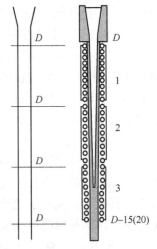

图 10-24   液芯压下原理

计算机对每块带钢沿全长、全宽进行厚度、边厚度检测和控制。因此，热带卷的质量可达到世界先进水平。

轧机的工作辊采用快速换辊形式，借助于液压缸和侧移平台实现。

D   层流冷却

层流就是使低水头的水从水箱或集水管中通过弯曲管的作用形成一无旋和无脉动的流股，这种流股从外观上看如同透明的棒一样，液体质点无任何混杂现象。这样的层流态的水从一定高度降落到钢板表面上会平稳地向四周流去，从而扩大了冷却水同板材的有效接触，大大提高了冷却效率。

层流冷却的特点是冷却设备的流量范围基本上是一定的。层流冷却广泛应用于热轧板带生产线上，安放在热连轧机组的后方、卷取机的前方。采用层状水流对热轧钢板或带钢进行的轧后在线控制冷却工艺。将数个层流集管安装在精轧机输出辊道的上方，组成一条冷却带，钢板（带）热轧后通过冷却带进行加速冷却。

10.5.2.2   薄板坯在 CSP 热连轧中的组织演变

在传统的连铸连轧工艺中，连铸坯经历了 $\gamma \rightarrow \alpha$ 和 $\alpha \rightarrow \gamma$ 的相变，原始奥氏体组织完成了铸造枝晶向等轴晶的转化，粗轧前原始奥氏体晶粒尺寸约 200 ~ 300μm，其组织得到了细化和均匀化。而 CSP 铸坯其凝固组织直接进入热连轧机组，连轧前两道次要使铸造枝晶碎化、等轴化、均匀化和细化等。

薄板坯在 CSP 热连轧中采用了大压下量连轧工艺。奥氏体的组织演变分为两个重要阶段：一是高温阶段变形促进奥氏体的再结晶，铸造枝晶通过再结晶向等轴晶的转变及等轴晶组织的均匀化过程；二是低温阶段变形造成应变积累，使相变过程中铁素体的形核地点和形核速率大大增加，这有助于成品板组织细化。在CSP生产中连轧阶段总的变形率通常分为两部分：$\varepsilon_\Sigma \rightarrow \varepsilon_R + \varepsilon_C$。式中，$\varepsilon_\Sigma$ 为总的变形量；ε_R 为使铸坯的铸态组织发生再结晶的临界变形量，其作用是细化铸坯组织，并将其转化成为均匀的再结晶组织；ε_C 为保证直接热装薄板坯的奥氏体组织发生多形性转变的临界变形量，其作用是增加铁素体形核地点，提高 $\gamma \rightarrow \alpha$ 的相变驱动力，以便在相变后得到均匀细小的铁素体组织。实验表明，达到上述要求的基本条件是：$\varepsilon_R \geqslant 50\%$，$\varepsilon_C \geqslant 60\% \sim 70\%$，$\varepsilon_\Sigma \geqslant 80\%$。

　　在CSP连轧工艺中，头2个机架的热变形控制对终端产品的组织控制是非常关键的。在连轧阶段的后面几个道次，温度继续降低，同时变形量也减小，回复和再结晶进行的不充分，应变会在后续的变形道次中积累，晶内累积有大量的畸变能和形变带，同时晶粒拉长使奥氏体晶界面积增加，这些都提高了冷却相变成 α 时单位体积 γ 内的形核地点数量和形核速率，细化晶粒尺寸。

10.5.2.3　CSP成品板的组织与性能

　　由于CSP流程和传统流程的铸态组织、热历史及变形条件与过程不同，其组织状态、晶粒度大小和力学性能方面存在较明显的差异。表10-2以Q195钢为例，给出了CSP成品板的组织与性能与传统流程的区别。采用CSP工艺生产的钢板位错密度比传统流程要高约27%。传统连铸连轧工艺生产的低碳钢板的铁素体晶粒形状多近于等轴晶，且晶界较圆滑，而CSP生产的低碳钢板铁素体晶粒多呈不规则的尖角形。这样，若晶粒尺寸相同，不规则的尖角形铁素体的晶界面积要大一些，对强度贡献也多。

表10-2　CSP产品的组织和性能与传统流程的区别（以Q195钢为例）

项　目		组织性能	传统连铸连轧	薄板坯连铸连轧
组织比较		晶粒尺寸/μm	10 ~ 20	4 ~ 10
		铁素体晶粒形状	饼形、等轴	尖角形、多边形、等轴
		珠光体	片层状	点状、棒状、片层
		析出物	氧化物、硫化物、氮化物	氧化物、硫化物、氮化物
		位错密度	较粗大	较细小
性能比较		屈服强度/MPa	260 ~ 310	290 ~ 340
		抗拉强度/MPa	340 ~ 400	360 ~ 420
		伸长率/%	38 ~ 48	36 ~ 48

　　CSP工艺生产低碳钢的珠光体由点状或棒状的渗碳体与铁素体间隔而成，传统连铸连轧低碳钢板中的珠光体为典型的渗碳体与铁素体片构成的片状珠光体。

综上所述，CSP 流程生产热轧板带的显微组织细小、均匀，且铁素体多为尖角形，晶内有许多纳米析出物，晶体中位错密度大；并且屈服强度偏高，屈强比较高，而塑性相当或略高。显然，强度偏高和高的屈强比对开发高附加值钢铁产品是不利的。

10.5.3　其他薄板连铸连轧技术

由于薄板材料的广泛应用背景，各种新的连铸技术不断出现。这些技术所追求的主要目标仍是节约能源、提高生产率、提高材料内部质量。以下是这些新技术中的几个实例。

10.5.3.1　电磁铸轧技术

电磁铸轧（或称为磁流体铸轧）由中南工业大学机电工程学院冶金机械研究所于 20 世纪 80 年代后期率先提出，并被列为中国有色金属工业总公司重点科研项目。该技术的思路是在铝合金连续铸轧的铸轧区中施加交变的特殊形态电磁场，形成铝合金磁流体铸轧技术。其目的是要用电磁场在凝固结晶过程中的作用来取代变质剂作用，达到细化晶粒、改善铸轧坯质量，提高板坯深冲性能的目的。

电磁铸轧是在铸轧区中施加交变磁场，从而在导电的铝熔体中感应出涡流 I_e；感应涡流产生一逆向磁场阻碍交变磁场的变化，这两磁场叠加形成一综合磁场；在涡流与综合磁场共同作用下，据 $F = I \times B$ 可知铝熔体受到电磁感应力作用。该电磁力对铸轧前沿的铝熔体起到电磁搅拌作用；电磁场作用改变了铸轧前沿熔体的流场及温度场，改善了浓度分布，从而影响和改变了铸轧区金属熔体的凝固结晶过程。由于电磁力作用使得流场及温度场分布较自然对流下的分布要均匀，这有利于凝固和结晶，从而改善凝固组织。电磁场施加于铸轧区熔体的作用机理可以描述为：

电磁力作用一方面从外部对熔体输入了外加的电磁振动能，加剧了熔体内部能量起伏，促使金属的均质形核；另一方面，在电磁感应力作用下，使成长中的枝晶或柱状晶受到具有一定流速的熔体的机械剪切以及振动冲击而碎断、剥落，碎断的枝晶进入熔体中，若未被熔化而悬浮在熔体中时，起到晶粒形核的质心作用，形成更多的晶核，促进晶粒增殖；再则，由于电磁力作用加速和改变了熔体的运动状态，使离凝固前沿较远的高温熔体与固—液界面附近含有高固态百分比的低温熔体强行进行交换，改变了凝固前沿的流场及温度场、浓度场，减小了熔体的温度梯度，降低了浓度差异，使整个凝固结晶区域温度、浓度较均匀，导致形核结晶在较大范围内同时开始、进行、结束，有利于晶粒细化和消除偏析；同时由于电磁力作用强化了熔体内部对流，使熔体内部微粒由低速层流转为高速紊流，从而使得从固态枝晶上脱落下来的碎块迅速扩散到凝固前沿的熔体中去，形成结晶—碎断—搅拌—结晶的动态过程，导致早期柱状晶等轴化，最终达到破坏定向结晶、强化动态结晶的目的，达到显著的晶粒细化效果。

　　在实验室研究的基础上，中南工业大学机电学院电磁铸轧课题组研制了电磁铸轧用特殊的磁场发生装置。该装置主要由电磁感应器和功率供给（即电源供给）两大部分组成（如图 10-25 所示）。电磁感应器主要由上、下铁芯和线圈（三者形成感应元件）组成。功率供给主要由过流、过压保护装置和变频装置组成，使三相工频交流电变频为工艺所需的特殊频率交流电。在各相负载线圈中通入具有一定相位差的交流电，从而使得感应元件在铸轧区的铝熔体中产生具有一定形态的特殊交变磁场，满足连续铸轧生产细化晶粒的要求。变频装置采用单片机系统来控制，并自行研制了一套相配的应用软件。电磁参数的设置可通过单片机系统所配置的键盘来完成，并可通过六位 LED 显示出来，运行时的电流幅值和频率值可通过六位 LED 显示。

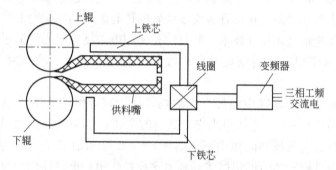

图 10-25　电磁铸轧磁场发生系统示意图

　　经过近 8 年研究和多次工业试验，现已取得突破性进展。工业试验在 650mm × 1600mm 铸轧机上进行。通过取样分析可知，电磁铸轧与加 Al-Ti-B 丝变质剂细化晶粒效果相当；对于焖炉料铸轧，电磁铸轧较之后者还能达到更为良好的细化效果，其力学性能也达到了与 Al-Ti-B 丝作用下相当的水平。电磁铸轧与加 Al-Ti-B 丝具有相当的作用效果，且其某些性能（如深冲性能）甚至超过 Al-Ti-B 丝作用下板坯的性能。电磁铸轧在具有细化晶粒的同时，还不存在施加 Al-Ti-B 丝所带来的合金化污染和时效性等不足，且其成本只为施加 Al-Ti-B 丝传统法的 1/50 ~ 1/60。

　　目前电磁铸轧料已成功地轧成双零铝箔，且成品率略高于加 Al-Ti-B 线板坯的铝箔。说明这是一种很有前途的新生产技术。

10.5.3.2　超薄高速铸轧技术

　　超薄高速铸轧技术旨在提高生产速度，降低板坯厚度，提高板坯质量，进一步细化晶粒，提高屈服极限、抗蚀性、耐冲性，降低板厚与改善板形，提高生产率，减少随后冷轧道次，甚至达到近终形铸轧的目标。国外一些在双辊铸轧技术方面处于领先地位的研究单位与厂家，在 20 世纪 80 年代后期就开始致力于该项新技术的研究与开发工作，到目前很多单位均已取得重要成果。例如，英国牛津大学和戴维公司共同开发的双辊铸轧机，能以 15m/min 的速度生产 1mm 厚的带材；挪威 Hydro Co. 和瑞士 Lauener Co. 合作建造的实验用铸轧机，能够铸轧的板厚接近 2mm 或更薄，速度可达 10m/min，产能可提高 2～4 倍；Hunter Co. 与 Norandal 公司合作于 1993 年初共同开发出 1mm 厚的铸轧板；法国 Pechiney Co. 在改造的 Jumbo 3CM 铸轧机上生产出 2～3mm 厚、1.2m 宽的薄带坯。应用这些技术，不仅降低了板厚，提高了生产速度，而且还能够生产更多品种的合金，如 Al-Si 铸造合金、铝轴承合金、金属基复合材料、锌合金、含 Mg 量高达 5% 的硬铝合金等，从而拓展了可生产合金的范围，可开发新材料。同时，板坯的质量也得到改善。由于高速铸轧冷却速度大因而得到的晶粒细小，而且由于控制水平的提高，消除了中心线偏析、水平波纹等不良表面质量，从而使得铸轧产品可用于某些质量要求较高的场合，如制罐铝材、印刷企业用 PS 版铝板基、热交换器散热片、14μm 家庭用铝箔、7μm 深加工烟用铝箔、电子工业电解电容器用高压阳极铝箔、建筑工业用挤压装饰铝型材、汽车用钎焊铝合金复合材料等。由此将带来铝加工行业一次质的飞跃。

　　由于超薄高速铸轧对板坯质量要求高，铸轧速度高则要求相应的冷却凝固速度快，要采取相应的快冷技术，由此带来了一系列问题。同时，由于板坯很薄，对表面及内部质量都要求很严格，这就对控制技术提出了高要求，希望所有参数均严格控制在最小的公差范围内。为此在设备装备和控制技术以及工艺条件方面必须进行一系列改进。纵观在铸轧领域处于领先地位的单位所开发的超薄、高速铸轧技术，它们具有以下一些新技术：（1）为严格控制厚度与板形，在铸轧机上装置了液压辊缝控制系统，以达到恒辊缝调节及偏心补偿和铸嘴自动移位机构。（2）开发铸嘴新形状与新材料。Pechiney Co. 根据热力学模型用软件来确定挡块和铸嘴型腔形状，达到整个铸嘴沿板宽方向流量均匀，同时铸嘴要利于装配和调整，开发的新材料要不易损坏，从而可防止由于铸嘴损坏掉下来的残余物污染熔体。（3）为防止粘辊，新开发了一种向铝合金中加入少量锡的润滑方法。（4）优化熔融金属供应系统，使整个铸轧板坯宽度上流量均匀，温度均匀（温差 ≤ ±2℃）。（5）保证适宜的辊凸度，改善带/辊接触条件。（6）改善辊芯循环冷却系统，使整个辊子系统温度均匀，Pechiney Co. 发明了一种新的冷却方式，通过出水口与入水口交替轮换以降低铸轧辊出口处与入口处温差。（7）开发新的辊套材料。（8）增加铸嘴后移量，提高铸轧速度，防止热带。（9）采用辊子外部冷却技术。（10）开发新型液面控制系统，严格控制液面波动在很小的范围内（ ≤ ±0.5mm），这对超薄高速铸轧技术来说是很关键的。图 10-26 是 Pechiney Co. 开发的一种新型液面控制系统。（11）轧制力测量与控制；（12）铸轧过程中整条生产线全盘自动化，采用可编程逻辑器（PLC）控制和闭环控制系统等。

10.5.3.3 半固态铸轧技术

将高效、节能、短流程的连续铸轧技术与半固态加工技术相结合，得到半固态连续铸轧成型技术，可以兼具这两种先进技术的优点，将是一种全方位高效、节能、短流程、近终形的加工方法。半固态轧制工艺是将被轧制材料加热到半固态后，送入轧辊间轧制的方法，示意图见图10-27。具有球状晶的合金材料加热到半固态时，变形抗力很低，这对轧制成型有利。目前半固态铸轧技术的研究主要集中在铝合金以及钢铁材料，且较多的是研究半固态垂直双辊铸轧。

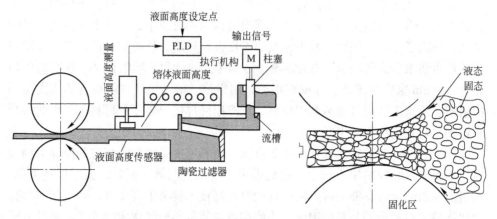

图 10-26　Pechiney Co. 开发的前箱液面高度控制系统　　　　图 10-27　半固态轧制示意图
（传感器为非接触式电容传感器）

10.5.4 我国薄板坯连铸连轧技术的发展现状

到 2010 年 12 月，我国已有 14 家钢铁企业的 15 条薄板坯连铸连轧生产线相继投产，设计产能超过 3500 万吨/年。

10.5.4.1 我国薄板坯连铸连轧生产线特点

（1）工艺流程布置紧凑。薄板坯连铸连轧整个工艺流程是由炼钢炉（电炉或转炉）—炉外精炼装置—薄板坯连铸机—物流的时间节奏与温度衔接装置—热连轧机 5 个单元工序组成，将原来分开布置的炼钢厂和热轧厂有效地组合在一起，铸机和轧机连接成一条紧凑的带钢生产流水线，高温无缺陷连铸坯直接装入加热炉，经过短时间的快速加热或补热后直接轧制成材。轧机布置紧凑，轧制过程中温度及速度容易控制及保证，与常规热连轧相比，设备重量约减轻 1/3，厂房面积减少约 30%，降低建设投资从而降低生产成本。

整个工艺流程中炼钢炉、薄板坯连铸机和热连轧机是刚性较强的工艺装置，特别是薄板坯连铸机目前只能在 3～6m/min 的拉速范围内浇铸，因此它在温度、时间节奏以及物流流量等参数上的刚性较强。合理组织炼钢炉、薄板坯连铸机和热连轧机的生产节奏，使之匹配和协调，对提高生产线的产量十分重要。

（2）轧制温度较高。薄板坯连铸连轧生产线钢坯进入精轧机的开轧温度一般控制在 1100～1150℃，比常规轧机进精轧机的温度高 100～150℃。因此，即使精轧机架数减少为 5 架或 6 架，也能轧制超薄热轧带钢。大部分生产线与转炉相匹配早期大部分薄板坯连铸连轧生产线的连铸机与电炉相匹配，形成常说的"短流程"。我国除珠钢 CSP 的炼钢炉是电炉外，其余 14 套生产线均是和转炉相匹配，用转炉供应钢水对提高生产效率、降低生产成本及提高钢水纯净度更为有利。

（3）产品品种和规格增多。经过 10 多年的生产实践，工艺技术不断完善，我国薄板坯连铸连轧的产品品种不断扩大，已覆盖了绝大部分常规热轧生产线的产品品种。目前薄板坯连铸连轧已能生产的品种有碳素结构钢、优碳钢、低合金高强度钢、集装箱用钢、管线钢、耐候结构钢、汽车结构钢、超低碳钢工具钢、硅钢等，覆盖了 85% 以上的常规热轧产品。

在产品规格方面，厚度一般在 0.8～20mm，宽度在 700～1750mm，实践表明，薄板坯连铸连轧工艺与传统热连轧工艺相比较，更适合于生产热轧薄规格的产品，因此大部分生产线在生产 3～4mm 厚度规格的同时，提高了薄规格产品的比例。武钢 CSP 的产品大纲中厚度为 1.8mm 以下的产品占 45%，武钢、涟钢、唐钢、珠钢都试轧出了 0.78～0.97mm 厚的热轧卷。

（4）拉坯速度和铸坯厚度控制较好。薄板坯连铸机目前只能在 3～6m/min 的拉速范围内铸坯，为减少漏钢现象并保证铸坯质量，我国实际生产中一般控制在 5.5m/min 以下。

薄板坯厚度一般在 60～70mm。考虑到生产效率、铸坯内部质量和外部质量等方面，钢铁公司将薄板坯厚度控制在 70～90mm。20 世纪 90 年代我国建设的几条生产线中，机架为 6 架，如珠钢 CSP 和包钢 CSP，新建的几条生产线均增至7 机架，唐钢在 FTSR 线上安排了 2 架粗轧机和 5 架精轧机，马钢、涟钢及武钢 CSP 均配置了 7 机架精轧机组。轧制速度由 12m/s 提升到 23m/s。主电机容量由 4000kW 增至 10000kW，其主要参数已向常规热连轧靠拢，为轧制高强度钢和薄规格产品提供了保障。

（5）生产能力不断增长。薄板坯连铸机设计产量已出现单流 150 万吨/年，二流可达到 280 万吨/年。我国的薄板坯连铸连轧厂一般都能在投产后迅速实现月达产和年达产。包钢、马钢、涟钢的 CSP、鞍钢的 ASP、唐钢的 FTSR 生产线都达到或超过了原设计的年生产能力。唐钢 FTSR 生产线日产超万吨，并在 2005

年率先实现年产量超过 300 万吨。

（6）采用新技术。薄板坯连铸连轧的半无头轧制工艺是将连铸坯长度定为基本卷重钢卷所用坯的长度的数倍，通常为 4~6 倍，通过精轧机进行连续轧制，在进入卷取机之前用 1 台高速飞剪将其分切到要求的卷重。半无头轧制工艺对生产超薄带钢十分有利，实现连续轧制而提高产品质量，显著提高了轧制的作业率和成材率。

铁素体轧制是在轧件进入精轧机前完成奥氏体向铁素体的转变，可用来轧制超低碳钢等超薄带钢，同时减少氧化铁皮的产生和工作辊磨损，降低运输辊道冷却水的消耗，提高表面质量。

以液芯压下、半无头轧制、铁素体轧制、超薄带生产等新技术为标志的第二代薄板坯连铸连轧技术在马钢、涟钢 CSP 和唐钢 FTSR 等成功应用。

（7）工艺装备具有多样性。我国薄板坯连铸连轧工艺装备具有多样性。工艺技术有 CSP（如武钢、涟钢、马钢等）、FTSC（如唐钢、本钢）和 ASP（如鞍钢、济钢）等；轧机有 CVC（如武钢、涟钢、马钢）和 PC（如唐钢、本钢）；轧机组成有 F6、F7（如珠钢、包钢、酒钢为 6 架，武钢、涟钢、马钢为 7 架），也有 R2 + F5（如唐钢、本钢）以及 R1 + F6（如邯钢、济钢等）。这种多样性的实践为我国连铸连轧技术进行工艺比较、技术改进和未来的优化提供了研究、开发的基础。

10.5.4.2　我国薄板坯连铸连轧的发展趋势

（1）进一步提高产能。几乎所有薄板坯连铸连轧线都特别注意充分发挥轧机的能力（250 万~300 万吨/年）。双流薄板坯连铸机的年生产能力为 200 万~250 万吨，而与之相配的一条装备完善的热连轧线的年生产能力可达 300 万吨以上。轧机部分的投资约占总投资的 2/3，铸机的产量是充分发挥投资效益的重要因素，我国今后还需适当提高连铸机拉速、增加铸坯厚度等，最大限度地提高连铸部分的生产能力，以充分发挥薄板坯连铸连轧的投资效益。

双流薄板坯连铸机的产量有望达到 250 万~300 万吨/年，将来还要研究以单流薄板坯连铸机进行高速浇铸（如 8~12m/min）配合一套热连轧机，并进行半无头轧制，实现年生产能力 350 万吨左右，形成更优化的流程配置。

（2）进一步扩大品种和规格。在用户要求不断提高和激烈的市场竞争的条件下，我国薄板坯连铸连轧生产厂必须完善这一新兴板带生产技术，进一步扩大产品品种，深入研究批量生产不锈钢、取向硅钢等高附加值产品的生产技术。如武钢 CSP、梅钢 FTSR 以生产硅钢为目的，并在取向硅钢生产方面取得突破，马钢 CSP 也欲进行技术改造，生产硅钢。生产规格方面，将向超薄、大宽度方向发展。随着技术进步，薄板坯连铸连轧生产的热轧板的最小厚度预计可达到 0.6mm。

（3）加强半无头轧制和铁素体轧制新工艺的研发。半无头轧制和铁素体轧制新工艺对轧制超薄厚度产品、提高产品质量、降低辊耗等方面十分有利。我国涟钢 CSP、唐钢 FTSR 等薄板坯连铸连轧生产线均进行了半无头轧制和铁素体轧制的小批量生产，但还没有进行大批量生产，这些新技术还需进行系统的研究与开发，应用这些技术实现高速稳定轧制，进一步提高产品质量和成材率并降低辊耗，同时有利于进一步拓展超薄规格的产品。

（4）开发热轧板酸洗后直接镀锌产品。建筑材料、普通容器和空气管道等常以厚度为 0.8 ~ 1.5mm 的带钢为材料，而且对板材的性能和表面状态没有特殊要求。常规热轧生产线难以生产这种规格的产品，相同规格的冷轧带钢价格比热轧带钢高很多，而薄板坯连铸连轧适合生产超薄规格的产品，生产薄规格的热轧薄带代替部分市场需求的冷轧板，开发热轧板酸洗后直接镀锌的产品以获得更好的经济效益和市场竞争力，是薄板坯连铸连轧一个重要的发展趋势。

（5）形成成套技术和设备的供货能力。我国薄板坯连铸连轧工艺面临不断完善和发展的问题，全面掌握这一先进生产工艺技术的核心技术，并充分了解关键技术设备的设计与制造技术，逐步形成用于该生产线成套技术和设备的供货能力，使其更加符合国内的要求，降低投资成本，进而加速我国热轧薄板技术达到世界先进水平。

10.6 其他合金的连铸技术

10.6.1 铝合金的连续铸造

铝合金最主要的应用形式是挤压型材。挤压型材质量控制的第一个环节是熔炼出成分符合要求的合金液并浇注出成分与组织均匀、夹杂少的铸锭。因此铝合金连续铸锭的质量控制是材料技术领域的一个重要课题。

铝合金的连续铸造通常采用组合铸锭半连续铸造的方式进行。在一次连铸过程中可以同时铸出多个铸锭。当铸锭的长度达到十几米或几十米时，中断连铸过程，取出铸锭。然后再重新开始新的铸锭的连铸。因此，铸造过程实际上是半连续的。图 10-28 为铝合金半连续铸造三种组合铸型的铸锭分布形式。图 10-28a 所示的结构可一次铸出 7 个圆柱铸锭，而图 10-28b 所示的结构可同时浇注出 32 个圆柱铸锭，图 10-28c 所示的结构则可同时浇注 4 个矩形铸锭。

铝合金的连铸原理与钢锭的连铸过程是相同的。然而，由于铝合金的热物理参数、化学活性、凝固特性及力学特性与钢材有较大差别，其连铸过程具有一定的特殊性。

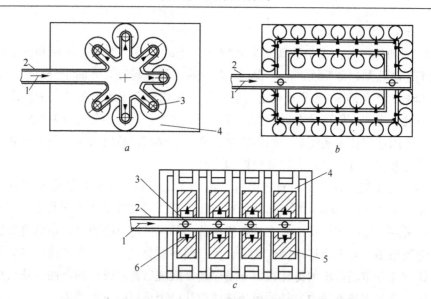

图 10-28　铝合金半连续铸造的三种组合铸型的铸锭分布

a—7 个圆柱铸锭排列方式；*b*—32 个圆柱铸锭排列方式；*c*—4 个矩形铸锭排列方式

1—合金液；2—浇注槽；3—漏斗；4—铸型；5—铸锭；6—分流器

10.6.1.1　铝合金连铸过程的导热特性

连续铸造过程中的导热是三维的。但对于轴对称的圆柱铸锭，在圆柱坐标系中的导热模型则是准二维的。为了简化讨论，忽略轴向的传热，则可采用一维的传热模型近似分析（见图 10-29），凝固层内的导热微分方程为：

$$a \frac{1}{r} \frac{\partial}{\partial r} \left(r \frac{\partial T}{\partial r} \right) = \frac{\partial T}{\partial \tau} \qquad (10\text{-}3)$$

式中，a 为合金的热扩散率；r 为半径。

对于表面激冷的连续铸锭，可以认为表面温度是恒定的，从而得出式（10-3）的定解条件之一：

$$T|_{r=R} = T_0 \qquad (10\text{-}4)$$

在凝固界面，导热速率与凝固潜热的释放速率相等，则可得出另一个定解条件：

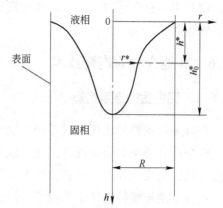

图 10-29　连续铸锭凝固过程的
传热模型及主要参数

R—铸锭半径；r^*—固液界面的径向坐标；
h^*—固液界面的轴向坐标；h_0^*—凝固区高度

$$\Delta h \rho_{\mathrm{S}} (2\pi r^*) \left(-\frac{\mathrm{d}r^*}{\mathrm{d}\tau} \right) = (2\pi r^*) \left(-\lambda \frac{\mathrm{d}T}{\mathrm{d}r} \right)_{r=r^*} \qquad (10\text{-}5)$$

即

$$\frac{\mathrm{d}r^*}{\mathrm{d}\tau} = \frac{1}{\Delta h\rho_\mathrm{S}}\left(\lambda\,\frac{\mathrm{d}T}{\mathrm{d}r}\right)_{r=r^*} \tag{10-6}$$

式中，Δh 为凝固潜热；λ 为热导率；ρ_S 为固相密度。其余尺寸参数的定义示于图 10-29。

此外，可引入初始条件：

$$T\mid_{r=0} = T_\mathrm{m} \tag{10-7}$$

根据上述条件可以对该传热过程进行计算，获得凝固层的厚度（$R-r^*$）与凝固时间 τ 的关系。如果铸锭的拉出速度是恒定的，并且凝固过程是稳态的，凝固界面形状不变，则在图 10-29 所示的坐标系中，凝固时间 τ 可以表示为界面纵坐标 h^* 与拉出速度 u 之比，即

$$\tau = \frac{h^*}{u} \tag{10-8}$$

由以上各式可以看出合金的主要参数 α、ρ_S 及 Δh 对铸锭的凝固进程具有重要影响。但求出式（10-3）的解析解是非常困难的。

假定凝固潜热能够及时从表面导出，凝固过程是由界面传热系数控制的，铸锭的表面导热热流密度为 q_1，则式（10-5）表示的热平衡条件可改写为：

$$\Delta h\rho_\mathrm{S}(2\pi r^*)\left(-\frac{\mathrm{d}r^*}{\mathrm{d}\tau}\right) = (2\pi r^*)q_1 \tag{10-9}$$

则

$$-\frac{\mathrm{d}r^*}{\mathrm{d}\tau} = \frac{1}{\Delta h\rho_\mathrm{S}}\,\frac{R}{r}q_1 \tag{10-10}$$

将初始条件 $r^*_{\tau=0}=R$，代入式（10-10），可求出：

$$r^* = \sqrt{R^2 - \frac{2Rq_1}{\Delta h\rho_\mathrm{S}u}h^*} \tag{10-11}$$

当 $r^*=0$ 时表示凝固过程结束。从而得出凝固区的高度为：

$$h_0^* = \frac{R\Delta h\rho_\mathrm{S}u}{2q_1} \tag{10-12}$$

可根据式（10-12）绘制出凝固界面的形状。该式进一步反映了合金热物理参数对凝固过程的影响。铝合金、铜合金及钢凝固过程涉及的主要物理性能参数列于表 10-3。可以看出，钢的 $\Delta h\rho_\mathrm{S}$ 乘积是铝合金的 5.77 倍。因此，如果不考虑导热速率的不同，其凝固区的高度将是相同半径铝合金铸锭的 5.77 倍。事实上导热速率是由热导率决定的，铝合金的热导率又是钢的 6.36 倍。其导热热流也将大大高于钢。铝合金连续铸锭与钢锭连铸过程相比，液池的深度要小得多，具有较好的顺序凝固特性。

表 10-3　几种合金的主要物理性能参数

性 能 参 数	钢	铝合金	铜合金
液相密度 $\rho_L/\text{kg} \cdot \text{m}^{-3}$	7×10^3	2.39×10^3	8×10^3
固相密度 $\rho_S/\text{kg} \cdot \text{m}^{-3}$	7.25×10^3	2.55×10^3	7.67×10^3
液相热导率 $\lambda_L/\text{W} \cdot (\text{m} \cdot \text{K})^{-1}$	35	95	166
固相热导率 $\lambda_S/\text{W} \cdot (\text{m} \cdot \text{K})^{-1}$	33	210	244
液相体积热容 $c_L/\text{J} \cdot (\text{m}^3 \cdot \text{K})^{-1}$	5.74×10^6	2.58×10^6	5.96×10^6
固相体积热容 $c_S/\text{J} \cdot (\text{m}^3 \cdot \text{K})^{-1}$	5.73×10^6	3×10^6	3.63×10^6
液相热扩散率 $a_L/\text{m}^2 \cdot \text{s}^{-1}$	6.10×10^{-6}	3.67×10^{-5}	2.78×10^{-5}
固相热扩散率 $a_S/\text{m}^2 \cdot \text{s}^{-1}$	5.76×10^{-6}	7.0×10^{-5}	6.72×10^{-6}
凝固潜热 $\Delta h/\text{J} \cdot \text{m}^{-3}$	1.93×10^9	9.5×10^8	1.62×10^9

10.6.1.2　凝固组织的控制

铝合金连续铸锭的凝固过程与钢的连续铸锭接近，如图 10-30 所示。在接近熔池上表面的位置在铸型的激冷作用下首先发生凝固，形成凝固层。此时，由于凝固收缩在铸型与铸锭之间形成间隙，使得热流导出速率大大减小。由于合金液过热热的释放，使得凝固层部分发生重熔。重熔的条件主要取决于合金液的过热度、铸型的导热能力及合金的凝固温度间隔等。当合金液的过热度较大，而且合金凝固温度间隔较大时可能导致枝晶间合金的部分熔化，使得合金液从枝晶间渗漏到铸锭表面。直至进入二次冷却区，合金液的凝固过程才会继续进行。

如果合金液的过热度很小，则合金液一接触到铸型就立即发生凝固，使得内部合金液与铸型隔离。随着铸锭下拉过程的持续，合金液从凝固层上表面漫出，再次与铸型接触，发生凝固。该过程的重复导致铸锭表面出现波纹，如图 10-31 所示。

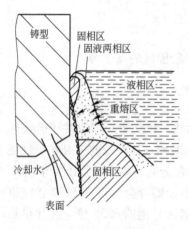

图 10-30　铝合金连续
铸锭的凝固过程

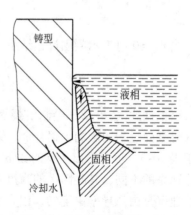

图 10-31　合金液过热度过小
时铸锭表面出现波纹

图 10-32 所示为在传统的工艺基础上改进的一种连续铸造方法。该方法在合金液的上表面加上保温帽以利于铸锭的顺序凝固。沿激冷铸型表面吹气使得合金液与铸型分离，抑制了一次冷却凝固，从而可防止因重熔发生渗漏或因半连续凝固形成表面波纹等表面缺陷，获得细小的等轴晶利于挤压型材的组织和成分均匀性的控制。因此，晶粒细化是连续铸造铝合金质量控制的一项重要工艺。

典型的铝合金连铸两种凝固方式的组织形态如图 10-33 所示。图 10-33a 具有较强的柱状晶形成倾向。通过添加晶粒细化剂等措施可得到等轴晶凝固方式，并使晶粒组织细化，如图 10-33b 所示。铝合金晶粒细化的原

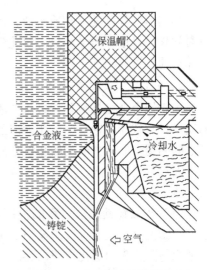

图 10-32　改进的连续铸造方法

理、方法、形核剂的成分及加入量在第 4 章中已作了较详细的讨论。Al-Ti-B 细化剂具有细化效果好、加入量少等优点而得到广泛使用。连续铸锭晶粒细化的主要问题在于加入方法。由于连续铸锭的浇注时间长，在熔炼过程中加入将会在凝固过程的后期失效。直接加入铸锭顶部的熔池则会因为接触时间短，熔化和润湿不足或偏聚，也不能达到好的效果。最典型的加入方式是以线材的形式连续加入中间包中。通过控制线材的进料速度而达到控制加入量的目的，以获得最佳的细化效果。

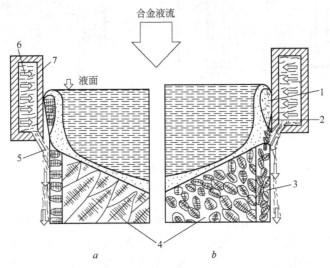

图 10-33　铝合金液连铸过程两种凝固方式的组织形态

a—柱状晶凝固；b—等轴晶凝固

1—环形凝固层；2—气隙；3—表面凝固区；4—凝固组织；5—直接冷却；

6—间接冷却；7—铸型

连续铸锭外部的冷却速率通常远大于内部的冷却速率，并且内部合金液的保持时间长，易使异质结晶核心熔化失效，因此即使采用晶粒细化措施，铸锭内部的晶粒通常远大于外层。

10.6.1.3　氧化夹渣的防止

由于铝合金极易氧化，氧化夹渣的卷入将导致铸锭质量的恶化，对挤压型材的质量具有致命的影响。氧化夹渣的防止是铝合金连铸工艺过程的一个需要优先考虑的问题。氧化夹渣的防止包括两个方面，其一是保证浇注过程的平稳，以防止表面氧化膜的卷入；其二是采取一定的工艺措施去除在合金液熔炼过程中裹入的夹渣。

（1）连续铸锭浇注过程的控制。浇注过程不仅会影响到铸锭的温度场，而且是控制夹渣、气泡等外来缺陷的主要环节。理想的浇注方法可以保证充填过程的平稳，防止表面氧化夹渣的卷入，利于合金液中夹渣的上浮，并能获得合理的温度场。

采用浇包在顶面直接浇注方法，液面高度不易控制，并且在浇完一包后需要中断、换包，液流不稳定，容易引起夹渣的卷入。

采用图 10-34*a* 所示的通过导流槽浇注可以获得恒定的液流速度。但该方法仍不能避免合金液中夹渣的卷入。

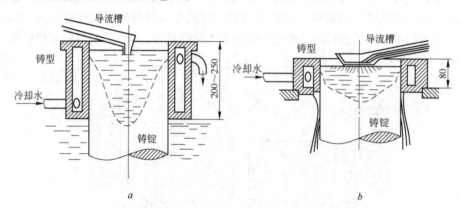

图 10-34　减少夹杂的浇注方法

a—导流槽浇注方法；*b*—端部带网孔的导流槽浇注

图 10-34*b* 所示的浇注方式是在导流槽的末端加上带网孔的勺形结构，并且直接与液面接触。该浇注方法可以达到稳定液流，减轻夹渣的作用。

图 10-35 所示是进行了较大改进的一种较理想的浇注方法。该方法利用大截面的浇包，可保证液面高度的稳定。采用挡渣板可以稳定液流以利于夹渣上浮，并防止表面氧化夹渣进入浇注区而被导液管上部的涡流卷入铸锭。导液管直接插入铸锭上部的熔池中，可防止冲击液流将表面氧化夹渣卷入铸锭。

（2）合金液的净化。按照上述发展顺序，对浇注过程进行改进，使得浇注过程防止夹渣的效果不断提高，并能部分去除合金液内部含有的夹渣。为了进一步提高合金液的纯净度，需要在浇注前进行合金液的净化。

传统的净化方法是气体精炼法。该方法是向合金液中吹入惰性气体，使夹渣吸附在气泡表面而被气泡带出合金液。气体精炼法不仅可去除夹渣，同时合金液中的氢也将向气泡内扩散，并被带出合金液，从而达到去除气体、防止气孔的作用。

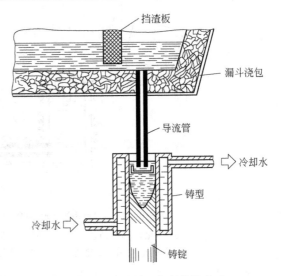

图 10-35   一种较理想的浇注方法

前面已经讨论了几种合金液的过滤方法。这些方法在合金液进入中间浇包之前首先通过过滤使其夹渣含量降低。成型的泡沫陶瓷过滤片过滤工艺是一种先进的合金液过滤方法。图 10-36 为在过渡浇包中进行泡沫陶瓷过滤的工艺方法。

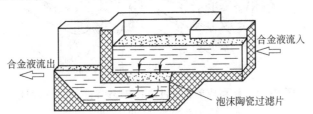

图 10-36   过渡浇包中的泡沫陶瓷过滤装置

10.6.2　其他合金的连铸

10.6.2.1　铜合金

铜合金具有较好的抗氧化特性，并且导热能力强。因此，连续铸造过程应是较易实现的。图 10-37 所示是一种铜合金水平连铸设备的工作原理图。由于铜合金有极强的导热能力，凝固速率较大，容易获得粗大的柱状晶组织。铜合金连续铸锭中凝固组织的控制是一个重要的研究课题。铜合金晶粒细化剂的研究已经取得较大进展，但其应用仍不普及。

铜合金具有良好的导电性能，除可采用图 10-38a 所示的铸型直接冷却铸型连铸技术外，还可采用图 10-38b 所示的电磁约束成型方法。该方法采用电磁力场对合金液形状进行控制，可以在没有铸型的条件下进行合金液的成型，并采用

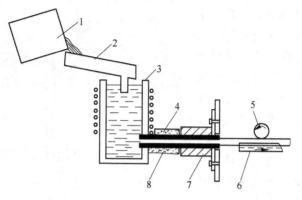

图 10-37　一种铜合金水平连铸设备的工作原理

1—熔化炉；2—过渡浇包；3—感应加热石墨型；4—保温层；
5—压轮；6—铸锭拉出装置；7—冷却器；8—石墨铸型

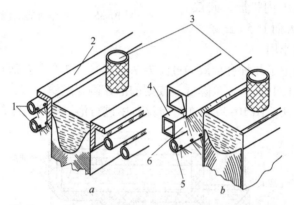

图 10-38　铸型成形和电磁约束成形连铸技术工作原理

a—铸型直接冷却；b—电磁约束连铸

1—铸型冷却；2—铸型；3—液态金属浇口杯；4—感应圈；5—二次冷却；6——次冷却

喷水冷却进行凝固控制。电磁约束连铸过程中的一次冷却采用直接喷水冷却取代铸型激冷，因而不存在一次冷却区与二次冷却区之间重熔的可能性。

10.6.2.2　金属间化合物及钛合金

近年来金属间化合物材料的迅速发展使得此类材料的连续铸造也已成为连铸技术的一部分。然而，Ti-Al 等金属间化合物具有很高的熔点，并且极易氧化，其连铸技术非常复杂。连铸过程通常要在真空下进行。图 10-39 所示为一种先进的 Ti-Al 金属间化合物等离子束加热连铸设备工作原理图。为了防止合金液的氧化，连铸过程是在真空炉内进行的。由于受真空炉尺寸的限制，实际上只能采用半连续的方法铸造。合金液的熔化与加热采用等离子束。由于合金熔点高，而等离子束的能量有限，合金液的熔化速度较小。为了防止合金凝固过快使得铸锭上部的液相区消失，后来的合金与已凝固部分分层，在铸锭的上表面采用另一个等离子束源进行表面加热。设在合金液的过渡浇包上部的挡渣板可防止表面氧化夹渣进入铸锭，而下部水冷铜槽表面形成的凝固层起到防止坩埚对合金液污染的作用。这一先进的连铸技术在发达国家已用于金属间化合物及钛合金连续铸锭的生产。但可以看出，该技术的设备及运行成本都是很高的。

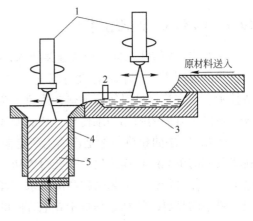

图 10-39　等离子束加热连铸设备工作原理图

1—等离子发生器；2—挡渣板；3—水冷铜槽；
4—水冷铜型；5—铸锭

10.6.2.3　铸铁

铸铁的连续铸造可以大大提高铸铁的质量，降低材料的浪费和消耗。

由于铸铁凝固过程中石墨的膨胀，不存在凝固补缩的问题，因此通常选用成本较低的水平连铸方式。图 10-40 所示为铸铁水平连铸工作原理图。铁液在水冷的石墨铸型中凝固，形成壳层，随后可采取空冷或自然冷却方式，也可进行水冷。

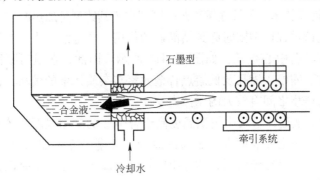

图 10-40　铸铁水平连铸工作原理图

铸铁的导热能力与钢相当。因此，凝固速率较小，铸锭中心的液相区可能拉得很长，可达 2~5m。

铸铁连续铸造过程中需要考虑的主要特殊因素是：

（1）为了防止铸铁组织的白口化，对冷却速率应进行合理的控制。

（2）凝固过程石墨析出时将发生膨胀，铸锭中心的液相将向液相区倒流，而不是像其他合金的连铸过程，需要液相的补缩。

（3）石墨的漂浮是一个需要考虑的因素。因此，铸锭尺寸不宜过大。

目前，铸铁的连铸技术发展很快，已被广泛应用于工业生产。

10.7　O. C. C. 连铸技术

O. C. C. 连铸技术即大野式连铸技术，为 Ohno Continuous Casting 的缩写，是该技术的发明人，日本学者大野笃美（Ohno A）根据自己的名字命名的连续铸造技术。该方法通过对铸型加热，避免了合金液在铸型表面的凝固。凝固过程释放的热沿已凝固的固相一维传导，从而凝固过程按照定向凝固的方式进行。

O. C. C. 法的导热条件是连续生产定向凝固及单晶材料的理想传热方式，并在铝及铜的单晶线材连续生产中获得成功。随着电子技术的迅速发展，人们对传输电缆的保真特性提出越来越高的要求。音像电缆的保真性更为重要。在多晶金属电缆中的晶界，特别是垂直于导电方向的晶界，相当于一连串电容，对视频与音频信号具有很强的衰减作用。随着音响设备和高清晰度电视技术的发展，对单晶电缆的需求日益增加。因此，单晶材料连铸技术具有很大的发展潜力。

O. C. C. 技术的发展虽然只有十多年的时间，但发展速度很快，在日本已经投入小批量的工业生产。在加拿大、美国、韩国及我国台湾等国家和地区也都开展了这一技术的开发与应用研究。

10.7.1　O. C. C. 连铸技术的原理与特点

O. C. C. 连铸技术与传统连铸工艺的区别在于其铸型是加热的，而不是冷却的。

传统的连铸过程铸型同时起到结晶器的作用，合金液首先在铸型的激冷作用下凝固，并逐渐向中心生长，如图 10-41*b* 所示。因此，在最后凝固的铸锭中心容易产生气孔、缩松、缩孔及低熔点合金元素与杂质元素的偏析。同时，已凝固的固体壳层与铸型之间有较大的摩擦力。

而 O. C. C. 法连铸过程中铸型温度高于合金液的凝固温度。铸型只能约束合金液的形状，而不会在表面发生金属的凝固。其凝固方式如图 10-41*a* 所示，凝固过程的进行是通过热流沿固相的导出维持的。凝固界面通常是凸向液相的。这一凝固界面形态利于获得定向或单晶凝固组织。此外，O. C. C. 法连铸过程中固相不与铸型接触，固液界面是一个自由表面，在固相与铸型之间是靠合金液的界面张力维持的。因此，可获得镜面的铸锭表面。同时，由于不存在固相与铸型之间的摩擦力，铸锭可以连续抽拉，并且牵引力很小。

O. C. C. 技术的核心是避免凝固界面附近的侧向散热，维持很强的轴向热流，保证凝固界面是凸向液相的。维持这样的导热件需要在离开凝固界面的一定位置强制冷却。可采用类似于普通连铸过程二次冷却区的喷水冷却方式，而在凝固界面附近的液相一侧进行加热。由于 O. C. C. 法依赖于固相的导热，适合于具有大热导率的铝合金及铜合金。同时，由于随着铸锭尺寸的增大，固相导热的热阻增大，维持一维散热条件变得更加困难，因而 O. C. C. 连铸技术对铸锭的尺寸有一定的限制，它只适用于小尺寸铸锭的连续铸造。

O.C.C. 技术的特点在于：

（1）满足定向凝固的条件，可以得到完全单方向凝固的无限长柱状晶组织。对其工艺进行优化控制使其有利于晶粒的淘汰生长，则可实现单晶的连续铸造。

（2）由于 O.C.C. 法固相与铸型之间始终有一个液相隔离，摩擦力小，所需牵引力也小，利于进行任意复杂形状截面型材的连铸。同时，铸锭表面的自由凝固使其呈镜面状态，因此，O.C.C. 法可以是一种近终形连续生产的技术，可用于那些通过塑性加工难于成型的硬脆合金及金属间化合物等线材、板材及复杂管材的连铸。

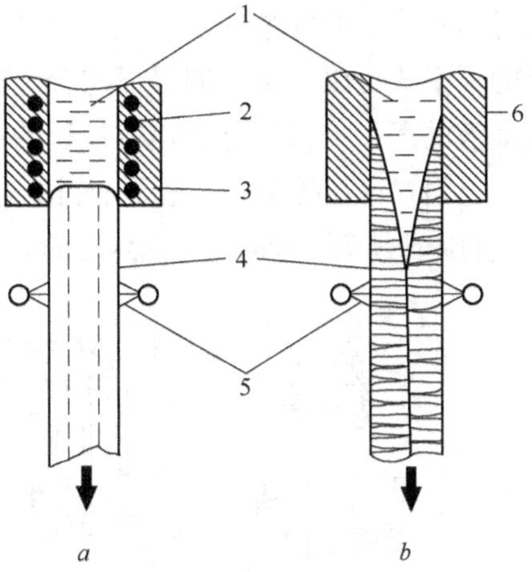

图 10-41　O.C.C. 连续铸造技术与传统连铸技术凝固过程的比较
a—O.C.C. 连铸技术的凝固方式；
b—传统连铸技术的凝固方式
1—合金液；2—电加热器；3—热铸型；
4—铸锭；5—冷却水；6—冷铸型

（3）由于凝固过程是定向的，并且固液界面始终凸向液相，凝固过程析出的气体及排出的杂质进入液相，而不会卷入铸锭。因此不产生气孔、夹渣等缺陷。同时，铸锭中心先于表面凝固，不存在铸锭中心补缩困难的问题，因而无缩松、缩孔等缺陷，铸锭组织是致密的。

（4）由于铸锭中缺陷少，组织致密，并且消除了横向晶界，因此塑性加工性能好，是生产超细、超薄精细产品的理想坯料。抗腐蚀及抗疲劳性能均得到大幅度改善。同时，导电性能优异，是生产高保真电缆的优质材料。

10.7.2　O.C.C. 连铸方法

O.C.C. 技术的构想最初于 1978 年形成。其目的是为了减小连铸过程铸锭与铸型之间的摩擦力，获得表面光洁的连续铸锭。同时也是为了验证型壁形核是凝固过程主要形核方式的理论。

最初的 O.C.C. 连铸技术采用简单的下引方式，如图 10-42a 所示。仅拉出 50mm 左右表面极不规整的镜面铸锭。直到 1980 年大野笃美等才设计了下引、上引及水平引锭三种连铸方案（见图 10-42b ~ d）。这三种方案的基本原理及其各自的优缺点列于表 10-4。

从凝固过程的缺陷控制角度看，下引式是有利的。它利于气体与夹杂的上浮，冷却措施也容易实现。但其最大的缺点是铸型出口处的压力不易控制。合金液的压头及自重容易抵消合金液的界面张力。凝固界面与铸型之间的间隙需要控制得非常小、非常精确，否则将发生合金液的泄漏。图 10-42b 所示的虹吸管连接的下引式可以保证凝固界面与合金液的实际表面维持在同一个平面上，减小了合金液的压头，易于进行连铸过程的控制。

　　上引式存在的最大问题是不利于夹渣及气体的上浮，可能会产生与夹渣和气体相关的铸造缺陷。同时，采用水冷的方法很难实施。存在冷却水漏入合金液的危险。

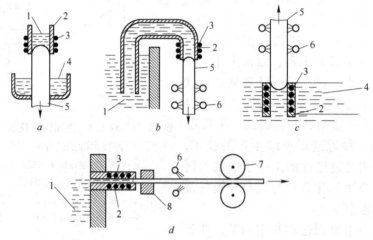

图 10-42　几种 O. C. C. 连铸方法的基本原理

a—简单下引式；b—虹吸管下引式；c—上引式；d—水平引锭式
1—合金液；2—热铸型；3—电加热器；4—冷却水；5—铸锭；
6—冷却水喷嘴；7—牵引轮；8—导向装置

表 10-4　三种 O. C. C. 工艺的比较

方　法	特　征
下引式 O.C.C. 工艺	优点：（1）利于避免气体和夹杂物的裹入； 　　　（2）可能实现均匀冷却； 　　　（3）对铸锭尺寸无限制。 缺点：装置设计困难
上引式 O.C.C. 工艺	优点：（1）对铸锭尺寸无限制； 　　　（2）无合金液泄漏的危险； 　　　（3）铸造温度容易控制。 缺点：（1）铸锭中容易卷入气体和夹杂物； 　　　（2）存在冷却水漏入合金液的危险

续表 10-4

方　法	特　征
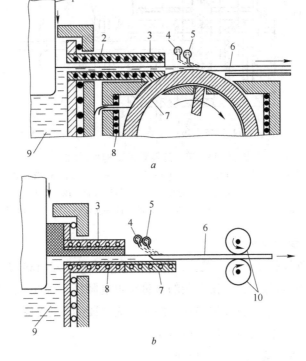水平式 O. C. C. 工艺	优点：(1) 装置容易设计； 　　　(2) 铸型温度容易控制。 缺点：(1) 对铸型尺寸有限制； 　　　(2) 气体和夹杂物容易卷入铸锭； 　　　(3) 上、下侧冷却速率不均匀

注：1—合金液；2—热铸型；3—冷却水；4—铸锭；5—引晶棒；6—导辊。

相比较而言，水平 O. C. C. 法的优点较多，设备简单，容易实现，是目前应用最多、最成功的方法。

图 10-43 所示为在水平 O. C. C. 连铸技术的基础上发展的两种带材水平连铸工作原理。图 10-43a 所示为回转带材连铸法。当合金液自热铸型流出后由旋转的热铸型带出，并在带材的上表面采用水及氩气混合冷却。采用氩气冷却的另一

图 10-43　两种带材水平连铸法的工作原理

a—回转带材连铸法；b—OSC 连铸法

1—液面高度控制系统；2—热铸型；3—导流管；4—氩气；5—冷却水；

6—铸锭；7—铸型；8—电加热器；9—合金液；10—导辊

个目的是将冷却水向固相一侧吹出，保证连续定向凝固过程的进行。但该方法需要加热的铸型面积大，并且需要一个特殊机构进行铸锭与铸型的分离。操作与控制均有一定的难度。

图 10-43*b* 所示的方法称为开放水平带材连铸法（OSC 连铸法）。该方法将热铸型的下半部向外延长，合金液自导流管流出后保持了较长的自由表面。然后，在上表面喷水和吹氩气进行冷却，实现水平定向凝固。只要型壁的温度适当高于合金液的凝固温度，铸锭在离开铸型下半部时也仍维持一定厚度的液膜，并具有自由表面凝固的特点。

图 10-44 为一 O. C. C. 单晶连铸设备结构示意图。在连铸设备中的几个关键控制环节是合金液的熔化及温度控制，液面高度的控制，铸型的结构设计，冷却器的设计和铸锭抽拉过程的控制。每一个环节的控制目标与控制原理是容易解决的，但需要解决一系列的工艺和技术问题，常常需要进行反复的实验。

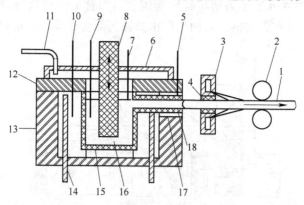

图 10-44　单晶连铸设备结构示意图

1—铸锭；2—牵引系统；3—冷却器；4—导向套；5，9，10—热电偶；6—密封罩；7—液面高度探测器（压棒）；8—液面高度控制系统；11—氩气输入管；12—炉盖；13—炉体；14—SiC 加热体；15—熔化坩埚；16—合金液；17—加热炉；18—导流管及铸型

10.7.2.1　合金液的熔化

O. C. C. 法连铸技术的对象是生产精密的单晶线材，对材料的纯度要求很高。应尽量避免合金液的污染，并使夹杂的含量尽可能降低。因此，对坩埚材料的选择及合金液的净化处理有较高的要求。同时，为了凝固界面的稳定，合金液的温度控制精度要求高。温度波动应尽可能小。

10.7.2.2　合金液面高度的控制

熔化坩埚中合金液面的高度决定着铸型出口处的静压力。由于出口处固相与铸型之间的形状是靠合金液的表面张力维持的，该压力过大可能会使合金液克服界面张力的约束而发生合金液的泄漏，使得生长过程失败。

从连铸过程的需要考虑，铸型出口处上侧的位置应稍低于坩埚中的液面。过高或过低均不合适。如果出口处高于坩埚中的液面，则合金液表面的夹渣及氧化皮可能进入铸锭。如果出口位置太低，则出口处的液相受到合金液的压力过大，可能引起界面张力约束的失效。图 10-45 采用的倾斜导流管导流方法在不影响铸型出口处静压力的情况下能够更有效地防止表面夹杂的卷入。

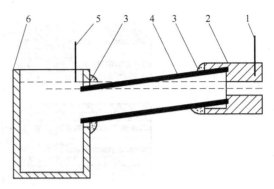

图 10-45　倾斜导流管及铸型的结构示意图
1，5—热电偶；2—铸型；3—耐火泥；
4—导流管；6—坩埚

在图 10-44 所示的设备中，合金液的总量少，向坩埚中插入压棒取代生长过程中合金液的减少量，维持液面高度的恒定。这一工艺方法在小规模的实验条件下是可行的。但由于坩埚尺寸的限制，一次可生产的试样长度有限。在大型工业化的生产中，可通过连续补充合金液来维持液面高度的稳定。

除此之外，对液面高度控制的基础首先是要知道液面的实际高度。对此可通过理论上的计算来确定。保证压棒排开合金液的总量与由于凝固而消耗的合金液总量相等即可。然而，许多计算和操作工艺过程的误差均会影响计算精度。因此，进行液面高度的实际监测是必要的。

10.7.2.3　铸型结构的设计

铸型结构是 O. C. C. 连铸过程实现的重要环节。铸型的形状主要取决于铸锭的形状。保温条件的控制则是 O. C. C. 技术实现的关键。铸型的设计首先要保证形成凸向液相的凝固界面，并且在铸锭表面离开铸型时呈液相状态。但为了防止液相泄漏，该距离不应太大，通常为 2mm。因此，导流管及铸型附近控温条件的设计应遵循以下原则：

（1）铸型内壁温度应高于铸型内合金液的凝固温度。

（2）热铸型的长度应尽可能短。

（3）铸型加热炉在铸型出口处的加热密度应尽量集中。

以上措施应保证铸锭在出口处的表面温度高于内部温度，并稍高于合金液的凝固温度。理想的温度分布形式为，铸锭中心线上的温度应尽可能低，而在外表面附近温度稍高于合金液的凝固温度。

铸型出口处的结构和加热条件的设计应努力保证这一理想温度分布的实现。图 10-46 所示为几种导流管及铸型的设计方案。

图 10-46a 所示为外热式直管炉。这种铸型结构简单，加工容易，但存在一些严重缺点。首先，此种结构炉子的最高温度位于管式炉的中间，即导流管上，

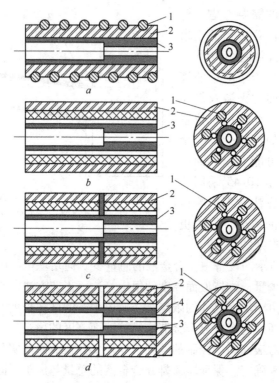

图 10-46　几种导流管及铸型加热炉（热铸型）的设计方案

1—电加热器；2—耐火材料；3—导流管及铸型；4—保温层

提高温度会使导流管中合金液的温度过热太高。降低温度则使铸型出处内的温度偏低。合金液易在铸型内发生凝固而不能进行正常的 O. C. C. 连铸过程。

图 10-46b 所示为内辐射式直管炉。这种结构加热元件距离铸型近，合金液的温度控制效果好。但仍存在着铸型最高温度距离出口位置较远的问题。

图 10-46c 所示为分段加热的内辐射炉。由于出口附近的加热器与导流管的加热器分别控制，可以在不改变导流管温度的条件下提高铸型的局部温度，从而连铸过程容易控制。

图 10-46d 所示的结构是在分段加热内辐射炉的基础上，在铸型出口加上保温层，从而更利于提高铸型出口处的温度。如果将保温层换成很薄的加热炉，则控温效果更好。

10.7.2.4　冷却器的设计

O. C. C. 法连铸过程的实现依赖于大的轴向导热热流，冷却器需要直接对铸锭进行冷却，但同时又要防止冷却器对铸型温度的影响。冷却器的设计要点在于：

（1）冷却点应尽量接近铸型出口，以提高温度梯度，增大导热热流。

（2）冷却器的结构应能绝对避免冷却水溅在铸型上，并能在已经凝固的铸锭表面形成一个水膜，以提高冷却能力。

（3）冷却器的安装位置及方向应能进行精确定位，最好在三维方向可调整。

（4）冷却水的流量可控制。

对于图 10-47 所示的环形冷却器，冷却水的喷射角度 θ 是一个重要的控制参数。取 $\theta \leqslant 15°$ 是比较理想的。

10.7.2.5　铸锭抽拉速度的控制

铸锭抽拉速度控制的基础是对凝固速率的预测。抽拉速度应该与凝固过程进行相匹配。从提高生产率的角度，应该采用尽可能大的抽拉速度。但如果抽拉速度大于凝固速率则会使凝固界面距离铸型出口距离偏大，可能发生合金液的漏出。

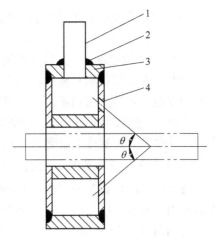

图 10-47　环形冷却器结构示意图
1—进水管；2—焊缝；3—外套；
4—凹槽；θ—冷却水的喷射角度

上述各个工艺环节共同决定着连续铸锭的凝固质量，许多环节还是相互关联的。只有对每一个环节均进行精确的控制并合理配合，才能获得产品质量优良稳定、生产效率高的连铸技术。对各个环节工艺参数的优化依赖于对连铸过程凝固模型的准确理解。对 O. C. C. 过程凝固模型的分析是工艺设计的基础。

10.7.3　O. C. C. 连铸的凝固过程与质量控制

10.7.3.1　O. C. C. 连铸过程传热条件的分析

O. C. C. 连铸过程的核心技术是凝固界面附近温度场及凝固界面位置的控制。需要解决的一个基本问题是温度场的计算。对于轴对称的圆柱铸锭，当凝固过程进入稳态阶段时，其传热是准二维的稳态传热过程。该过程可以用图 10-48 所示的物理模型来表示。当铸锭以恒定的速度抽拉时，固液界面的形状及位置维持不变。忽略液相中的对流，则液相及固相中的传热可以采用统一的控制方程：

$$\rho c \frac{\partial}{\partial x}(uT) = \frac{\lambda}{r} \frac{\partial}{\partial r}\left(r \frac{\partial T}{\partial r}\right) + \lambda \frac{\partial^2 T}{\partial x^2} \tag{10-13}$$

式中，ρ 为合金液密度；c 为比热容。

该方程的定解条件为：

（1）在离开凝固界面一定距离时，液相和固相的温度在截面上是恒定的，即

当 $x = 0$ 时，$T = T_L$

当 $x = L$ 时，$T = T_S$

（2）铸型温度为常数，即

当 $x < L_1$，$r = R$ 时，$T = T_M$

（3）铸锭自由表面的传热符合综合传热模型，即传热热流密度 q 可表示为：

$$q = \alpha(T - T_C) \tag{10-14}$$

式中，T_C 为环境温度；T 为铸锭温度。

同时，该过程是轴对称的，只需要选择图 10-48 所示一半作为计算区域，并在凝固界面引入结晶潜热项，即可对该传热及凝固过程进行数值计算。

从以上传热模型可以看出，该凝固过程的主要控制因素是铸锭抽拉速度 u，合金液的温度 T_L，铸锭冷端温度 T_S，铸型温度 T_M，界面传热系数 α 及环境温度 T_C。

10.7.3.2　凝固界面的控制

凝固界面的位置对铸锭质量的影响如图 10-49 所示。理想的凝固方式是在铸锭的凝固界面与铸型之间保持一个很小的液相区，凝固界面凸向液相，最好伸入铸型，如图 10-49a 所示。

这样凝固是在自由界面条件下进行的，从而获得平滑而光亮的铸锭表面。同时中间的固相对外层的液相具有支撑作用。此外，凸出的凝固界面利于晶粒的淘汰，生长单晶铸锭。

如果铸型温度过高或抽拉速度太快，凝固界面离开铸型距离过大，则凝固界面的形状将变得不稳定，而形成结节状表面，如图 10-49b 所示。严重时会发生合金液的泄漏。如果铸型温度过低，合金液将会在铸型内凝固。此时，由于铸锭与铸型之间的摩擦力使得铸锭拉出受阻，不能获得光亮表面，甚至可能使铸锭被拉断，如图 10-49c 所示。

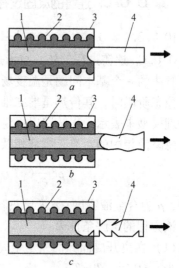

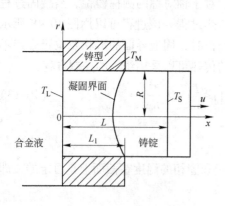

图 10-48　O. C. C. 连铸过程冷却
条件分析物理模型
T_M，T_S，T_L—等温面

图 10-49　凝固界面位置对铸锭质量的影响
1—合金液；2—电加热器；3—铸型；4—铸锭

10.7.3.3　凝固组织的形成过程

在定向凝固过程中，具有择优取向的晶粒生长速率快，可淘汰非择优取向的晶粒。在 O. C. C. 法单晶生长过程的初期，将形成大量的结晶核心，但在随后的生长中大部分被淘汰，可能形成几个或单晶生长的条件。图 10-50 所示为大野笃美晶粒淘汰过程的实验结果，在很短的凝固距离内即获得了单晶生长的条件。

图 10-50　大野笃美晶粒淘汰过程的实验结果

实际单晶连铸过程中，晶粒的淘汰速率除了与晶粒的晶体学取向有关外，还与凝固界面的宏观形貌密切相关。凸出的界面利于晶粒淘汰过程的进行，如图 10-51a 所示。图 10-51b 所示的平面凝固界面晶粒的淘汰过程只与晶粒的取向相关。当多个晶粒具有相同的择优取向时，各个晶粒将同时平行生长。但实际上，择优条件完全相同的情况是少见的。在凝固过程进行了足够长的时间后，晶粒的淘汰总会发生。而凹陷的凝固界面则不利于晶粒的淘汰，如图 10-51c 所示。

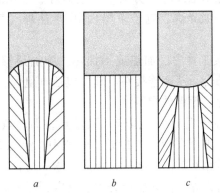

图 10-51　凝固界面的宏观形貌对晶粒淘汰过程的影响

在凝固初期，晶粒的淘汰过程完成以后，只要温度场及界面位置的控制合理，就能维持单晶生长的连续进行。只有当凝固界面凹陷，并在铸型表面发生凝固，才可能由于铸型表面的形核作用生成杂晶。

11　焊接技术

焊接是一种重要的金属加工工艺，产生于 19 世纪末，随着现代工业生产的发展，焊接技术得到了迅速的发展。它已被广泛地应用于航空航天、原子能、石油化工、造船、电力、电子、交通运输、建筑、机械制造等工业部门。

焊接是指通过加热或加压（或两者并用），在使用或不使用填充材料的情况下，使两个分离的固态物体产生原子或分子间的结合或扩散，形成永久性连接的一种工艺方法。它可以连接同种金属、异种金属、某些烧结陶瓷合金及某些非金属材料。

11.1　焊接方法

按照焊接的工艺特点，可将其分为熔焊、压焊和钎焊三大类：

（1）熔焊：利用局部加热的方法，将焊件的结合处加热到融化状态，冷凝后彼此结合成一体。包括电弧焊（分为手工电弧焊、埋弧焊、气体保护焊）、高能束焊（等离子弧焊、激光焊、电子束焊）、化学热焊（气焊、铝热焊）、电渣焊等。

（2）压焊：在焊接工程中，加热或不加热，施加足够的压力，使被焊金属达到原子或分子间的结合，从而连接在一起。包括电阻焊、感应焊、扩散焊、摩擦焊、冷压焊、爆炸焊、超声波焊等。

（3）钎焊：焊件经适当加热，但未达到熔点，而熔点比焊件低的钎料同时加热直到熔化，润湿并填充在焊件连接处的间隙中。液态钎料凝固后形成钎缝。在钎缝中，钎料和母材相互扩散、溶解，形成牢固的结合。包括烙铁钎焊、火焰钎焊、浸渍钎焊、盐浴钎焊、高频感应钎焊、真空钎焊等。

常见焊接方法的特点及其应用范围见表 11-1。

表 11-1　常见焊接方法的特点及其应用范围

方　法	主要特点	应用范围
气　焊	设备简单，移动方便。但加热区较宽，焊件变性较大，生产效率低	适用于各种黑色金属及有色金属，特别是薄件焊接、管子的全位置焊接
手工电弧焊	手工操作，设备简单，操作方便，适应性较强。但劳动强度大，生产率比气焊和埋弧焊低	使用与焊接各种黑色金属，也用于某些有色金属。对短焊缝、不规则焊缝较适宜

方　法	主要特点	应用范围
埋弧焊	电弧在焊剂层下燃烧,焊丝由专门机构送进,电弧焊接方向的移动靠手工或机械完成	适用于碳钢、低合金钢、不锈钢和铜等材料中厚板直缝或规则焊缝的焊接
等离子弧焊	利用等离子弧加热焊件,热量集中,热影响区小,熔深大	适用于碳钢、低合金钢、不锈钢及钛、铜、镍等材料的焊接
电阻焊	利用电流通过焊件产生的电阻热加热焊件至塑性状态或局部融化状态,而后施加压力,使焊件连接在一起	适用于焊接钢、铝、铜等材料
摩擦焊	利用焊件间相互接触端面旋转摩擦产生的热能,施加一定的压力而形成焊接接头	适用于各种钢管的焊接,也能焊接某些有色金属及异种金属材料
超声波焊	利用超声波是焊件接触面之间产生高速摩擦,而产生热能,施加一定压力达原子间结合	使用与焊接铝、铜、镍、金、银等同种或异种金属丝、金属箔,也可焊接塑料、云母等
火焰钎焊	利用气体火焰加热焊件。设备简单,通用性好	适用于钎接钢、不锈钢、硬质合金、铸铁、钢、银、铝等及其合金
电阻钎焊	利用电阻热加热焊件。加热快,生产效率高	适用于钎接钢、硬质合金、钢、银、铝等及其合金。常用于钎焊刀具、电器元件等

11.2　焊接设备

随着新型焊接方法的不断开发,焊接设备得到了极为迅速的发展。焊接设备包括焊接能源设备、焊接机头和焊接控制系统:

(1) 焊接能源设备:用于提供焊接所需的能量。常用的是各种弧焊电源,也称电焊机。它的空载电压为 60～100V,工作电压为 25～45V,输出电流为 50～1000A。手工电弧焊时,弧长常发生变化,引起焊接电压变化。为使焊接电流稳定,所用弧焊电源的外特性应是陡降的,即随着输出电压的变化,输出电流的变化应很小。熔化极气体保护电弧焊和埋弧焊可采用平特性电源,它的输出电压在电流变化时变化很小。弧焊电源一般有弧焊变压器、直流弧焊发电机和弧焊整流器。弧焊变压器提供的是交流电,应用较广。直流弧焊发电机提供直流电,制造较复杂,消耗材料较多且效率较低,有渐被弧焊整流器取代的趋势。弧焊整流器是 20 世纪 50 年代发展起来的直流弧焊电源,采用硅二极管或可控硅作整流器。60 年代出现的用大功率晶体管组成的晶体管式弧焊电源,能获得较高的控制精度和优良的性能,但成本较高。电阻焊的焊接能源设备中较简单的是电阻焊变压器，空载电压范围为 1 ~ 36V，电流从几千到几万安。配用这种焊接能源设备的焊机称为交流电阻焊机。其他还有低频电阻焊机、直流脉冲电阻焊机、电容储能电阻焊机和次级整流电阻焊机。

（2）焊接机头：它的作用是将焊接能源设备输出的能量转换成焊接热，并不断送进焊接材料，同时机头自身向前移动，实现焊接。手工电弧焊用的电焊钳，随电焊条的熔化，须不断手动向下送进电焊条，并向前移动形成焊缝。自动焊机有自动送进焊丝机构，并有机头行走机构使机头向前移动。常用的有小车式和悬挂式机头两种。电阻点焊和凸焊的焊接机头是电极及其加压机构，用以对工件施加压力和通电。缝焊另有传动机构，以带动工件移动。对焊时需要有静、动夹具和夹具夹紧机构，以及移动夹具和顶锻机构。

（3）焊接控制系统：它的作用是控制整个焊接过程，包括控制焊接程序和焊接规范参数。一般的交流弧焊机没有控制系统。高效或精密焊机用电子电路、数字电路和微处理机控制。

11.3 焊接材料

11.3.1 焊条

11.3.1.1 焊条的组成及其作用

焊条由焊芯及药皮组成。为了便于焊钳夹持和导电，在焊条的尾部有一段裸焊芯，长度是焊条总长的 1/16 左右。为了便于引弧，在焊条的引弧端，药皮有 45°的倒棱斜角，使焊芯金属突出。焊条直径 D（指焊芯直径）一般分为 1.6mm、2.0mm、2.5mm、3.2mm、4.0mm、5.0mm、5.8mm 等规格。焊条长度 L 取决于焊芯直径、材料、焊条药皮类型等，一般是 150 ~ 450mm。

A 焊芯

焊芯在电弧高温作用下端部熔化，形成熔滴，过渡到熔池中与母材融合在一起构成焊缝金属，所以焊芯的成分对焊缝的质量有极大的影响。焊芯用钢的化学成分与普通钢材有所区别，主要是含碳量少，含硫、磷量低。含碳量规定小于 0.1%，含硫、磷量不超过 0.03%，以保证焊缝金属的塑性和抗裂性。

焊芯的作用：传导焊接电流，构成焊接回路，产生电弧，把电能转变成热能。

在电弧热的作用下，端部融化，呈熔滴过度，作为填充金属与部分熔化的母材融合形成熔池，结晶后成为焊缝金属。

B 药皮

焊芯表面的涂层叫药皮，它主要是由一定数量、一定用途和一定比例的矿石、矿物、铁合金及化工原料组成。按其在焊接过程中所起的作用，通常把这些组分称为稳弧剂、造渣剂、造气剂、合金剂、脱氧剂、黏结剂及稀渣剂等。

稳弧剂：改善引弧性能，保证电弧稳定燃烧。

造渣剂：熔渣覆盖于熔滴及熔池表面，能保护熔化金属不至于和空气中的氧、氮发生作用，并使焊缝缓慢冷却，改善成型。同时熔渣与熔池金属之间进行冶金反应，使焊缝金属脱氧、脱硫、脱磷。

造气剂：形成保护气体，隔离空气，加强对电弧、熔滴及熔池金属的保护，防止氧化和氮化。

脱氧剂：降低药皮或熔渣的氧化性，去除熔池中的氧。

合金剂：将各种合金元素渗入到焊缝金属中去，使焊缝具有必须保证的合金成分，以达到所要求的性能。

黏结剂：与各种组分混合成涂料，涂敷或压敷于焊芯上，使药皮和焊芯牢固地黏结在一起，并具有一定的强度。

稀渣剂：用于增加熔渣的流动性，降低熔渣的黏度。

成型剂：使药皮具有塑性、弹性及流动性，便与制造焊条时挤压，并使药皮表面光滑不开裂。

药皮的作用：

（1）机械保护作用：利用药皮在高温融化时放出的气体和形成的熔渣，构成气体联合保护，有效地、机械地隔绝空气对电弧和熔池金属的作用，防止有害气体侵入熔池造成气孔，使焊缝金属缓慢冷却，有助于熔池中气体的逸出而防止气孔的产生。同时，改善焊缝金属的组织和性能，并使焊缝成型美观。

（2）冶金处理渗合金作用：通过熔渣与熔化金属之间复杂的冶金反应，去除有害杂质，如氧、氢、硫、磷等，从而提高了焊缝金属的质量，减少合金元素的烧损，对焊缝金属进行渗合金，使焊缝金属的化学成分和力学性能满足设计要求。

（3）改善焊接工艺性：保证电弧稳定燃烧。药皮在焊接时形成的套筒能保证熔滴过渡正常进行，减少飞溅，加强保护气氛；可以进行全位置焊接，使电弧热量集中，提高焊缝金属熔敷效率；保证焊缝成型美观，而且脱渣容易。

总之，药皮能保证焊缝金属的化学成分和力学性能，并具有良好的焊接工艺性。

11.3.1.2 焊条的选择原则

焊条的种类繁多，各有其应用范围。选用是否合理，对焊接接头质量、劳动生产率及产品成本的影响极大。一般是根据焊接结构材料的化学成分、力学性能、焊接工艺性、服役环境（有无腐蚀介质、高温或低温等）、焊接结构形状的复杂程度及刚性大小、受力情况和焊接设备（是否有交流和直流弧焊机）等情况综合考虑，合理的选用焊条。

具体可按以下原则选用焊条：

（1）考虑母材的力学性能和化学成分。根据设计部门的规定，大多数焊缝金属与母材等强度。因此，可按所用结构钢的强度来选择相应强度等级的焊条。

如需保证焊接接头的高温性能或耐腐蚀性能，要求焊缝金属的主要合金成分与母材相近或相同。

木材中碳、硫、磷等元素含量较高时的焊接应选用抗裂性好的低氢型焊条。

（2）考虑焊件的工作条件和使用性能。根据焊件的工作条件，包括所承受的载荷、接触介质和使用温度范围等，选择能满足使用要求的焊条。

在高温或低温条件下工作的焊件，应选用耐热钢焊条或低温钢焊条。

接触腐蚀介质的焊件，应选用不锈钢焊条或其他耐腐蚀焊条。

承受振动载荷或冲击载荷的焊件，除保证抗拉强度外，还应选用塑性和韧性较高的低氢型焊条。

（3）考虑焊件几何形状的复杂程度、刚性大小、焊接坡口的制备情况及焊缝位置。对形状复杂、结构刚性大以及大厚度的焊件，由于焊接过程中易产生较大的焊接应力，而导致裂纹的产生。因此，要采用抗裂性好的低氢型焊条。

接头坡口表面难以清理干净时，应采用氧化性强，对铁锈、油污等不敏感的酸性焊条，才能保证焊缝的质量。

焊接部位在空间任意位置时，必须选用能进行全位置焊接的焊条。

（4）考虑操作工艺性、设备及施工条件。在保证焊缝使用性能和抗裂性的前提下，因酸性焊条的操作工艺性较好，可采用酸性焊条。

在焊接现场没有直流弧焊机及焊接结构要求必须使用低氢型焊条的条件下，应选用交、直流两用的低氢型焊条，而且要求交流弧焊机的空载电压大于 70V，才能保证焊接操作的正常进行。

在容器内部或通风条件较差的情况下，由于低氢型焊条焊接时析出的有害气体多，故应尽量采用酸性焊条。

（5）考虑劳动生产率和经济合理性。在酸性焊条和碱性焊条均可满足性能要求的情况下，为了改善焊工的劳动条件，应尽量采用酸性焊条。

在满足使用性能和操作工艺性的前提下，应选用成本低、规格大、效率高的焊条。

11.3.2　焊丝

钢焊丝用于制造手工电弧焊焊条的焊芯和作为气焊、氩弧焊、氢原子焊、二氧化碳气体保护焊等的焊接材料。

铜及铜合金焊丝适用于纯铜、黄铜等的气焊、氩弧焊、碳弧焊等。铝及铝合金焊丝主要适用于纯铝、铝合金及铝镁合金的气焊、氩弧焊。

11.3.3 焊剂

焊剂也叫钎剂，定义很广泛，包括熔盐、有机物、活性气体、金属蒸气等，即除去母材和钎料外，泛指第三种用来降低母材和钎料界面张力的所有物质。

焊接中常用焊剂有：无锰高硅低氟、无锰中硅中氟、无锰低硅高氟、低锰高硅低氟、低锰中硅中氟、低锰高硅中氟、中锰高硅低氟、中锰中硅中氟、中锰高硅中氟、高锰高硅低氟、不锈钢及耐热钢气焊焊剂、铸铁气焊焊剂、铜气焊焊剂、铝气焊焊剂。

11.3.4 焊接用气体

氧：与可燃气体混合燃烧，可获得极高的温度，用于焊接和切割。

氢：氢原子焊时作为还原性保护气体，与氧混合燃烧，可作为气焊的热源。

氮：氮弧焊时用氮气作为保护气体，可焊接铜和不锈钢。氮也常用于离子切割，作为外层保护气。

氩：在氩弧和等离子弧焊及等离子切割时作为保护气体，起机械保护作用。

二氧化碳：焊接时配合含脱氧元素的焊丝可作为保护气体。

乙炔：用于氧—乙炔焰焊接和切割。

11.4 焊接工艺

11.4.1 手工电弧焊

11.4.1.1 接头形式及坡口形式

在手工电弧焊中，由于焊件的厚度、结构形状及使用条件不同，其接头形式及坡口形式也有所不同。接头形式一般有对接接头、角接接头、T形接头机搭接接头等。

在各种形式的接头中，为了提高焊接质量，较厚的焊件往往要开坡口。对于对接接头，焊件厚度大于6mm一般就要开坡口。开坡口是为了保证电弧能深入焊缝根部，使根部能焊透，以便清除熔渣，获得较好的焊缝成型。钝边是为了防止烧穿，但钝边的尺寸也要保证第一层焊缝能焊透。间隙也是为了保证根部能焊透。坡口的主要参数如图11-1所示。

选择坡口形式时，主要考虑下列因素：是否能保证焊缝焊透，坡口形状是否容易加工，应尽可能提高劳动生产率、节省焊条、焊后变形尽可能小等。

对接不同厚度钢板重要的受力的接头时，如果两板厚度差（$\delta - \delta_1$）不超过表11-2的规定，则焊接接头的基本形式与尺寸按较厚板的尺寸来选择；否则，应在较厚板上作单面（图11-2a）或双面（图11-2b）的削薄，其削薄长度$L \geqslant 3$（$\delta - \delta_1$）。

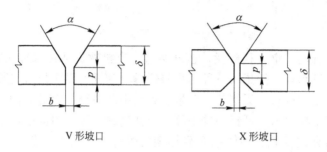

V 形坡口   X 形坡口

图 11-1 坡口的主要参数

δ—焊件厚度；b—间隙；p—钝边；α—坡口角度

表 11-2 关于不同厚度钢板的对接焊接

较薄板的厚度 δ_1/mm	$\geqslant 2 \sim 5$	$>5 \sim 9$	$>9 \sim 12$	>12
允许厚度差（$\delta - \delta_1$）/mm	1	2	3	4

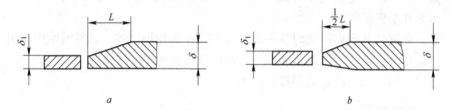

图 11-2 不同厚度钢板的对接

a—单面削薄；b—双面削薄

11.4.1.2 焊缝形式

焊缝按不同的分类方法可分为下列几种形式：

（1）按施焊时的空间位置分，可分为平焊缝、立焊缝、横焊缝及仰焊缝四种形式，如图 11-3 所示。

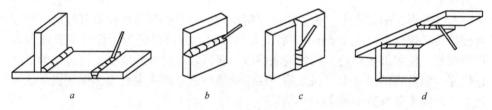

图 11-3 按施焊时的空间位置分的焊缝形式

a—平焊缝；b—横焊缝；c—立焊缝；d—仰焊缝

（2）按结合形式分，可分为对接焊缝、角焊缝及塞焊缝三种，如图 11-4 所示。对接焊缝的主要尺寸有：熔深 s、焊缝宽度 c、焊缝增高量 h。角焊缝主要以焊角高度 k 表示，塞焊常以圆孔半径 R 表示。

（3）按断续情况分，可分为连续焊缝和间断焊缝，如图 11-5 所示。

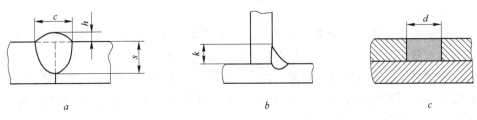

图 11-4 按结合形式分的焊缝形式

a—对接焊接；*b*—角接焊接；*c*—塞焊焊缝

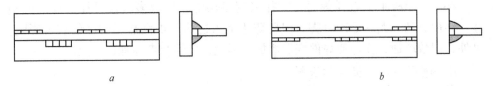

图 11-5 连续焊缝和间断焊缝

a—连续焊缝；*b*—间断焊缝

11.4.1.3 焊接工艺参数的选择

手工电弧焊的焊接工艺参数主要有焊条直径、焊接电流、电弧电压、焊接层数、电源种类及极性等。

A 焊条直径的选择

焊条直径的选择主要取决于焊件厚度、接头形式、焊缝位置及焊接层次等因素。在不影响焊接质量的前提下，为了提高劳动生产率，一般倾向于选择较大直径的焊条。

厚度较大的焊件，应选用较大直径的焊条。平焊时，所用焊条的直径可大些；立焊时，所用焊条的直径最大不超过 5mm；横焊和仰焊时，为了防止产生未焊透的缺陷，第一层焊缝宜采用直径为 3.2mm 的焊条。

B 焊接电流的选择

焊接电流的大小，对焊接质量及生产率有较大的影响。电流过小，电弧不稳定，易造成夹渣和未焊透等缺陷，而且生产率低；电流过大，则容易产生咬边和烧穿等缺陷，同时飞溅增加。因此，焊接电流要适当。

焊接电流的大小，主要根据焊条类型、焊条直径、焊件厚度、接头形式、焊缝空间位置及焊接层次等因素来决定，其中，最主要的因素是焊条直径和焊缝空间位置。在使用一般结构钢焊条时，焊接电流大小与焊条直径的关系可用经验公式（11-1）进行试选：

$$I = Kd \tag{11-1}$$

式中，I 为焊接电流，A；d 为焊条直径，mm；K 为与焊条直径有关的系数。

另外，焊缝的空间位置不同，焊接电流的大小也不同。

C   电弧电压的选择

电弧电压由弧长来决定。电弧长，则电弧电压高；电弧短，则电弧电压低。在焊接过程中，电弧过长，会使电弧燃烧不稳定，飞溅增加，熔深减小，而且外部空气易进入，造成气孔等缺陷。因此，要求电弧长度小于或等于焊条直径，即短弧焊。使用酸性焊条焊接时，为了预热待焊部位或降低熔池温度，有时将电弧稍微拉长进行焊接，即长弧焊。

D   焊接层数的选择

在中、厚板手工电弧焊时，往往采用多层焊。层数多些，对提高焊缝的塑性、韧性有利，尤其是冷弯脚。但要防止接头过热和扩大热影响区的有害影响。另外，层数增加，往往使焊件变形增加。因此，要综合考虑加以确定。

E   电源种类和极性的选择

直流电源，电弧稳定，飞溅小，焊接质量好，一般用在重要的焊接结构或厚板大刚度结构的焊接上。其他情况下，应首先考虑用交流焊机，因为其构造简单，造价低，使用维护也较直流焊机方便。

极性的选择，则是根据焊条的性质及焊接特点的不同，利用电弧中阳极温度比阴极温度高的特点，选用不同的极性来焊接各种不同的焊件。一般，使用碱性焊条或薄板的焊接，采用直流反接；而酸性焊条，通常用正接。

11.4.1.4 焊前准备

焊前准备主要包括坡口的制备、预焊部位的清理、焊条烘干、预热、预变性及高强度钢切割表面的探伤等。对这些工作，必须给以足够的重视，不然会影响焊接质量，严重时会造成焊后返工或使焊件报废。随着焊件材料等因素的不同，焊前准备工作也不尽相同。

11.4.1.5 定位焊

装配时，为了固定焊接结构各零部件间的相对位置，常用短焊缝来固定，这种短焊缝的焊接通常称为定位焊。定位焊的质量，往往直接影响到焊缝的质量、结构尺寸和变形，因此应予足够的重视。

11.4.1.6 电弧的引燃及运条方法

A   引弧

引弧方法有两种：敲击法和摩擦法，如图 11-6 所示。

敲击法引弧是将焊条和焊件保持一定的距离，然后垂直落下，轻轻敲击焊件而使电弧引燃。此法较难掌握，掌握不好焊条离焊件的速度和距离，会造成药皮大块脱落、电弧熄灭或焊条黏住焊件等现象。如果动作太快，焊条提得太高，就不能引燃电弧或使电弧燃烧一瞬间就熄灭。

摩擦法的动作类似划火柴，即将焊条在焊件表面上滑动一下，使电弧引燃。

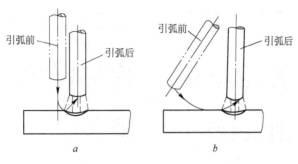

图 11-6　引弧方法

a—敲击法；b—摩擦法

此法引弧较容易掌握，但使用不当容易损坏焊件表面。在狭窄的地方焊接或焊件表面不允许损伤时，摩擦法则不如敲击法优越。

　　B　运条

　　电弧引燃后，为使电弧稳定持久燃烧，保证焊接过程的正常进行，焊条要有三个基本方向的运动，如图 11-7 所示。

　　沿焊条中心线向熔池送进：此动作用来维护一定的电弧长度。为了达到这一目的，焊条的送进速度应与焊条的熔化速度基本相同，否则会发生断弧或焊条黏在焊件上的现象。一般，弧长不超过焊条直径，而碱性焊条又比酸性焊条短些。

　　焊条沿焊接方向移动：焊条沿焊接方向的移动速度即是焊接速度，对焊缝质量有很大影响。若焊条移动速度太慢，则使熔化金属堆积过多，加大了焊缝的断面，焊接薄板时甚至会发生烧穿现象；移动速

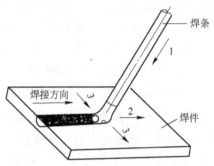

图 11-7　焊条的三个基本运动方向

1—向熔池方向送进；2—沿焊接方向移动；
3—横向摆动

度太快，电弧来不及熔化足够的焊条和焊件金属，造成焊缝断面尺寸过小及未焊透等缺陷。因此，焊接速度应根据焊条直径、电流大小、焊件厚度、装配间隙及焊缝位置来适当掌握。

　　焊条的横向摆动：此动作是为了获得一定宽度的焊缝。其摆动宽度应根据焊缝宽度及焊条直径来确定。横向摆动应力求均匀一致，以获得同样宽度的整齐的焊缝。

　　在焊接过程中，由于焊缝位置、接头形式、焊件厚度、焊条直径及电流大小的不同，焊条摆动方法也不同。常用的运条方法如图 11-8 所示。

　　11.4.1.7　焊缝的起头、收尾及连接工艺

　　(1) 焊缝的起头。焊缝起头时，由于焊件温度较低，而引弧后又不能迅速

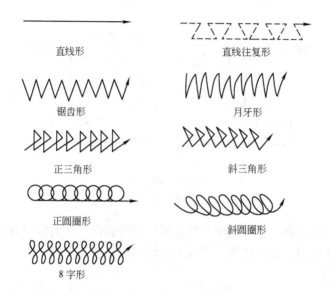

图 11-8　运条方法

使这部分金属温度升高，因此造成起头部分焊缝熔深小，焊缝增高量大。为避免这种现象，应在引弧后将电弧稍微拉长些或离气焊点 8～10mm 处起弧，对焊缝端头进行必要的预热，然后再压低电弧进行正常焊接。

（2）焊接的收尾。焊缝的收尾是指焊口焊完后如何收尾。焊接完一道焊缝时，如果立即拉断电弧，则会形成低于焊件表面的弧坑，过凹的弧坑会使焊缝收尾处强度减弱，并容易产生应力集中而导致弧坑裂纹。避免的方法是在焊接结束时，停止焊条沿焊接方向的移动，稍停片刻做圆圈运动，直到填满弧坑后再拉断电弧；也可回焊一小段后收弧。但用大电流或焊接薄板时，应在收尾处做反复熄弧和引弧，直至弧坑填满为止。

　　焊接重要结构时，就不能用上述方法引弧和收弧，而应在焊缝起头处连接一块引弧板，在收尾处接一块引弧板，焊后将它们去除，这样能确保焊缝起头与收尾的质量。

（3）焊缝的连接。手工电弧焊时，由于受焊条长度的限制，出现了焊缝的连接问题。焊缝的连接形式有以下四种情况，如图 11-9 所示。

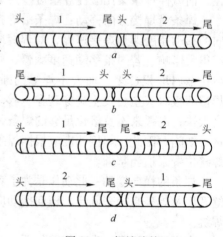

图 11-9　焊缝连接

a—头、尾连接；b—头、头连接；

c—尾、尾连接；d—尾、头连接

1—先焊焊缝；2—后焊焊缝

11.4.2 埋弧焊

11.4.2.1 焊前准备

埋弧焊的焊前准备与手工电弧焊基本相同，只是对焊接的装配质量要求更高些，必须保证间隙均匀一致，高低平整。定位焊缝的长度一般应大于30mm，定位焊时所用的焊条应根据焊件的化学成分和力学性能来选择。

由于埋弧自动焊使用的焊接电流较大，电弧具有较强的穿透能力，对于厚度14mm以下的板材，一般不需要开坡口；当焊件厚度大于14mm时，为了保证焊透，则应开坡口。坡口形式与手工电弧焊基本相同，其中以V形X形坡口较为常用，坡口角度一般为50°~60°，这样既可以使焊缝根部焊透，又可减少填充金属量，有利于提高焊接质量和生产率。埋弧焊的接头形式与手工电弧焊基本一样。

11.4.2.2 焊接工艺参数对焊缝形状及质量的影响

焊缝的形状，一般是指焊缝的横截面而言，标志焊缝形状特征的基本尺寸如图11-10所示。

焊接电流变化时，对焊缝宽度 c、熔深 s 及焊缝增高量 h 都有影响。当电流增加时，熔池得到的能量增加，电弧吹力增加，使排除熔池底部液态金属的作用加强，熔深增加；同时电弧摆动能力减弱，使熔宽增加不明显。随着电流的增加，焊丝的熔化量也增加，而熔宽变化又不大，故焊

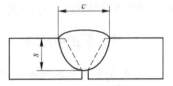

图 11-10 焊缝形状

c—焊缝宽度；s—熔深

缝增高量增加。由于电流增加使熔深增大，焊丝熔化量增加，因而劳动生产率有所提高。但电流过大时，会造成烧穿和过大的热影响区，又由于熔深较大而熔宽变化不大，因此焊缝成型系数小，这样的焊缝不利于熔池中气体及夹杂物的上浮和逸出，容易产生气孔、夹渣及裂纹等缺陷。为了改善这一情况，在增加焊接电流的同时，必须相应的提高电弧电压，以保证得到合理的焊缝形状。

电弧电压的增高，使电弧吹力减弱，摆动加剧，熔宽增加；同时焊剂熔量增加，减少了熔化焊丝及带给熔池的能量，使熔深和焊缝增高量相应减小。适当增加电压，对改善焊缝形状，提高焊缝质量是有利的，但应与增加焊接电流相配合。单独过分的增加电压，会使电弧不稳，熔深减小，造成未焊透，严重时还会造成咬边及气孔等缺陷。

焊接速度增加，焊缝的线能量减小，使熔宽减小，同时使电弧向后倾斜，加强了电弧排除熔池底部液态金属的作用，使熔池增加，但继续增加焊接速度，线能量减少起主导作用，反而使熔深较小。焊接速度过快，电弧对焊件加热不足，使熔合比减小，还会造成咬边、未焊透及气孔等缺陷。

当焊接电流一定时，减小焊丝直径，电流密度增加时熔深加大，成型系数减小。增大焊丝的伸出长度，使熔深和熔合比减小，焊缝增高量增大，熔敷速度增加。

焊剂层厚度增大，电弧在焊剂中燃烧空间小时熔宽减小，熔深略有增加。但焊剂层厚度过大，使焊缝变窄，成型系数减小；而过小，则保护不良，易产生气孔和裂纹。

颗粒度增加，熔宽加大，熔深略有减小；但过大，不利于熔池保护，易产生气孔。

11.4.2.3　焊接工艺参数选择的原则和方法

选择的原则：正确的焊接工艺参数应保证电弧稳定燃烧，焊缝形状尺寸合适，表面成型光洁整齐，内部无裂纹、气孔、夹渣及未焊透缺陷，且在保证质量的前提下有最高的生产率和最少的电能、材料消耗。

选择的方法：计算法（通过对焊接热过程的计算，确定焊接主要工艺参数的大小），查表法（查阅与所焊产品类似焊接情况所用的焊接工艺参数表，作为制定新工艺参数的参考），试验法（在与焊接材料相同的焊板上做模拟实验，然后确定焊接工艺参数），经验法（根据实验经验确定）。

11.4.3　气体保护电弧焊

11.4.3.1　气体保护电弧焊的特点

气体保护电弧焊简称气体保护焊、气电焊。它是利用保护气体在电弧周围形成局部的气体保护层，将电弧、熔池与空气隔开，防止其有害影响，从而获得高质量焊缝的异种熔焊方法。气体保护焊分为熔化极和不熔化极两种，如图 11-11 所示。

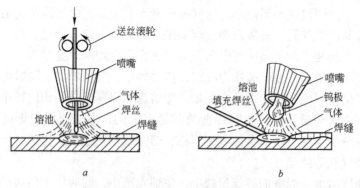

图 11-11　气体保护焊原理示意图

a—熔化极；b—不熔化极

气体保护焊常用二氧化碳、氩、氦、氢及混合气体作为保护气体，主要用直接电弧，其优点是：电弧可见性好，对中容易，易实现全位置焊接和自动焊接；电弧热量集中，熔池小，焊接速度快，热影响区较窄，焊件变形小，抗裂纹能力强，焊接质量好。缺点是不宜在有风的场地施焊；电弧光辐射较强。

11.4.3.2 熔化极气体保护焊熔滴过渡的形式及特点

气体保护焊时，熔滴过渡情况不但影响电弧的稳定性，而且对焊缝成型及冶金过程有很大影响。在熔化极气体保护焊中，熔滴过渡形式主要有短路过渡、颗粒过渡及射流过渡。

影响过渡形式的因素有很多，主要有焊丝直径、焊接电流、电弧电压、电源类型和极性、保护气体的种类等。实际生产中应根据焊件材料、板厚、焊接位置及生产率等方面要求来选择合适的熔滴过渡形式。

11.4.3.3 气体保护电弧焊的应用

气体保护焊适用于绝大多数金属材料的焊接，如碳钢、合金钢、铸铁、铝、铜及其合金等。不熔化极气电焊主要用于厚度6mm以下的薄板；熔化极气电焊用于厚度大于2mm的薄板和中、厚板；窄间隙气电焊可焊接厚板。

气体保护焊中，应用最广的是氩弧焊、二氧化碳气体保护焊及混合气体保护焊。

11.4.4 等离子弧焊

11.4.4.1 等离子弧的形成及特点

借助于等离子焊炬，将自由电弧压缩，形成高温、高电离度及高能量密度的电弧，成为等离子弧，其示意图如图11-12所示。

等离子弧是由机械压缩、热收缩和磁收缩三种压缩效应形成的。等离子弧的特点如下：

（1）温度高、能量密度大。等离子弧的正、负粒子浓度几乎相等，温度高达16000～33000K，大大超过一般自由电弧的温度。（2）稳定性、挺直性好。自由电弧的扩散角约为45°，等离子弧的扩散角仅为5°左右，如图11-13所示。（3）具

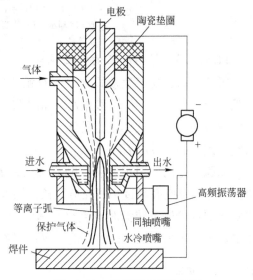

图11-12 等离子弧焊示意图

有较宽的调节范围。根据不同的工艺要求，调节电流、喷嘴形状、气体种类及气体流量等，可得到不同性能的等离子弧。

11.4.4.2　等离子弧的类型

等离子弧有转移型、非转移型和联合型三种，如图 11-14 所示。

转移弧为钨极接负极，工件接正极，等离子弧产生在钨极与焊件之间；非转移弧为钨极接负极，喷嘴接正极，等离子弧产生在钨极与喷嘴内表面之间；将转移弧与非转移弧结合，工作时两者并存，为联合弧。

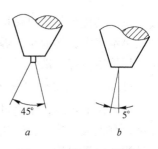

图 11-13　等离子弧与钨极氩弧的扩散角

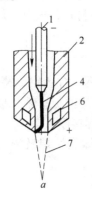
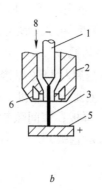
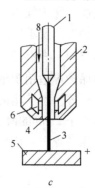

图 11-14　等离子弧类型

a—非转移型；*b*—转移型；*c*—联合型

1—钨极；2—喷嘴；3—转移弧；4—非转移弧；5—工件；

6—冷却水；7—弧焰；8—离子气

11.4.4.3　等离子弧的双弧现象

等离子弧容易产生双弧现象。双弧产生在钨极与喷嘴与焊件之间，与转移并列，如图 11-15 所示。

双弧的产生会破坏正常的工作过程，极易烧坏喷嘴，因此必须设法消除。

双弧产生的原因主要有：电流过大，等离子气流量过小，喷嘴孔径过小或孔道太长，钨极不对中，喷嘴与焊件接触及转弧时电流突然增大等。分析产生的原因，可采取相应措施，消除双弧现象。

11.4.5　堆焊

11.4.5.1　堆焊方法的选择

几乎所有的熔焊方法都能用来堆焊。具体选择堆焊方法时，要考虑下列因

图 11-15　双弧现象

1—主弧；2—双弧的上半段；

3—双弧的下半段

素：零件的大小、形状和批量，堆焊层的厚度、堆焊金属的成分和性能，堆焊金属所能提供的型材品种等等。常见的堆焊方法有氧—乙炔火焰堆焊、手工电弧堆焊、钨极氩弧堆焊、振动堆焊、埋弧堆焊、等离子弧堆焊、电渣堆焊、熔化极气体保护堆焊等。

11.4.5.2　堆焊工艺

堆焊工艺与熔焊工艺区别不大，包括零件表面的清理、焊条焊件的烘干、焊接裂纹和焊接变形的防止等。与熔焊不同的地方是规范参数的选择。堆焊时希望熔深越浅越好，在保证适当生产效率的同时，尽量采用小电流，低电压，慢焊速，使稀释率与合金元素的烧损率降低到最小限度。

（1）焊前表面处理和退火。需要堆焊修复的零件，在堆焊前都要仔细脱脂除锈。此外，有些零件在工作过程中表面往往产生裂纹和剥离，有的表面被介质腐蚀成麻坑或孔穴，这些缺陷对堆焊层的质量都很不利，容易造成焊接裂纹和剥离，因此这类零件焊前要消除应力退火，并且还要用机械加工的办法把表面缺陷消除干净。

（2）焊前预热和焊后缓冷。为了防止堆焊裂纹和剥离，零件焊前往往要进行预热。预热温度与堆焊金属的淬火倾向有关，与零件的大小和堆焊部位的刚度有关，此外，也与零件的材质有关。一般选在150~600℃范围以内。

对于堆焊金属硬度比较高、堆焊面积比较大的零件，如锻模、大阀体等，需要整体预热，对于仅需局部堆焊的零件，可以局部预热，对于那些在堆焊过程中就能够整体加热的小零件，可以不预热。预热不仅能防止裂纹和剥离，还能减小变形，防止未焊透、气孔等缺陷。

防止裂纹和剥离，除了焊前预热以外还要焊后缓冷。缓冷材料可以用石棉灰、石棉毯、硅酸铝等。对于淬硬性小的堆焊金属，焊后为了获得较高的硬度，也可以选用空冷，机械加热后不再进行热处理。对于淬火倾向大的堆焊金属，焊后要在600~700℃回火1h，再缓冷以免出现裂纹。

（3）堆焊过渡层。为了减小应力，防止裂纹和剥离，先用塑性、韧性好的焊条进行打底焊，起到将堆焊层与基体隔离的作用。

（4）较少母材对堆焊层合金元素的稀释率。堆焊过程中，一部分基体金属要熔入到堆焊金属当中去，堆焊金属中的一部分合金元素要被电弧烧损，这样都会使堆焊层的硬度和性能有所下降。因此在选择堆焊方法时，要进行比较，尽量选择稀释率低的。此外，在选择堆焊工艺规范时，要尽量选择低电压、小电流、慢焊速，以降低熔深、减小稀释率和电弧对合金元素的烧损。

（5）较小零件堆焊后的变形。对细长轴和大直径的薄壁筒，在堆焊时容易产生弯曲变形和波浪变形。这类零件应采取如下措施：1）尽量选择熔深浅、输入线能量小的堆焊方法，如振动堆焊、等离子弧堆焊、等离子喷弧等；2）采用夹具或支撑板，以增加零件刚度；3）采用反变形以抵消堆焊后的变形；4）选取合理的焊接顺序，如对称焊、跳焊等，使热量分布均匀，热应力相互平衡；5）采用小电流、低焊速以及采用间歇冷却等方法。

（6）堆焊后的热处理。堆焊后，堆焊层的性能达不到要求时，需要将零件重新进行热处理。热处理规范要根据堆焊层合金的成分和要求而定。当堆焊层脆性很大，为了避免裂纹，焊后要进行消除应力退火或回火。

11.4.5.3　基本金属的堆焊性

基本金属的堆焊性（即焊接性），对堆焊层质量有很大的影响。堆焊性不好的材料，容易产生第一层焊道下的裂纹（热影响区裂纹），导致零件在使用过程中发生破裂。消除这种裂纹的办法是采取预热措施。预热温度依材料成分而定，预热时间依零件几何形状和尺寸大小而定。

11.4.6　气焊

11.4.6.1　气焊的特点和应用

气焊是利用可燃性气体与氧混合燃烧形成的火焰作为热源的一种焊接方法。可燃性气体主要有乙炔、氧气、液化石油气等。而最常用的是乙炔。

气焊火焰温度比电弧焊的电弧温度低，火焰对熔池的压力及对焊件输入热量的调节方便，故熔池温度、形状、尺寸及焊缝背面成型等容易控制，适用于各种位置焊缝的焊接。气焊可用于焊接碳钢、低合金钢、铸铁基有色金属；尤其是薄板（最小厚度为钢 0.5mm、紫铜 1.5mm、铝 0.5mm、铅 1.0mm）及要求单面焊双面成型的小直径管的全位置焊接。

11.4.6.2　气焊设备及工具

气焊设备及工具主要包括乙炔发生器、氧气瓶、减压器、回火防止器、焊炬及橡皮管。

11.4.6.3　气焊工艺

（1）氧—乙炔火焰。氧—乙炔火焰的外形、构造及温度分布是根据氧气和乙炔混合后的比值大小决定的。按比值大小不同，可得到性质不同的四种火焰：碳化焰、还原焰、中性焰和氧化焰。

氧—乙炔火焰的温度与混合气体成分有关，随着氧气比例的增加，火焰温度增高；另外，还与混合气体的喷射速度有关，喷射速度越高则火焰温度越高。衡量火焰的温度，一般以中性焰为准。中性焰的温度沿长度方向的分布如图 11-16所示。另外，火焰在横向断面上的温度分布也不相同，断面中心温度最高，越向边缘温度越低。

（2）接头形式及坡口准备。气焊最常用的是对接接头，厚度大于 5mm 时一般要开坡口；薄板常采用卷边接头；角接接头只在焊薄板时采用，很少采用 T 形接头和搭接接头，因为焊件焊后变形较大。接头形式与坡口准备与手工电弧焊相同。

　　焊前必须清除坡口上的水、锈、油等杂物，防止焊缝中产生气孔、夹渣等缺陷。

　　（3）气焊工艺参数的选择。

　　焊丝直径的选择：焊丝直径根据焊件厚度及坡口形式来选择。焊丝过细，焊接时往往会发生焊件尚未熔化而焊丝却已熔化下滴的现象，从而造成熔合不良及焊缝高低不平的缺陷；焊丝过粗，则熔化焊丝所需的加热时间增加，使焊件热影响区增大，并造成接头组织过热，降低接头质量。

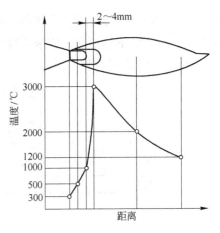

图 11-16　中性焰温度分布

　　火焰种类的选择：碳化焰，用于气焊高碳钢、高速钢、硬质合金、铝、青铜及铸铁等；还原焰，用于气焊低碳钢、低合金钢、铸铁、铝及其合金；中性焰，用于气焊低碳钢、低合金钢、高铬钢、不锈钢、紫铜、锡青铜、铝及其合金、铅、镁合金；氧化焰，用于气焊黄铜、锰黄铜、镀锌铁皮等。

　　火焰能率的选择：火焰能率是以混合气体的消耗量表示的，由焊炬型号和焊嘴大小来决定。火焰能率应根据焊件的厚度、热物理性能及焊缝的空间位置来选择。若焊件厚度较大，熔点较高，导热性好，则要选用较大的火焰能率；在立焊、横焊及仰焊时，火焰能率要适当减小。

　　焊嘴及焊丝的倾斜角度：焊嘴倾斜角度的大小可根据焊件厚度、热物理性能及施焊位置来确定。若焊件厚度较大，熔点较高，导热性好，则焊嘴倾角要大些；反之，倾角应相应减小。在焊接过程中，焊嘴的倾角根据施焊情况进行调整。气焊过程中，焊丝相对于焊件表面的倾角一般为 30°～40°，相对于焊嘴的角度为 90°～100°。

11.4.6.4　气焊的操作方法

A　左焊法和右焊法

　　左焊法：焊炬从右向左移动，焊炬火焰背着焊缝而指向焊件未焊部分，焊接过程由右向左，焊炬跟着焊丝后面运走。左焊法操作简单，容易掌握，适于焊接薄板及低熔点材料的焊件，使用较普遍。

　　右焊法：焊炬火焰指向焊缝，焊接过程从左向右，焊炬在焊丝前面运走。右焊法熔池保护效果好，不易产生气孔、夹渣；火焰热量集中，利用率高，熔深大；同时，焊缝冷却缓慢，可改善焊缝组织。适用于焊接较大厚度和高熔点材料的焊件。但此法不易掌握，故采用较少。

气焊方法如图 11-17 所示。

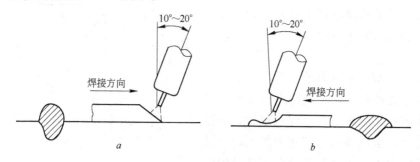

图 11-17　左焊法和右焊法

a—右焊法；*b*—左焊法

B　焊炬和焊丝的运走

为了获得优质美观的焊缝，焊接过程中，焊炬和焊丝应做规则而均匀的摆动，从而使焊缝熔透均匀，成型美观，避免产生未熔合、过热和过烧现象。

焊炬有两个方向的运动，及沿焊接方向的移动和沿焊缝横向的摆动；而焊丝除这两个方向的运动外还有向熔池方向的送进运动。焊炬和焊丝的摆动必须均匀和相互协调，否则会使焊缝成型不良。实际生产中往往采用逐步形成熔池的填加焊丝的方法。

C　焊缝的起焊、接头和收尾

起焊处焊件温度低，焊嘴倾角应大些，对起焊处预热，同时火焰应做往复运动，使之加热均匀。当起焊处形成白亮的熔池时，再进入正常的焊接过程，焊接中途停顿后再继续焊接时，应将原熔池和邻近熔池的焊缝重新熔化后焊接，重叠焊接部分应不小于 6mm。

焊接收尾时，焊件温度较高，应减小焊嘴与焊件倾角，并应加快送丝速度和焊接速度，直到填满熔池后，火焰再慢慢离开熔池。

11.4.7　电阻焊

电阻焊是利用电流流过被焊工件时产生的电阻热，对连接处局部加热到熔化状态或半熔化状态后加压而实现焊接的一种方法。

电阻焊具有生产率高、劳动条件好、工件变形小、容易实现机械自动化、成本低的特点。由于焊接过程极快，因而电阻焊设备需要相当大的电功率和机械功率。电阻焊包括点焊、凸焊及 T 形焊、缝焊、对焊。按供电方式，工业上应用最广的是用工频交流的点焊、缝焊和对焊，其次是用直流冲击波的点焊和缝焊，以及用电容储能的点焊、缝焊和对焊。

11.4.8 钎焊

钎焊的接头形式：钎焊的接头形式很多，但大多数又以搭接的形式为基础。

钎焊前的准备工作：为了获得成功的钎焊接头，钎焊前一定要做好准备工作。首先根据被钎焊金属的性质和设计要求，选择合适的钎料和钎剂；根据结构的特点选择合适的钎焊方法、装配定位方法以及钎料定位方法。然后便可进行钎焊的第一道工序，即零件表面的清洁处理。

零件表面的清洁处理，包括清除工件表面的油脂、灰尘、油漆以及表面的氧化膜。少量零件、油脂、灰尘可以用酒精、汽油等有机溶剂擦洗，氧化膜可以用砂纸、锉刀等机械方法清除。大批零件，为了提高效率，则要采用化学或电化学方法处理。

11.5　焊接构件的热处理

焊件构件的热处理包括预热、后热及焊后热处理等。通过热处理可以消除或减轻热影响区出现脆性的淬硬组织；降低硬度，增加塑性和韧性；有利于氢的析出，减少冷裂纹的倾向；还可以减少焊接残余应力；增加焊接构件尺寸的稳定性。对于给定的焊件，在焊接中恰当地选择热处理工艺，可以提高焊接质量，使用可靠性及寿命。因此这是焊接工作者在制定焊接工艺时必须全面考虑的问题之一。

11.6　焊接缺陷及质量检测

焊接是较复杂的工艺过程，影响质量的因素很多，在焊接的过程中不可避免会出现这样或那样的质量缺陷。焊接质量缺陷会影响钢结构工件的结构要求，导致应力集中，降低钢结构承载能力，缩短其使用寿命，甚至造成脆断，所以钢结构生产技术规程中对焊接缺陷做出了严格限制，对于超标缺陷必须进行彻底去除和焊补。熔化焊接缺陷有焊缝内部缺陷、气孔、夹渣、裂纹等。焊缝形状缺陷主要有焊缝尺寸不符合要求、咬边、未焊透、未熔合、烧穿、焊瘤、弧坑、电弧擦伤、飞溅等，焊缝形状缺陷的产生是由于工艺因素造成的，通过采取适当的焊接规范及工艺都可以避免。气孔、夹渣、裂纹的产生除与工艺因素有关外，还与焊接冶金过程有重要关系。

11.6.1　焊接缺陷

11.6.1.1　焊接变形

工件焊后一般都会产生变形，如果变形量超过允许值，就会影响使用。焊接变形的几个例子如图 11-18 所示。产生的主要原因是焊件不均匀地局部加热和冷却。因为焊接时，焊件仅在局部区域被加热到高温，离焊缝越近，温度越高，膨胀也越大。但是，加热区域的金属因受到周围温度较低的金属阻止，不能自由膨胀；而冷却时又由于周围金属的牵制不能自由地收缩。结果这部分加热的金属存在拉应力，而其他部分的金属则存在与之平衡的压应力。当这些应力超过金属的屈服极限时，将产生焊接变形；当超过金属的强度极限时，则会出现裂缝。

11.6.1.2　焊接的外部缺陷

（1）焊缝增强过高。如图 11-19 所示，当焊接坡口的角度开得太小或焊接电流过小时，均会出现这种现象。焊件焊缝的危险平面已从 M—M 平面过渡到熔合区的 N—N 平面，由于应力集中易发生破坏，因此，为提高压力容器的疲劳寿命，要求将焊缝的增强高度铲平。

（2）焊缝过凹。如图 11-20 所示，因焊缝工作截面的减小而使接头处的强度降低。

（3）焊缝咬边。在工件上沿焊缝边缘所形成的凹陷叫咬边，如图 11-21 所示。它不仅减少了接头工作截面，而且在咬边处造成严重的应力集中。

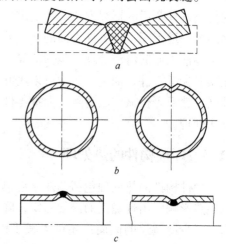

图 11-18　焊接变形示意图

a—V 形坡口；b—筒体纵焊缝；c—筒体环焊缝

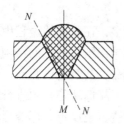

图 11-19　焊缝增强过高

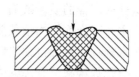

图 11-20　焊缝过凹

（4）焊瘤。熔化金属流到熔池边缘未熔化的工件上，堆积形成焊瘤，它与工件没有熔合，见图 11-22。焊瘤对静载强度无影响，但会引起应力集中，使动载强度降低。

（5）烧穿。如图 11-23 所示，烧穿是指部分熔化金属从焊缝反面漏出，甚至烧穿成洞，它使接头强度下降。

以上五种缺陷存在于焊缝的外表，肉眼就能发现，并可及时补焊。如果操作熟练，一般是可以避免的。

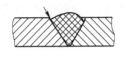

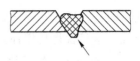

图 11-21　焊缝的咬边　　　　图 11-22　焊瘤　　　　图 11-23　烧穿

11.6.1.3　焊缝的内部缺陷

（1）未焊透。未焊透是指工件与焊缝金属或焊缝层间局部未熔合的一种缺陷。未焊透减弱了焊缝工作截面，造成严重的应力集中，大大降低接头强度，它往往成为焊缝开裂的根源。

（2）夹渣。焊缝中夹有非金属熔渣，即称夹渣。夹渣减少了焊缝工作截面，造成应力集中，会降低焊缝强度和冲击韧性。

（3）气孔。焊缝金属在高温时，吸收了过多的气体（如 H_2）或由于熔池内部冶金反应产生的气体（如 CO），在熔池冷却凝固时来不及排出，而在焊缝内部或表面形成孔穴，即为气孔。气孔的存在减少了焊缝有效工作截面，降低接头的机械强度。若有穿透性或连续性气孔存在，会严重影响焊件的密封性。

（4）裂纹。焊接过程中或焊接以后，在焊接接头区域内所出现的金属局部破裂叫裂纹。裂纹可能产生在焊缝上，也可能产生在焊缝两侧的热影响区。有时产生在金属表面，有时产生在金属内部。通常按照裂纹产生的机理不同，可分为热裂纹和冷裂纹两类：

1）热裂纹。热裂纹是在焊缝金属中由液态到固态的结晶过程中产生的，大多产生在焊缝金属中。其产生原因主要是焊缝中存在低熔点物质（如 FeS，熔点 1193℃），它削弱了晶粒间的联系，当受到较大的焊接应力作用时，就容易在晶粒之间引起破裂。焊件及焊条内含 S、Cu 等杂质多时，就容易产生热裂纹。热裂纹有沿晶界分布的特征。当裂纹贯穿表面与外界相通时，则具有明显的氧化倾向。

2）冷裂纹。冷裂纹是在焊后冷却过程中产生的，大多产生在基体金属或基体金属与焊缝交界的熔合线上。其产生的主要原因是由于热影响区或焊缝内形成了淬火组织，在高应力作用下，引起晶粒内部的破裂，焊接含碳量较高或合金元素较多的易淬火钢材时，最易产生冷裂纹。焊缝中熔入过多的氢，也会引起冷裂纹。

裂纹是最危险的一种缺陷，它除了减少承载截面之外，还会产生严重的应力集中，在使用中裂纹会逐渐扩大，最后可能导致构件的破坏。所以焊接结构中一般不允许存在这种缺陷，一经发现须铲去重焊。

11.6.2　焊接质量的检验

对焊接接头进行必要的检验是保证焊接质量的重要措施。因此，工件焊完后应根据产品技术要求对焊缝进行相应的检验，凡不符合技术要求所允许的缺陷，需及时进行返修。焊接质量的检验包括外观检查、无损探伤和力学性能试验三个方面。这三者是互相补充的，而以无损探伤为主。

11.6.2.1 外观检查

外观检查一般以肉眼观察为主，有时用 5~20 倍的放大镜进行观察。通过外观检查，可发现焊缝表面缺陷，如咬边、焊瘤、表面裂纹、气孔、夹渣及焊穿等。焊缝的外形尺寸还可采用焊口检测器或样板进行测量。

11.6.2.2 无损探伤

隐藏在焊缝内部的夹渣、气孔、裂纹等缺陷的检验。目前使用最普遍的是采用 X 射线检验，还有超声波探伤和磁力探伤。X 射线检验是利用 X 射线对焊缝照相，根据底片影像来判断内部有无缺陷、缺陷多少和类型。再根据产品技术要求评定焊缝是否合格。超声波探伤的基本原理如图 11-24 所示。

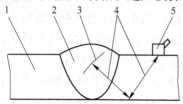

图 11-24 超声波探伤原理示意图
1—工件；2—焊缝；3—缺陷；
4—超声波束；5—探头

超声波束由探头发出，传到金属中，当超声波束传到金属与空气界面时，它就折射而通过焊缝。如果焊缝中有缺陷，超声波束就反射到探头而被接受，这时荧光屏上就出现了反射波。根据这些反射波与正常波比较、鉴别，就可以确定缺陷的大小及位置。超声波探伤比 X 光照相简便得多，因而得到广泛应用。但超声波探伤往往只能凭操作经验作出判断，而且不能留下检验根据。对于离焊缝表面不深的内部缺陷和表面极微小的裂纹，还可采用磁力探伤。

11.6.2.3 水压试验和气压试验

对于要求密封性的受压容器，须进行水压试验和（或）进行气压试验，以检查焊缝的密封性和承压能力。其方法是向容器内注入 1.25~1.5 倍工作压力的清水或等于工作压力的气体（多数用空气），停留一定的时间，然后观察容器内的压力下降情况，并在外部观察有无渗漏现象，根据这些可评定焊缝是否合格。

11.6.2.4 焊接试板的力学性能试验

无损探伤可以发现焊缝内在的缺陷，但不能说明焊缝热影响区的金属的力学性能如何，因此有时对焊接接头要做拉力、冲击、弯曲等试验。这些试验由试验板完成。所用试验板最好与圆筒纵缝一起焊成，以保证施工条件一致。然后将试板进行力学性能试验。实际生产中，一般只对新钢种的焊接接头进行这方面的试验。

11.7 焊接新技术

11.7.1 激光焊

激光焊接是采用高能激光束使材料熔融并连接，形成优良焊接接头的工艺过程。激光焊接的能量密度高、激光光斑直径小,其能量密度比常规方法高100倍以上,同时,可以形成0.5mm宽的焊道。激光焊接技术具有熔池净化效应,能纯净焊缝金属,适用于相同和不同金属材料间的焊接。激光焊接能量密度高,对高熔点、高反射率、高热导率和物理特性相差很大的金属焊接特别有利。因此,激光焊接具有传统焊接方法所无法比拟的优点,如焊速快、工件变形小、焊缝的熔合比大、晶粒细小、焊后处理简单、焊缝质量好等特点,低碳钢板的深冲性能与韧性一般优于母材,能够在各种特殊环境下焊接同种或者异种材料或难熔材料,实现不等厚度材料的焊接等特点。

使用范围:主要用于小面积平面焊接,如手机、MP3、键盘、笔记本等屏蔽用结构件。既可密封满焊,也可以高速连续点焊。多功能焊机都可以升级到高速振镜焊接。

11.7.2　数字化焊接技术

数字化焊接电源是指焊接电源的主要控制电路由传统的模拟技术直接被数字技术所代替,在控制电路中的控制信号也由模拟信号过渡到0/1编码的数字信号。

焊接电源实现数字化控制的优点,主要表现在灵活性好、稳定性强、控制精度高、接口兼容性好等几个方面。

焊接数字化方向发展,包括两方面的内容。一个是主电路的数字化,另一个是控制电路的数字化。

11.7.3　搅拌摩擦焊技术

搅拌摩擦焊是英国焊接研究所TWI提出的专利焊接技术,与常规摩擦焊一样,搅拌摩擦焊也是利用摩擦热作为焊接热源。不同之处在于,搅拌摩擦焊焊接过程是由一个圆柱体形状的焊头伸入工件的接缝处,通过焊头的高速旋转,使其与焊接工件材料摩擦,从而使连接部位的材料温度高软化,同时对材料进行搅拌摩擦来完成焊接的。

在焊接过程中,工件要刚性固定在背垫上,焊头边高速旋转,边沿工件的接缝与工件相对移动。焊头的突出段伸进材料内部进行摩擦和搅拌,焊头的肩部与工件表面摩擦生热,并用于防止塑性状态材料的溢出,同时可以起到清除表面氧化膜的作用。

11.8　焊接新技术新工艺的发展及前景

焊接技术自诞生以来一直受到诸学科最新发展的影响与引导,众所周知,受材料、信息学科新技术的影响,不仅导致了数十种焊接新工艺的问世,而且也使得焊接工艺操作正经历着手工焊到自动焊、自动化、智能化的过渡，这已成为公认的发展趋势。

11.8.1　能源方面

目前，焊接热源已非常丰富，如火焰、电弧、电阻、超声、摩擦、等离子、电子束、激光束、微波等，但焊接热源的研究与开发并未终止，其新的发展可概括为三个方面：首先是对现有热源的改善，使它更为有效、方便、经济适用，在这方面，电子束和激光束焊接的发展较显著；其次是开发更好、更有效的热源，采用两种热源叠加以求获得更强的能量密度，例如在电子束焊中加入激光束等；第三是节能技术，由于焊接所消耗的能源很大，所以出现了不少以节能为目标的新技术，如太阳能焊、电阻点焊中利用电子技术的发展来提高焊机的功率因数等。

11.8.2　计算机在焊接中的应用

弧焊设备微机控制系统，可对焊接电流、焊接速度、弧长等多项参数进行分析和控制，对焊接操作程序和参数变化等作出显示和数据保留，从而给出焊接质量的确切消息。目前以计算机为核心建立的各种控制系统包括焊接顺序控制系统、PID调节系统、最佳控制及自适应控制系统等。这些系统均在电弧焊、压焊和钎焊等不同的焊接方法中得到应用。计算机软件技术在焊接中的应用越来越得到人们的重视。目前，计算机模拟技术已用于焊接热过程、焊接冶金过程、焊接应力和变形等的模拟；数据库技术被用于建立焊接档案管理数据库、焊接符号检索数据库、焊接工艺评定数据库、焊接材料检索数据库等；在焊接领域中，CAD/CAM的应用正处于不断开发阶段，焊接的柔性制造系统也已出现。

11.8.3　焊接机器人和智能化

焊接机器人是焊接自动化的革命性进步，它突破了焊接刚性自动化的传统方式，开拓了一种柔性自动化新方式，焊接机器人的主要优点是：稳定和提高焊接质量，保证焊接产品的均一性；提高生产率，一天可24h连续生产；可在有害环境下长期工作，改善了工人劳动条件；降低了对工人操作技术要求；可实现小批量产品焊接自动化；为焊接柔性生产线提供了技术基础。为提高焊接过程的自动化程度，除了控制电弧对焊缝的自动跟踪外，还应实时控制焊接质量，为此需要在焊接过程中检测焊接坡口的状况，如熔宽、熔深和背面焊道成型等，以便能及时地调整焊接参数，保证良好的焊接质量，这就是智能化焊接。智能化焊接的第一个发展重点在视觉系统，它的关键技术是传感器技术。虽然目前智能化还处在初级阶段，但有着广阔前景，是一个重要的发展方向。

　　有关焊接工程的专家系统，近年来国内外已有较深入的研究，并已推出或准备推出某些商品化焊接专家系统。焊接专家系统是具有相当于专家的知识和经验水平，以及具有解决焊接专门问题能力范围的计算机软件系统。在此基础上发展起来的焊接质量计算机综合管理系统在焊接中也得到了应用，其内容包括对产品的初始试验资料和数据的分析、产品质量检验、销售监督等，其软件包括数据库、专家系统等技术的具体应用。

11.8.4　提高焊接生产率

　　提高焊接生产率是推动焊接技术发展的重要驱动力。提高生产率的途径有两个方面：其一，是提高焊接熔敷率。手弧焊中的铁粉焊、重力焊、躺焊等工艺；埋弧焊中的多丝焊、热丝焊均属此类，其效果显著。其二，是减少坡口截面及熔敷金属量，近10年来最突出的成就是窄间隙焊接。

参 考 文 献

[1] 周尧和，胡壮麟，介万奇. 凝固技术 [M]. 北京：机械工业出版社，1998.

[2] 郭景杰，傅恒志. 合金熔体及其处理 [M]. 北京：机械工业出版社，2005.

[3] 王天义. 薄板坯连铸连轧工艺技术实践 [M]. 北京：冶金工业出版社，2005.

[4] 王家炘，黄积荣，林建生. 金属的凝固及其控制 [M]. 北京：机械工业出版社，1983.

[5] 陈炳光，陈昆. 连铸连锻技术 [M]. 北京：机械工业出版社，2004.

[6] 陈光，傅恒志，等. 非平衡凝固新型金属材料 [M]. 北京：科学出版社，2004.

[7] 陈平昌，朱六妹，李赞. 材料成形原理 [M]. 北京：机械工业出版社，2001.

[8] 石德珂. 材料科学基础 [M]. 北京：机械工业出版社，2001.

[9] 胡汉起. 金属凝固原理 [M]. 北京：机械工业出版社，1991.

[10] 康永林，毛卫民，胡壮麟. 金属材料半固态加工理论与技术 [M]. 北京：科学出版社，2004.

[11] 陈金德. 材料成形工程 [M]. 西安：西安交通大学出版社，2000.

[12] 张承甫，肖理明，黄光志. 金属凝固理论及技术 [M]. 武汉：华中科技大学出版社，1985.

[13] W. 库尔兹. 凝固原理 [M]. 北京：机械工业出版社，1987.

[14] 李传薪. 钢铁厂设计原理 [M]. 北京：冶金工业出版社，1995.

[15] 蔡开科. 连铸技术的进展 [J]. 炼钢，2001，17：1～3.

[16] 康永林，傅杰，等. 薄板坯连铸连轧钢的组织性能控制 [M]. 北京：冶金工业出版社，2006.

[17] 陈家祥. 连续铸钢手册 [M]. 北京：冶金工业出版社，1991.

[18] 董鄂. 金属凝固理论及技术 [M]. 北京：兵器工业出版社，1993.

[19] 吴德海. 材料加工原理 [M]. 北京：机械工业出版社，1997.

[20] 殷瑞钰. 我国薄板坯连铸连轧生产的发展与优化 [J]. 炼钢，2006，22（4）：1～3.

[21] 陈天一，章守华. 快速凝固技术与新型合金 [M]. 北京：宇航出版社，1990.

[22] 蔡开科. 钢洁净度控制 [C]. 第十届全国炼钢会议文集，1998，11：70.

[23] Rutter J W. In "Liquid Metals and Solidification". Cleveland：ASM，1958.

[24] Jost W. Diffusion in Liquids. New York：Academic Inc. ，1952.

[25] Walton D, Tiller W A, Rutter J W, et al. Instability of a Smooth Solid-Liquid Interface during Solidification [J]. Trans. AIME. ，1955，203：1023～1026.

[26] Rutter L W, Chalmers B. APrismatic Substructure Formed during Solidification of Metals [J]. Can. J. Phys. ，1953，31：15～39.

[27] Tiller W A, Jackson K A, Rutter J W, Chalmers B. Redistribution of Solute Atoms during the Solidification of Metals [J]. Acta. Metall. ，1953，1：428～437.

[28] 魏炳波. 液态镍基合金的净化、深过冷与快速凝固 [D]. 西安：西北工业大学，1989.

[29] 李成功，傅恒志，于翘，等. 航空航天材料 [M]. 北京：国防工业出版社，2002.

[30] Garcia C I, Tokary C, Graham C, et al. Niobium HSLA Steels Produced Using the Thin Slab Casting Process：Hot Strip Mill Products, Properties and Applications [C]. Pros of TSCR

2002, Guangzhou, CMS, 2002: 194 ~ 210.

[31] Kang Y L, Wang K L, et al. Research on Microstructures Evolution and Precipitation Behavior of Hot Strip of Low Carbon Steel produced by CSP [C]. Proceedings of First International Conference on Advanced Structural Steels, Tsukuba, 2002: 27 ~ 28.

[32] 毛新平, 孙新军, 康永林, 等. EAF-CSP 流程生产钛微合金化耐大气腐蚀钢板的组织性能研究 [C]. 中国金属学会, 2005 年薄板坯连铸连轧品种与工艺技术探讨会论文集, 扬州, 2005: 103 ~ 110.

[33] 张寿荣. 我国薄板坯连铸连轧技术创新前景广阔 [J]. 炼钢, 2006, 22 (1): 1 ~ 3.

[34] 徐匡迪, 刘清友. 薄板坯流程连铸连轧过程中的细晶化现象分析 [C]. 薄板坯连铸连轧技术交流与开发协会, 薄板坯连铸连轧技术交流与开发协会第三次技术交流会论文集, 唐山, 2005.

[35] 蔡开科, 程士富. 连续铸钢原理与工艺 [M]. 北京: 冶金工业出版社, 1999.

[36] Jackson K A, GiLmer G H. Laser and Electron Beam Processing of Materials [C]. White C W, New York, 1980: 104 ~ 110.

[37] 康永林, 温德智, 吴光亮, 等. 薄板坯连铸连轧生产冷轧基板的工艺与组织性能分析 [C]. 薄板坯连铸连轧技术交流与开发协会, 薄板坯连铸连轧技术交流与开发协会第三次技术交流会论文集, 唐山, 2005: 166 ~ 172.

[38] Flemings M C. Solidfication Processing. New York: McGraw-Hill, 1997.

[39] 马忠仁. 高速连铸技术的开发 [J]. 炼钢, 1997 (5): 40 ~ 46.

[40] 李月珠. 快速凝固技术和材料 [M]. 北京: 国防工业出版社, 1993.

[41] Kang Y L, Yu H, Fu J, et al. Morphology and Precipitation Kinetics of AlN in Hot Strip of Low Carbon Steel Produced by Compact Strip Production [J]. Materials Science and Engineering, 2003, A351: 265 ~ 271.

[42] 陈光, 傅恒志, 等. 熔体热历史对 Al-Cu 合金定向凝固界面稳定性的影响 [J]. 金属学报, 1999, 13 (5): 488.

[43] 傅恒志. 高温合金非平衡状态的凝固特性 [C]. 西北工业大学论文集, 1997.

[44] 毛协民, 傅恒志, 等. 熔体过热对 Al-Cu 合金定向凝固某些特性的影响 [J]. 金属学报, 1983, 19 (3): A244.

[45] 康永林. 我国薄板坯连铸连轧生产现状分析与建议 [J]. 炼钢, 2006, 23 (6): 40 ~ 45.

[46] 阮晓明. 宝钢板坯连铸高效化 [J]. 钢铁, 1999, 34 (7): 23 ~ 24.

[47] 张荣生, 刘海洪. 快速凝固技术 [M]. 北京: 冶金工业出版社, 1996.

[48] Walter H U. 空间流体科学与空间材料科学 [M]. 葛培文, 王景涛, 等译. 北京: 中国科学技术出版社, 1991.

[49] Murgai A, Gatos H C, Witt A F. Quantitative Analysis of Microsegregation in Silicon Grown by the Czochralski Method [J]. J. Electrochem. Soc., 1976, 123: 224 ~ 229.

[50] Witt A F, Gatos H C, Lichtensteiger M, et al. Crystal Growth and Steady State Segregation under Zero Gravity [J]. Ge. J. Electrochem. Soc., 1978, 125: 1832 ~ 1840.

[51] Urton J A, Prim R C, Slichter W P. The Distribution of Solute in Crystals Grown from the Melt [J]. Part I, Theoretical. J. Chem. Phys, 1953, 21: 1987 ~ 1991.

[52] Witt A F, Gatos H C, Lichtensteiger M, et al. Crystal growth and Steady State Segregation un-
der Zero Gravity [J]. In Sb. J. Electrochem. Soc. , 1975, 22: 276~283.

[53] Zief M, Wilcox W R. Fractional Solidification [M]. New York: Marcel Dekker Inc. , 1976.

[54] Carkbery T. Lateral Solute Segregation during Floating-Zone Crystal Growth under Different Gra-
vity Conditions [J]. J. Crystal Growth, 1986, 79: 71~76.

[55] Camel D. Favier J J. Thermal Convection and Longitudinal Macrosegregation in Horizontal
Bridgeman Crystal Growth [J]. J. Crystal Growth, 1984.

[56] Yue J T, Voltmer F W. Influence of Gravity-Free Solidification on Solute Microsegregation [J].
J. Crytal Growth, 1975, 29: 329~341.

[57] Carslaw H S, J J C. Conduction of Heat Solids [M]. Oxford: Clarendon Press, 1990.

[58] 胡汉起. 金属凝固原理 [M]. 北京: 机械工业出版社, 2000.

[59] 介万奇. Ⅱ-Ⅵ族化合物晶体生长理论与技术 [J]. 中国基础科学前沿, 2001, 5: 15.

[60] 傅恒志, 张军. 电磁流体力学与材料工程 [M]. 北京: 高等教育出版社, 1998:
187~224.

[61] 张克从, 张乐惠. 晶体生长科学与技术 [M]. 北京: 科学出版社, 1997.

[62] 姚连增. 晶体生长基础 [M]. 合肥: 中国科学技术大学出版社, 1995.

[63] 师昌绪. 材料大辞典 [M]. 北京: 化学工业出版社, 1994.

[64] 刘刚, 刘林, 赵新宝, 等. 一种镍基单晶高温合金的高温度梯度定向凝固组织及枝晶偏
析 [J]. 金属学报, 2010, 46 (1): 77~83.

[65] Cui C J, Zhang J, Jia Z W, et al. Microstructure and Field Emission Properties of the Si-TaSi$_2$
Eutectic in Situ Composites by Electron Beam Floating Zone Melting Technique [J]. J Crystal
Growth, 2008, 310 (1): 71~77.

[66] 钟宏, 李双明, 吕海燕, 等. Nd-Fe-B 包晶合金的定向凝固组织及相选择 [J]. 中国科学
(G 辑: 物理学 力学 天文学), 2007, 37 (3): 303~312.

[67] 杨森, 黄卫东, 林鑫, 等. 定向凝固技术的研究进展 [J]. 兵器科学与工程, 2000, 23
(2): 44~50.

[68] 李文斌, 庞爱民, 等. 低温固体推进 (CSP) 技术研究进展 [J]. 含能材料, 2009, 17
(2): 244~247.

[69] 牛爱华. CSP 发展现状与其供冷轧原料的探讨 [J]. 河北冶金, 2006 (6): 12~14.

[70] 石建辉, 袁国, 等. 包钢 CSP 生产线后段超快冷系统水压控制方法 [J]. 东北大学学报
(自然科学版), 2015, 36 (4): 14~25.

[71] 张利博. 基于 CSP 工艺取向硅钢初次再结晶晶界特征对宏观织构的影响 [J]. 材料热处
理学报, 2013, 34 (z1): 1~6.

[72] 于浩, 康永林, 王克鲁, 等. CSP 低碳钢薄板连铸坯的连续冷却转变及显微组织细化
[J]. 钢铁研究学报, 2002, 14 (1): 42~46.

[73] 苏亚红, 许中, 等. CSP 技术连铸薄板坯气瓶钢中夹杂物研究 [J]. 铸坯质量, 2002
(2): 29~32.

[74] 高真凤, 黄维, 陈付红. CSP 产品开发及发展趋势 [J]. 鞍钢技术, 2014 (3): 8~11.

[75] 柳得櫓, 王元立, 霍向. CSP 低碳钢的晶粒细化与强韧化 [J]. 金属学报, 2002, 6

　　　　　（38）：647～651.

[76] 孔平. 邯钢 CSP 技术工程控制 [J]. 钢铁, 2001, 36 (8)：70～73.

[77] 张伟, 刘雅政, 宋仁伯, 等. X65 管线钢奥氏体动态再结晶规律研究 [J]. 材料热处理技术, 2009, 38 (10)：54～57.

[78] 王克鲁, 康永林, 等. CSP 工艺热轧低碳带钢位错形貌及密度分析 [J]. 北京科技大学学报, 2003, 25 (6)：591～592.

[79] 李午申, 唐伯钢. 中国钢材、焊接性与焊接材料发展需要关注的问题 [J]. 焊接, 2009 (3)：1～12

[80] 潘际銮, 郑军, 屈岳波. 激光焊接技术的发展 [J]. 焊接, 2009 (2)：1～4

[81] 李晓延, 巩水利, 张建勋. 轻金属焊接中组织、性能和寿命演变相关基础问题 [J]. 机械强度, 2008, 30 (6)：965～972

[82] 周俊杰, 庞玉华, 苏晓莉, 等. 金属层状复合材料的研究现状与发展 [J]. 材料导报, 2005, 15 (1)：24～29.

[83] 田雅琴, 秦建平, 李小红. 金属复合板的工艺研究现状与发展 [J]. 材料开发与应用, 2006, 21 (1)：41～43.

[84] 马志新, 胡捷, 李德富. 层状金属复合板研究和生产现状 [J]. 甘肃冶金, 2005, 27 (2)：1～3.

[85] 王艳霞. 电气焊工作手册 [M]. 北京：化学工业出版社, 2008.

[86] 鲜飞. 一种新型焊接技术 [N]. 中国电子报, 2000.

[87] 康宏强. 石油工程焊接迎接世纪挑战 [N]. 中国石油报, 2000.

[88] 李杰. 绿色焊接材料在我国发展迅猛 [N]. 中国电子报, 2001.

[89] 林尚扬. 焊接：从大国迈入强国 [N]. 科技日报, 2002.

[90] 刘朝辉. 大有作为的特种焊接技术 [N]. 中国航空报, 2003.

[91] 王宗杰. 工程材料焊接技术问答 [M]. 北京：机械工业出版社, 2003.

[92] 张连生. 金属材料焊接 [M]. 北京：机械工业出版社, 2004.

[93] 杨家林, 黄文荣, 汤光平. 激光焊接焊缝余高变形温升分析研究 [C]//新世纪 新机遇 新挑战——知识创新和高新技术产业发展（下册）, 2001.

[94] 吴先前, 杜特专, 黄晨光, 等. 高温高应变率下激光焊接件力学性能研究 [C]//第十届全国冲击动力学学术会议论文摘要集, 2011.

[95] 张秉刚, 吴林, 冯吉才. 国内外电子束焊接技术研究现状 [J]. 焊接, 2004 (2).

[96] 李晓红, 毛唯, 曹春晓, 等. 钎焊与扩散焊在航空制造业中的应用 [J]. 航空制造技术, 2004 (11).

[97] 李亚江, 吴娜, Puchkov P U. 先进焊接技术在航空航天领域中的应用 [J]. 航空制造技术, 2010 (9).

[98] 樊丁, 余淑荣, 张建斌, 等. 激光焊接发展现状及动向 [J]. 甘肃工业大学学报, 2003 (1).

[99] 王艳芳, 李京龙. 瞬间液相扩散焊过程中的接触熔化与等温凝固模型 [J]. 焊接, 2006 (7).

[100] 任淑荣, 马宗义, 陈礼清. 搅拌摩擦焊接及其加工研究现状与展望 [J]. 材料导报,

2007（1）.

［101］钟飞，史耀武，李晓延，等. 航空轻质合金及其激光焊接头盐雾腐蚀行为研究［J］. 材料工程，2006（S1）.

［102］严军. 光纤激光—电弧复合焊接高强铝合金工艺、缺陷产生与质量控制［D］. 武汉：华中科技大学，2011.

［103］王春明. 基于多传感器的激光焊接质量实时诊断及其理论基础［D］. 武汉：华中科技大学，2005.